普通高等教育规划教材

金属材料加工实验教程

▶ 陈　康　主编

▶ 周志明　周　涛　刘　慧　库美芳　副主编

JINSHU CAILIAO JIAGONG SHIYAN JIAOCHENG

·北京·

内容简介

《金属材料加工实验教程》分专业基础型实验、专业综合型实验以及创新设计型实验三大部分，共计31个实验，涵盖了金属成形的原理、工艺、技术、设备、模具、模拟、材料成形过程中的参数测试以及先进的模具制造技术等。全书保留了铸造、锻造、冲压、挤压等金属塑性成形传统的专业实验，着重加大了对金属材料成形专业综合型实验以及创新设计型实验的安排，重点提高学生的动手能力以及创新设计能力。每个实验均由实验目的、实验原理、实验器材及材料、实验方法与步骤、实验报告要求等部分组成。

本书通俗易懂，实用性强，适用于高等学校材料成型及控制工程专业、机械工程专业、材料加工专业的实验教材，也可供非材料专业（如机械制造、机械设计）的学生以及相关专业的老师和工程技术人员参考。

图书在版编目（CIP）数据

金属材料加工实验教程/陈康主编．—北京：化学工业出版社，2021.6

普通高等教育规划教材

ISBN 978-7-122-38788-2

Ⅰ.①金… Ⅱ.①陈… Ⅲ.①金属加工-实验-高等学校-教材 Ⅳ.①TG-33

中国版本图书馆CIP数据核字（2021）第053211号

责任编辑：韩庆利　　文字编辑：宋　旋　陈小滔

责任校对：李　爽　　装帧设计：史利平

出版发行：化学工业出版社（北京市东城区青年湖南街13号　邮政编码100011）

印　　装：三河市双峰印刷装订有限公司

787mm×1092mm　1/16　印张12¼　字数296千字　2021年8月北京第1版第1次印刷

购书咨询：010-64518888　　售后服务：010-64518899

网　　址：http://www.cip.com.cn

凡购买本书，如有缺损质量问题，本社销售中心负责调换。

定　　价：36.00元

版权所有　违者必究

前言

在全面推行素质教育和工程教育的大背景下，工科实验教学应以创新素质培养为目标，以能够运用工程知识解决复杂工程问题为目的，能够让学生在掌握专业基础知识的基础上，综合分析、设计或者开发解决工程问题的方案。本实验教程根据工程教育专业认证人才培养要求，围绕金属塑性成形原理、工艺、设备、模具、仿真等编制了相应的专业基础型实验，并着重加大了专业综合型实验和创新设计型实验的篇幅。实验内容注重对学生动手实作能力和自主设计、创新意识的培养，有利于帮助学生改变重书本、轻实践，重分数、轻能力的现状，从而达到优化学生知识结构的目的，培养出“具备从事金属材料成形工艺技术和模具装备的研究、开发、设计、制造、管理等方面的技术能力和解决复杂工程问题的实践能力，具有良好的团队协作精神与创新意识、较强的学习能力与交流能力的高素质应用型专业人才”。

本实验教程的特点可以归纳为：

（1）分层次实验教学。构建了“专业基础-专业综合-创新设计”的分层次实验教学方式。

（2）金属材料成形原理与工艺并重。本实验教程根据普通高等院校材料成型及控制工程专业本科的教学计划和教学大纲，在收集整理大量资料的基础上编写而成，原理与工艺并重。

（3）案例导向。本实验教程，列举结合生产的典型案例，将金属材料成形典型案例应用在本书中，使学生通过结合材料成形技术案例将材料成形的现象与原理结合分析。

（4）材料成形 CAE 数值模拟。传统的实验教程很少结合 CAE 案例分析，本教程第三部分创新设计型实验中，主要材料成形方法中将结合案例分别进行 Deform、 Dynaform、 Anycasting 等 CAE 数值模拟分析。

（5）结合前沿技术。本实验教程第三部分创新设计型实验中，将 3D 打印技术应用于模具与产品的设计，将 3D 产品逆向造型技术进行了设计，此外，教程增加了金属材料成形工艺的虚拟仿真实验。

（6）实践性强。本实验教程紧密结合人才培养目标，培养综合型人才。通过对本实验教程的学习，既能对基础理论有较深理解、专业上有所掌握，又能在实践方面得到指导，有利于学生深刻认识和解决材料成形加工工程问题。

全实验教程分为三大部分，总共 31 个实验，实验教学可根据本学校专业特点进行适当的选择。

本实验教程由重庆理工大学陈康主编并对全书进行统稿。具体参加编写的有陈康（实验一、三、四、七、九、十一、十二、十四、十五、十七、二十、二十三、二十四、二十六、二十七、二十九），周志明（实验五、八、十八、十九），周涛（实验二、六、十六、二十八），刘慧（实验二十一、三十、三十一），库美芳（实验十、十三、二十二），胡建军（实验二十五），刘慧对本书的文字、图和表进行了校对。

西南大学蒋显全教授，重庆理工大学彭成允、邓明、夏华、陈元芳教授，李小平副教授对本教程的初稿提出了宝贵的修改意见，本实验教程的出版得到了化学工业出版社的大力支持，谨此一并深表谢意。

由于编者水平有限，书中不妥之处在所难免，欢迎广大读者批评指正。

编　者

目录

第一部分

专业基础型实验

实验一 金属薄板拉伸实验

一、实验目的

① 掌握金属薄板拉伸实验方法，理解实验原理。

② 能够根据拉伸实验机的工作原理与基本的操作方法开展实验。

③ 能够利用拉伸实验方法测定金属薄板的力学性能，如屈服应力（σ_s）、抗拉强度（σ_b）、屈强比（σ_s/σ_b）、均匀伸长率（δ_u）、总伸长率（δ_k）、应变硬化指数（n）、塑性应变比（γ 及 $\overline{\gamma}$）、凸耳参数（$\Delta\gamma$）。

④ 掌握绘制硬化曲线的方法，并根据实验绘制硬化曲线。

二、实验原理

拉伸实验是指在承受轴向拉伸载荷下测定材料特性的实验方法。金属薄板应用拉伸实验方法可以得到许多评价板料冲压性能的实验值，如弹性极限、屈服点、屈服强度、抗拉强度、比例极限、伸长率、弹性模量、面积缩减量和其他拉伸性能指标。所以它在生产中的应用非常广泛。

从试验板材上截取并加工如图 1-1 所示的试样，拉伸试样的尺寸按标准（如 GB/T

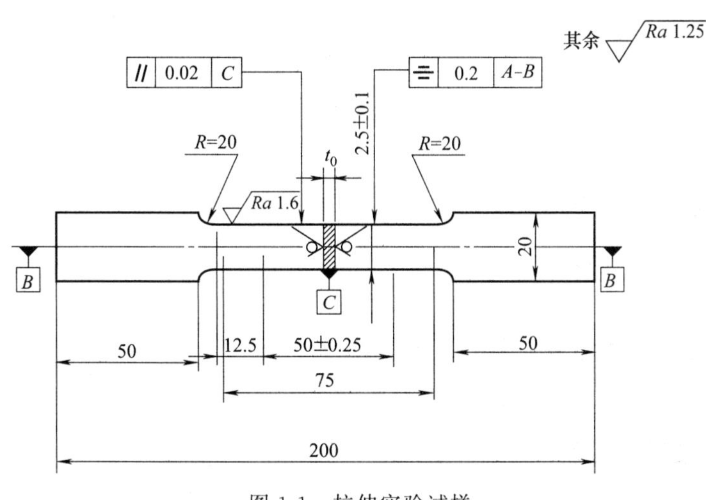

图 1-1 拉伸实验试样

228—2010《金属材料　拉伸试验　第1部分：室温试验方法》）确定。

利用金属薄板拉伸实验可以得到与板料冲压性能密切相关的实验值。以下对较为重要的拉伸试验值进行说明：

① 屈服应力（σ_s）：当负荷增加到一定值时，拉伸力出现波动状态，拉伸曲线上出现了锯齿段，即载荷不增加的情况下，试样继续伸长，材料处在屈服阶段，此时可记录下屈服时的载荷 F_s，由此计算出 σ_s。

② 抗拉强度（σ_b）：拉伸过程中，当载荷达到最大值 F_{max} 时，试样的均匀拉伸变形阶段结束，这时金属板料出现塑性拉伸失稳，进而材料会出现颈缩现象。一般情况下，抗拉强度高，则其冲压成形性能高，但冲压成形力更大。

③ 屈强比（σ_s/σ_b）：通常情况下，可以认为当屈强比较小时，冲压变形的范围更大，尤其在成形曲面类零件时，容易获得较大拉应力使得零件（形状）尺寸更稳定。

④ 均匀伸长率（δ_u）：试样产生细颈时的标距长度 ΔL_H 与试样原始标距长度 L_0 的比值。均匀伸长率较大时，板料有较大的塑性变形稳定性，不容易产生局部过度变形而导致破裂。

⑤ 应变硬化指数（n）：大多数金属板料的硬化规律为真实应力-真实应变 $S=B\epsilon^n$ 的幂函数关系，所以一般用指数 n 表示材料的硬化性能。n 值大的板材，在冲压成形时加工硬化剧烈，也即变形抗力增加较快，对于拉伸类冲压成形有利。另外，n 值大的板材抗皱性能好。

⑥ 塑性应变比（γ 及 $\overline{\gamma}$）：塑性应变比也称厚向异性指数（或者 r 值），它是指在拉伸过程中板材试样的宽向应变 ε_b 与厚向应变 ε_t 的比值。r 值大表示板材在厚度方向上的变形比较困难，相比较于板平面方向上而言变形小些，在伸长类成形中，板材有较小的变薄量，有利于此类冲压成形。同时，r 值较大，板材的拉深性能也较好，因此极限拉深系数 m_c 更小。因 r 值常具有方向性，故而用平均塑性应变比 $\overline{\gamma}$ 来表示 $\overline{\gamma}=\frac{1}{4}(\gamma_0+2\gamma_{45}+\gamma_{90})$。

⑦ 凸耳参数（$\Delta\gamma$）：凸耳参数又称为塑性平面各向异性指数，表示板平面内的塑性各向异性，用 $\Delta\gamma$ 表示，$\Delta\gamma=\frac{1}{2}(\gamma_0+\gamma_{90})-\gamma_{45}$。凸耳参数越大，板材的方向性越强，越容易引起塑性变形分布的不均，从而造成圆筒形拉深件的厚度不均和凸耳现象严重等。因此，$\Delta\gamma$ 过大，对冲压成形不利。

在规定的实验温度与拉伸速度下，通过对金属薄片试样的纵轴方向施加拉伸，使得试样产生形变直至材料破坏。记录下试样破坏时的最大负荷和对应的标线间距离的变化情况。在具有微机处理的电子拉力试验机上，只要输入实验的规格尺寸等有关数据和要求，在拉伸过程中，传感器把力值传给电脑，电脑通过处理，就能自动记录下应力-应变全过程的数据，并把应力-应变曲线和各测试数据通过打印机打印出来。

三、实验器材及材料

① 液压万能材料试验机；

② 实验划线台；

③ 千分尺、游标卡尺、直尺等；

④ 拉伸实验试样若干。

四、实验方法与步骤

将试样夹紧在试验机的夹头内，调整好测力刻度和载荷-伸长曲线记录装置。夹头的移动速度应在 0.5～20mm/min 范围内，并应保持加载速度恒定。

记录产生屈服时的载荷 F_s 和最大载荷 F_{max}，并根据载荷-伸长曲线，进行数据处理后，便可确定板材的 σ_s、σ_b、σ_s/σ_b、δ_u、δ_k。

(1) 确定板材 σ_s、σ_b、σ_s/σ_b、δ_u、δ_k

σ_s、σ_b 及 σ_s/σ_b 由式 (1-1)、式 (1-2) 确定：

$$\sigma_s=\frac{F_s}{A_0}\text{或}\sigma_{0.2}=\frac{F_{0.2}}{A_0},\text{N/mm}^2(\text{MPa}) \tag{1-1}$$

$$\sigma_b=\frac{F_{max}}{A_0},\text{N/mm}^2(\text{MPa}) \tag{1-2}$$

式中 F_s——屈服时的载荷，N；

$F_{0.2}$——相对伸长为 0.2 时的载荷，N；

F_{max}——拉伸最大载荷，N；

A_0——试样原始横截面积，mm^2。

δ_u 及 δ_k 由式 (1-3)、式 (1-4) 确定：

$$\delta_u=\frac{L_u-L_0}{L_0}\times 100\% \tag{1-3}$$

$$\delta_k=\frac{L_k-L_0}{L_0}\times 100\% \tag{1-4}$$

式中 L_0——试样原始标距长度，mm；

L_u——试样产生细颈时的标距长度，mm；

L_k——试样断裂时的标距长度，mm。

(2) 绘制加工硬化曲线

对实验得到的拉伸曲线（图 1-2）进行坐标变换：

横坐标变换为对数应变

$$\epsilon=\ln\frac{L}{L_0}=\ln\frac{L_0+\Delta L}{L_0}=\ln(1+\varepsilon) \tag{1-5}$$

纵坐标变换为真实应力

$$S=\frac{F}{A}=\frac{F}{A_0}(1+\varepsilon)=\sigma_0(1+\varepsilon) \tag{1-6}$$

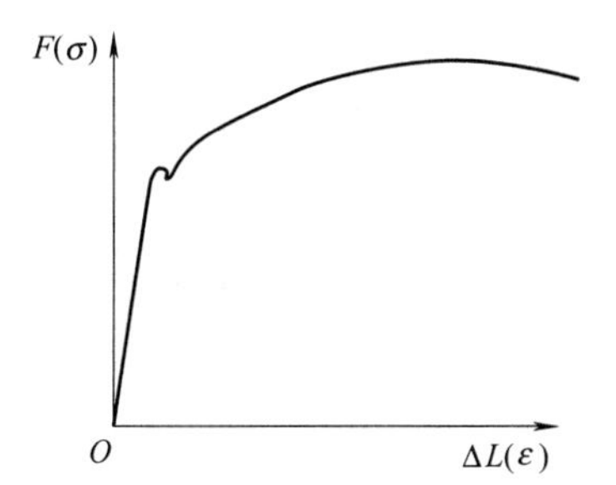

图 1-2 拉伸 F-ΔL (σ-ε) 曲线

式中 ϵ——对数应变（真实应变）；

ε——相对应变，$\varepsilon=\Delta L/L_0$；

ΔL——试样标距的伸长，mm；

S——真实应力，N/mm^2；

σ_0——名义应力，N/mm^2。

绘制方法如下：在拉伸曲线的横坐标取若干个 ΔL，再找到相应的载荷 F 值，根据式 (1-5) 和式 (1-6) 计算出相应的 S 和 ϵ 值，即可绘制出加工硬化曲线（产生细颈前的均匀拉伸阶段）。

(3) 求硬化指数 n 值

多数金属材料的真实应力-真实应变关系为幂指数函数形式：

$$S=B\epsilon^n \tag{1-7}$$

式中 S——真实应力，N/mm^2；

ϵ——真实应变；

B——与材料有关的系数，N/mm^2；

n——应变硬化指数。

将式（1-7）两边取对数，有

$$\lg S=\lg B+n\lg \epsilon \tag{1-8}$$

根据硬化曲线，用线性回归方法便可计算其斜率，即 n 值。

下面介绍一种确定 n 值的简便方法。在拉伸曲线上取两点（F_1，ΔL_1）和（F_2，ΔL_2），按式（1-5）和式（1-6）换算得（S_1，ϵ_1）和（S_2，ϵ_2），分别代入到式（1-8）中，消去 $\lg B$ 项，便得

$$n=\frac{\lg \frac{S_2}{S_1}}{\lg \frac{\epsilon_2}{\epsilon_1}} \tag{1-9}$$

（4）确定塑性应变比 γ

塑性应变比 γ 亦称厚向异性指数，用板料单向拉伸试样的宽度应变和厚度应变的比值表示。

将试样夹紧在试验机的夹头内，当试样伸长到约 20%（注意：应在屈服之后，产生细颈之前）时停止加载，卸下试样。用千分尺测得试样变形后的宽度 b 及厚度 t。代入式（1-10）中便可求得 γ 值：

$$\gamma=\frac{\epsilon_b}{\epsilon_t}=\frac{\ln \frac{b}{b_0}}{\ln \frac{t}{t_0}} \tag{1-10}$$

式中　ϵ_b——试样的宽度应变，$\epsilon_b=\ln \frac{b}{b_0}$；

ϵ_t——试样的厚向应变，$\epsilon_t=\ln \frac{t}{t_0}$；

b_0，t_0——试样的原始宽度与厚度，mm；

b，t——变形后试样的宽度与厚度，mm。

由于在不同方向上有不同的 γ 值，一般按式（1-11）计算平均塑性应变比 $\overline{\gamma}$：

$$\overline{\gamma}=\frac{1}{4}(\gamma_0+2\gamma_{45}+\gamma_{90}) \tag{1-11}$$

式（1-11）中 γ_0、γ_{45}、γ_{90} 分别是与板材轧制方向是 0°、45°和 90°的方向上截取的拉伸试样时测得的 γ 值。

（5）凸耳参数 $\Delta\gamma$

凸耳参数又称塑性平面各向异性指数，表示板料平面内的塑性各向异性，$\Delta\gamma$ 表示，可按式（1-12）计算：

$$\Delta\gamma=\frac{1}{2}(\gamma_0+\gamma_{90})-\gamma_{45} \tag{1-12}$$

式（1-12）中 γ_0、γ_{45}、γ_{90} 的含义与式（1-11）相同。

式（1-10）中的 ϵ_t 根据体积不变条件，亦可由式（1-13）确定：

$$\epsilon_t=-(\epsilon_l+\epsilon_b) \tag{1-13}$$

式中　ϵ_1——试样标距长度应变。

本实验中，测量试样的原始宽度 b_0 时允许测量偏差为±0.01mm。以同样的方式和精度测量变形后的试样宽度 b_1 和标距长度 L_1。

若拉伸变形后，在宽度方向发生明显弯曲（图 1-3），当凸度 $h>0.3$mm 时，应按式（1-14）修正测得的宽度：

$$b_1=\left(h+\frac{b'^2}{4h}-t_1\right)\arcsin\frac{4b'h}{b'^2+4h^2} \quad (1\text{-}14)$$

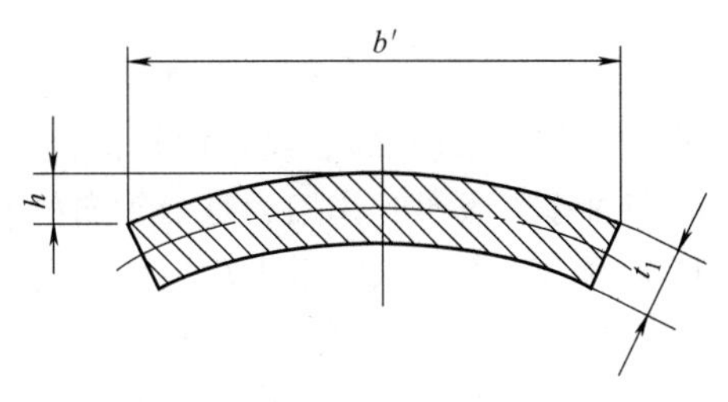

图 1-3　试样横向弯曲示意

五、实验报告要求

实验后完成实验报告，实验报告使用通用格式，并应包含如下内容：

① 实验目的、实验原理等；

② 实验用的设备、实验设备型号及其有关参数；

③ 记录数据包括记录实验条件、试样材料、形状及尺寸，记录拉伸后试样的尺寸；

④ 记录金属薄板拉伸过程中的各种现象，以及有关的一些物理现象；

⑤ 给出拉伸曲线图，即 F-ΔL 曲线（或 σ-ϵ 曲线），绘制硬化曲线；

⑥ 按公式计算出材料的性能：σ_s、σ_b、σ_s/σ_b、δ_u、δ_k、n、γ、$\overline{\gamma}$ 及 $\Delta\gamma$。

实验二 ➲ 镦粗不均匀变形实验

一、实验目的

① 掌握金属镦粗变形时的三个变形区和不均匀变形特点。

② 能够运用网格法研究镦粗时内部变形不均匀分布情况。

③ 了解摩擦对镦粗变形过程和成形试样形状的影响。

二、实验原理

镦粗是指在外力作用下使金属坯料的高度减小而直径（或横向尺寸）增大的塑性成形工序，它是金属塑性成形中最基本的变形方式之一，许多其他工序都含有镦粗的作用在里面，比如拔长、冲孔、模锻、挤压以及轧制等工序，因此理解镦粗的变形特点具有现实的普遍意义。镦粗用于：

① 由横截面积较小的坯料得到横截面积较大而高度较小的锻件；

② 冲孔前增大坯料横截面积和平整坯料端面；

③ 提高下一步拔长时的锻造比；

④ 提高锻件的力学性能和减少力学性能的异向性；

⑤ 反复进行镦粗和拔长可以破碎合金工具钢中的碳化物，并使其均匀分布。

金属坯料在上、下压头（或模具）间镦粗时的塑性流动是非常复杂的。镦粗过程中，金属坯料高度减低，横截面增大，大部分质点既有向下方向又有向水平方向的运动，另一些质点则转移到坯料表层，增大了与压头（或模具）的接触表面。在实际镦粗过程中，金属坯料和压头（或模具）接触表面间必然存在着摩擦，金属端面上的摩擦力就导致了不均匀镦粗。镦粗后呈现鼓形，它与摩擦系数、坯料的高径比和变形程度有关。

镦粗的坯料有圆截面、方截面和矩形截面。坯料镦粗时的主要质量问题有：侧表面易产生纵向或呈45°方向的裂纹，锭料镦粗后上、下端常保留铸态组织；高坯料镦粗时常由于失稳而弯曲等。镦粗时作用力是沿轴向的，而侧表面上的纵向裂纹是由切向拉应力引起的，切向拉应力的产生与镦粗时不均匀变形有关；锭料镦粗后上、下端保持铸态组织也与镦粗时的不均匀变形有关。一般坯料（$H_0/D_0=0.08\sim2$）在平板间镦粗时，外观呈现鼓形，即中间直径大，两端直径小。用网格或硬度试验等方法可以观察到坯料镦粗后其内部变形的情况。镦粗后锻件的变形程度大小可分为三个区域：变形程度较小的区域、变形程度较大的区域和变形程度适中的区域。在常温下产生这种不均匀变形的原因主要有以下两点：

① 工具与坯料端面之间摩擦力的影响，这种摩擦力使金属变形困难，使变形所需的单位压力增高；

② 温度不均匀也是一个重要的因素，与工具接触的上、下端面金属由于温度降低快，变形抗力大，故较中间处的金属变形困难。

通过网格法研究镦粗时内部的变形情况，可以用铅做成尺寸为30mm×30mm×40mm的铅试样4块，合并成两组尺寸为30mm×30mm×80mm的试样，如图1-4（a）所示。在其相贴面上画上网格，放入模具镦粗后，打开，中心剖面上的网格发生了不同程度的变化，如图1-4（b）所示。按照网格变形程度的大小，将剖面划分为3个区域：Ⅰ区为难变形区，位于毛坯端面附近，也是和上下压头相接触的区域。表层摩擦造成质点向外流动的阻力，使得这个区域的每个质点都受到较大的三向压应力的作用，越靠近表层中心摩擦阻力越大，且这三个压应力数值相差不大，故而此区域变形小。此外，热镦粗时，上下端面由于与工具接触，温度降低很快，变形抗力也会增大，因此此区变形程度最小，称为难变形区或者刚性区；Ⅱ区为大变形区，位于在毛坯中部，它是处于上下两个难变形区之间（不包括外圈）的部分，此部分受端面摩擦的影响较小，因而在水平方向上受到的阻力也较小，应力状态有利于变形，在受到难变形区的挤压作用下，变形程度最大，因此称为大变形区；Ⅲ区为小变形区，它处于毛坯的外周，因为外侧是自由表面，受到的表层摩擦影响小，除了受到上下压头的轴向压缩外，还会收到Ⅱ区金属径向流动扩张的作用，承受周向拉应力，并产生鼓形，因而也称为周向受拉区。

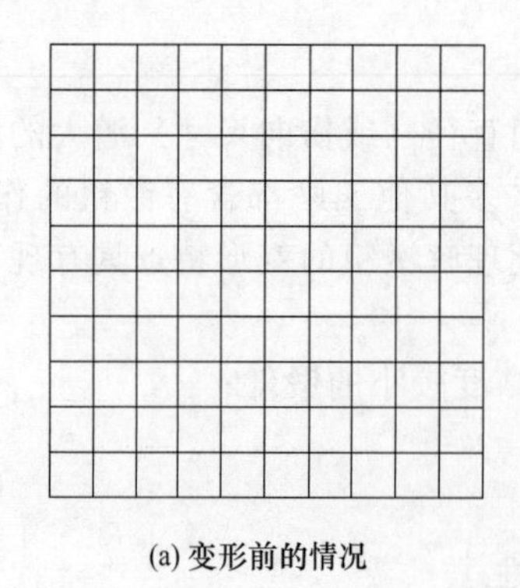

(a) 变形前的情况

(b) 变形后的情况

图1-4　变形前后试样网格的变化情况

镦粗时的变形不均匀对锻件质量很不利。毛坯侧面受周向拉应力作用，可能引起侧表面纵向开裂；还容易引起锻件晶粒大小不均匀，从而导致锻件的性能不均匀，特别是在困难变形区，可能因变形不足引起晶粒粗大。这对晶粒度要求严格的高合金钢、高温合金、一些有色金属锻件的质量影响极大。因此在生产中，应该采用模具预热、选择合适的润滑剂等措施，对于塑性很低的金属材料，还可以采用软垫镦粗、叠起镦粗、套环内镦粗等方法来提高变形均匀性。

对于低塑性材料，将毛坯放在两个软金属垫（一般采用碳素钢）之间进行镦粗，软金属垫先变形，对毛坯产生向外的主动摩擦力，带动毛坯端部的金属向四周流动，侧表面发生内凹。由于毛坯沿侧表面有压应力分量产生，并且端面没有难变形区，变形均匀，产生裂纹的倾向显著降低，继续镦粗时，软垫变薄，温度降低，变形抗力增大，毛坯明显镦粗，侧面内凹消失，呈现圆柱形。

镦粗薄饼类锻件时，可将两个毛坯叠起来镦粗，到侧面出现鼓形后，把毛坯翻转 180°再叠起镦粗，镦到侧面为圆柱面止，这种方法可以获得没有鼓形的锻件，由于上下端部先后均位于Ⅱ区变形，因此消除了难变形区而使变形均匀。

在毛坯的外圈加一个碳钢的外套，靠套环的径向压力来减小由于变形不均匀引起的周向附加拉应力，镦粗后将外套去掉。主要用于镦粗低塑性的高合金钢。

高径比（H_0/D_0）≤0.5 毛坯镦粗时，由于Ⅱ区体积小，在压力作用下，难变形的Ⅰ区近于互相接触，也要产出较大的变形流动，与模具接触的表面向外流动的摩擦阻力大，而且毛坯薄，温度下降快，镦粗所需的变形力也很大，因此一般不应锻击太扁的毛坯，以免损害设备。

高径比（H_0/D_0）＞3 的毛坯镦粗时，容易产生失稳弯曲，尤其当毛坯端面与轴线不垂直、毛坯各处温度不均匀时更是如此。因此采用镦粗变形方式时对毛坯的高径比有较严格的限制。通常，圆形截面坯料的高径比（H_0/D_0）＜3，矩形截面坯料的高宽比（H_0/B_0）＜4。

三、实验器材及材料

① 500kN 伺服液压万能材料试验机；

② 镦粗试验模具；

③ 千分尺、划线台、钢直尺等；

④ 4 块尺寸为 30mm×30mm×40mm 的铅试样，合并成两组尺寸为 30mm×30mm×80mm 的试样。

四、实验方法与步骤

① 在两铅试样块相紧贴的面上，用钢直尺和划针画上如图 1-5 所示的 3mm×3mm 的坐标网格，沿水平和垂直方向用千分尺量出所画网格的实际尺寸 B_{io}、Z_{io}，将两块试样贴合后放入镦粗试验模具内，如图 1-6 所示。

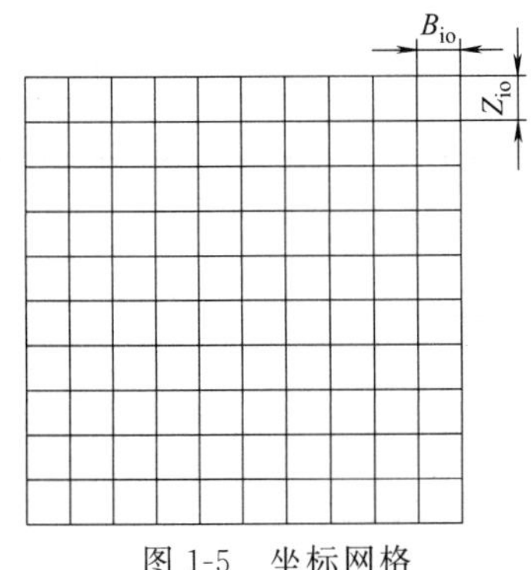

图 1-5 坐标网格

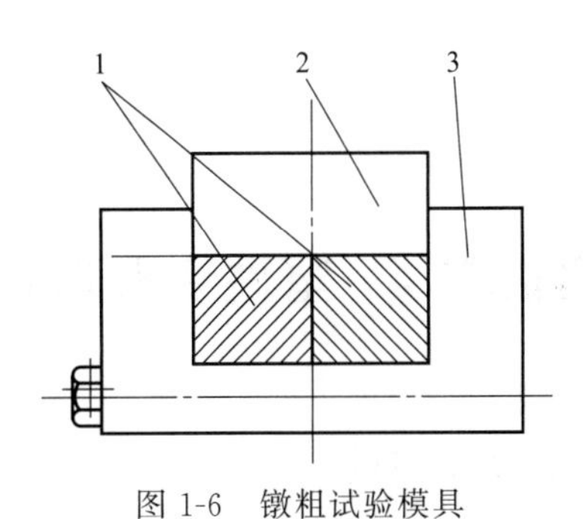

图 1-6 镦粗试验模具

1—试样；2—压头；3—试验模具

② 在试样上方放入洁净表面的压头，然后进行镦粗，直至ε=50%为止。

③ 拆开试验模具并取出试样，仔细观察并记录网格的变化情况，此时可以直观地看出试样在镦粗时变形不均匀分布情况。一般认为，网格的变形即代表网格所在点的变形，沿试样水平方向和垂直方向测量各网格的平均尺寸 B_i、Z_i，计算出各点沿水平方向和垂直方向的变形程度，即：

$$水平变形率\ \varepsilon_B=\ln\frac{B_i}{B_{io}}，垂直变形率\ \varepsilon_Z=\ln\frac{Z_i}{Z_{io}}$$

此值可以近似认为等于相应点的主要变形，式中，B_{io}、Z_{io} 为镦粗前网格在宽和高方向上的尺寸，B_i、Z_i 为镦粗后网格在宽和高方向上的尺寸。

④ 根据上述计算结果画出试样镦粗后沿水平方向和垂直方向的变形分布曲线，并用纸印出镦粗后试样的网格形状。

⑤ 重复上述实验步骤，在工具与试样之间加润滑剂，再用另一组试样用同样的变形程度进行镦粗，比较其变形情况与前者未加润滑剂有何不同。

五、实验报告要求

实验后完成实验报告，实验报告使用通用格式，并应包含如下内容：

① 实验目的、实验原理等；

② 熟练掌握实验用设备型号及其有关参数的设置；

③ 记录镦粗前后网格数据及镦粗后网格的变化情况，将各种实验数据记录在专用表 1-1 中并整理分析；

④ 画出镦粗试样沿水平方向和垂直方向的变形分布曲线，讨论镦粗不均匀变形的特点。

表 1-1 镦粗不均匀变形实验数据

网格序号	B_{io}	Z_{io}	B_i	Z_i	ε_B	ε_Z
1						
2						
3						
4						
5						
6						
7						
8						
9						
10						

实验三 塑性变形对金属性能的影响

一、实验目的

① 了解塑性变形以及塑性变形对金属性能的主要影响。

② 理解金属塑性变形过程中的加工硬化现象。

③ 能够利用实验数据作出冷变形 F、ε-HRB 曲线并进行分析。

二、实验原理

塑性变形是指物体在一定的条件下，受外力作用而产生形变，当施加的外力撤销或者消失后，该物体不能恢复原状的一种物理现象。塑性变形是一种不可自行恢复的变形。材料在外力作用下产生应力和应变（即变形），当应力未超过材料的弹性极限时，产生的变形在外力去除后全部消除，材料恢复原状，这种变形是可逆的弹性变形。当应力超过材料的弹性极限，则产生的变形在外力去除后不能全部恢复，而残留一部分变形，材料不能恢复到原来的形状，这种残留的变形是不可逆的塑性变形。在锻压、轧制、拉拔等加工过程中产生的弹性变形比塑性变形要小得多，通常忽略不计。这类利用塑性变形而使材料成形的加工方法，统称为塑性加工。

金属在室温下的塑性变形，对金属的组织和性能影响很大，常会出现加工硬化、内应力和各向异性等现象。

（1）内应力

塑性变形在金属体内的分布是不均匀的，所以外力去除后，各部分的弹性恢复也不会完全一样，这就使金属体内各部分之间产生相互平衡的内应力，即残余应力。残余应力降低零件的尺寸稳定性，增大应力腐蚀的倾向。一般情况下，残余内应力的存在对金属材料的性能是有害的，当工件表面残留拉应力时，容易出现显微裂纹、应力腐蚀、变形开裂等现象。

（2）各向异性

金属经冷态塑性变形后，晶粒内部出现滑移带或孪晶带。各晶粒还沿变形方向伸长和扭曲。当变形量很大（如70%或更大）而且是沿着一个方向时，晶粒内原子排列的位向趋向一致，同时金属内部存在的夹杂物也被沿变形方向拉长形成纤维组织，使金属产生各向异性。沿变形方向的强度、塑性和韧性都比横向的高。当金属在热态下变形，由于发生了再结晶，晶粒的取向会不同程度地偏离变形方向，但夹杂物拉长形成的纤维方向不变，金属仍有各向异性。

（3）加工硬化

金属冷变形时，在外力作用下发生塑性变形，塑性变形引起位错增殖，位错密度增加，不同方向的位错发生交割，位错的运动受到阻碍，使金属产生加工硬化。加工硬化能提高金属的硬度、强度和变形抗力，同时降低塑性，使以后的冷态变形困难。

对金属加工硬化现象的研究，是金属塑性变形研究的重要内容之一。因此，本实验主要研究金属塑性变形过程中的加工硬化现象。

固态金属是由大量晶粒组成的多晶体，晶粒内的原子按照体心立方、面心立方或紧密六方等方式排列成有规则的空间结构。由于多种原因，晶粒内的原子结构会存在各种缺陷。原子排列的线性参差称为位错。由于位错的存在，晶体在受力后原子容易沿位错线运动，降低晶体的变形抗力。通过位错运动的传递，原子的排列发生滑移和孪晶。滑移是一部分晶粒沿原子排列最紧密的平面和方向滑动，很多原子平面的滑移形成滑移带，很多滑移带集合起来就称为可见的变形。孪晶是晶粒一部分相对于一定的晶面，沿一定方向相对移动，这个晶面称为孪晶面。原子移动的距离和孪晶面的距离成正比，两个孪晶之间的原子排列方向改变，形成孪晶带。滑移和孪晶是低温时晶粒内塑性变形的两种基本方式。多晶体的晶粒边界是相邻晶粒原子结构的过渡区，晶粒越细，单位体积中的晶界面积越大，有利于晶间的移动和转动，某些金属在特定的细晶结构条件下，通过晶粒边界变形可以发生高达300%～3000%的伸长率而不破裂。

材料在变形后，产生加工硬化，强度、硬度显著提高，而塑性、韧性明显下降。加工硬化的工程意义：

① 加工硬化是强化材料的重要手段，尤其是对于那些不能用热处理方法强化的金属材料。

② 加工硬化有利于金属进行均匀变形。因为金属已变形部分产生硬化，将使继续的变形主要在未变形或变形较少的部分发展。

③ 加工硬化给金属的继续变形造成了困难，加速了模具的损耗，在对材料要进行较大变形量的加工中，加工硬化往往会产生不利影响，所以在金属的变形和加工过程中常常要进行中间退火以消除这种不利影响，因而增加了能耗和成本。

三、实验器材及材料

① 数控二辊轧制机一台；

② H_2SO_4、HCl溶液各500mL；

③ 显微硬度试验机，游标卡尺等；

④ 200mm×30mm×6mm条状低碳钢试样10块。

四、实验方法与步骤

本实验采用低碳钢在不同的变形程度下冷变形，测量金属冷变形后硬度值的变化。金属冷变形后由于塑性变形，使晶粒形状改变，位错密度增加，内应力增加，金属进一步发生塑性变形困难，塑性指标下降，强度指标增加等现象。

实验操作步骤如下：

① 取200mm×30mm×6mm条状低碳钢板试样10块，在H_2SO_4、HCl溶液中酸洗30min左右，再清洗，去除氧化铁皮。

② 在数控二辊轧制机上分别进行不同程度的轧制变形（预设0%、5%、10%、20%、30%、40%、50%、60%、70%、75%），分别测量试样变形前、后的厚度，计算其实际变形量。

③ 对冷变形后的试样分别截取一小块，在显微硬度试验机上测量其硬度值。每块试样打三个点，取其算术平均值，作为该块试样的硬度值。

五、实验报告要求

实验后完成实验报告，实验报告使用通用格式，并应包含如下内容：

① 实验目的、实验原理等；

② 熟练掌握数控二辊轧制机、显微硬度试验机的使用及其有关参数的设置；

③ 记录试样条件，试样材料、形状及尺寸，试样变形后的尺寸，并将数据记录于表1-2中。

④ 利用实验数据作出冷变形F、ε-HRB曲线，并分析讨论。

表 1-2 实验数据记录

试样号	变形前厚度 H/mm	变形后厚度 h/mm	变形量 ε/%	硬度值 HRB (平均值)
1				
2				
3				
4				
5				
6				
7				
8				
9				
10				

实验四 金属变形抗力及加工硬化分析

一、实验目的

① 掌握金属塑性加工中变形抗力的基本概念。
② 理解金属成形中加工硬化的形成机制和影响因素。
③ 能够利用变形抗力的测试方法分析金属压缩变形后的加工硬化行为。

二、实验原理

金属在塑性变形过程中，随着变形程度的增加，金属的强度、硬度显著提高而塑性、韧性下降，这种现象称为加工硬化（又称形变强化）。加工硬化的产生是由于金属发生塑性变形时，随着滑移过程的进行，晶格扭曲，晶粒被压扁、拉长而发生变形，产生应力。与此同时金属中位错密度和空位等缺陷增加并通过位错聚集和缠结构成了许多新的亚晶界，晶粒碎化，位错运动阻力增加。所以，金属要继续发生变形，就需要进一步增大变形力，照此规律，变形程度越大，强度越高，而塑性越差，加工硬化现象就越严重。

工业生产中，许多金属工件都是在常温下进行塑性加工生产的，也即常说的冷加工。金属在冷加工条件下进行塑性变形，必然要出现加工硬化现象，导致金属塑性降低，变形抗力提高。一般情况下，金属材料不同，塑性变形条件不同，其加工硬化的程度也不同。加工硬化在实际生产中既有有利的方面，也有不利的方面。①有利方面：加工硬化本身就是强化金属（提高强度）的方法之一，对纯金属以及不能用热处理方法强化的金属来说尤其重要。例如可以用冷拉、滚压和喷丸等工艺，提高金属材料、零件和构件的表面强度；或者金属零件在受力后，某些部位局部应力常超过材料的屈服极限，引起塑性变形，由于加工硬化限制了塑性变形的继续发展，可提高工件的安全度；金属板材在塑性变形时产生的加工硬化能够减少过大的局部集中变形，使其趋向均匀，从而增大成形极限，尤其对伸长类变形十分有利，同时还能提高零件的强度、硬度等性能；②不利方面：由于加工硬化现象使得金属变形抗力的增加，使继续变形变得困难，对后续加工不利，必然导致外力加大能耗增加。有时还不得不增加中间退火工序消除加工硬化后再进行后续加工，这增加了生产工序和加工成本，又如在切削加工中会使工件表层脆而硬，在切削时要增加切削力，加速刀具磨损等。

研究金属材料的加工硬化就要获得真实应力-应变曲线（也称为硬化曲线），因为真实应力-应变曲线能够反映变形抗力随变形程度增加的变化规律。它可以通过拉伸、压缩等实验方法求得。真实应力-应变曲线不同于我们常说的工程应力-应变曲线（也称条件应力-应变曲线），工程应力-应变曲线不能真实反映材料在塑性变形阶段的力学特征：首先工程应力-应变曲线的应力指标是加载瞬间的载荷 P 除以变形前试样的原始截面积 S_0 计算，没有考虑变形过程中试样截面积的变化，因而不准确；其次试样产生颈缩后会发生硬化现象，处于三向不均匀拉应力状态，材料在失稳点之后不应该下降反而应该上升；最后相对应变不科学，并不能代表真实应变。而真实应力-应变曲线的应力指标是采用真实应力来表示的，即应力是按各加载瞬间的载荷 P 除以该瞬间试样的实际截面积 S 计算。真实应力-应变曲线与工程应力-应变曲线如图 1-7 所示。从图 1-7 中可以看出，真实应力-应变曲线能真实反映变形材料的加工硬化现象。

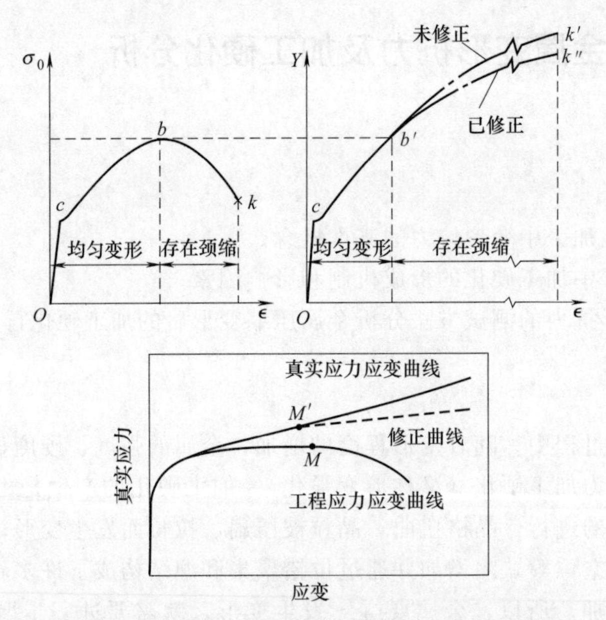

图 1-7　真实应力-应变曲线与工程应力-应变曲线图

从真实应力曲线的变化情况来看，即在塑性变形的开始阶段，随变形程度的增大，实际应力剧烈增加，当变形程度达到某值以后，变形的增加不再引起实际应力值的显著增加。这种变化规律可近似用指数曲线表示，其函数关系如式（1-15）所示。

$$\sigma = K\varepsilon^n \tag{1-15}$$

式中，σ 为真实应力，Pa；K 为材料系数；ε 为应变；n 为加工硬化指数。

K 和 n 取决于金属材料的种类和性能，其中加工硬化指数 n 是表明材料冷变形硬化的重要参数，对金属板材的冲压成形性能以及冲压件的质量都有较为重要的影响。n 值越大，表示板料在冷变形过程中，越易强化，塑性应变可以在较广范围内扩散均化，有减少应变梯度、增大极限变形的作用，从而提高材料的拉胀性能。利用拉伸试验确定 n 值的方法很多。如果测量并计算出拉伸过程中某两点的真实应力 σ 与应变 ε，则可以利用公式 $\sigma = K\varepsilon^n$ 计算

出 n 与 K 的数值。通常称这种方法为两点法，两点法的取值点对所得结果有直接影响。当然，取值点必须是在均匀变形范围内，因此，通常取为 $\delta_1=5\%$ 和 $\delta_2=\delta_u$。有直接利用两个取值点的 P 和 L 值来计算 n 值的公式。此外，还有用阶梯形拉伸试样的拉伸来计算 n 值的公式等。

变形力是指在金属进行塑性加工时使其产生变形的力，而变形抗力则是金属抵抗变形的阻力，它是指在一定的加载和成形条件下，引起塑性变形的单位变形力的大小。变形抗力反映的是金属抵抗塑性变形的能力。变形抗力是塑性加工中首先要考虑的一个重要参数。变形抗力有多种方法可以获得，常用的就有拉伸试验法、压缩试验法、扭转试验法等。金属试样在拉伸试验时一般会经历弹性变形、屈服、塑性变形、颈缩直到断裂的过程。试验中单向拉伸时的变形抗力可以认为等于瞬间载荷 P 与试样的瞬间截面积之比，即 $\sigma=P/S$。因此，采用拉伸实验法测定变形抗力时，其应力状态在尚未出现颈缩前变形程度较小时可以认为是单向应力状态，即此时所测得的变形抗力可以近似认为等于真实应力，但是在测量颈缩处截面积的瞬时值是十分困难的，所以要求测出颈缩后每一瞬时的真实应力和真实相对伸长量就非常不容易，就不能继续运用拉伸试验法求得真实的变形抗力。因此，在材料变形量较小时采用拉伸试验测定变形抗力是可行的。但是，当试样变形量较大、出现颈缩时，颈缩处已处于三向拉伸应力状态而非单向拉伸，此时拉伸试验测定变形抗力就不再适用。拉伸试验曲线的最大应变量受到塑性失稳的限制，一般 $\varepsilon\approx1.0$，而曲线的精确段在 $\varepsilon<0.3$ 的范围内，但是实际塑性成形时的应变往往比 1.0 大得多，因此拉伸试验曲线便不够用。而压缩试验的真实应力-应变曲线的应变量可以达到 $\varepsilon=2.0$，有人在压缩铜试样时甚至获得 $\varepsilon=3.0$ 的变形程度。因此，要获得大变形程度下的真实应力-应变曲线就需要通过压缩试验得到。但是压缩试验也存在问题，压缩试验主要的问题是试件与工具的接触面上不可避免存在摩擦，这就改变了试件的单向压缩状态，试件出现了鼓形，因而求得的应力也就不是真实应力。因此，消除接触表面间的摩擦就成了压缩试验获得真实应力-应变曲线的关键。消除接触表面间摩擦的方法有两种：①直接消除摩擦的圆柱体压缩法；②外推法。本实验主要采用第一种直接消除摩擦的圆柱体压缩法。实验前，可以在试样的端面上加工出沟槽以便保存润滑剂，或将试样端面加工出浅坑，坑中充以石蜡，以起润滑、减小摩擦的作用。

压缩实验简图如图 1-8（a）所示，上、下压头须经淬火、回火、磨削和抛光处理。圆柱形压缩试样如图 1-8（b）所示，其尺寸一般取为 $D_0=10\sim30\text{mm}$，$H_0/D_0=1\sim3$。在试样的端面加工出浅槽，用以在实验时中存储润滑剂，减少压缩试验时的接触摩擦。

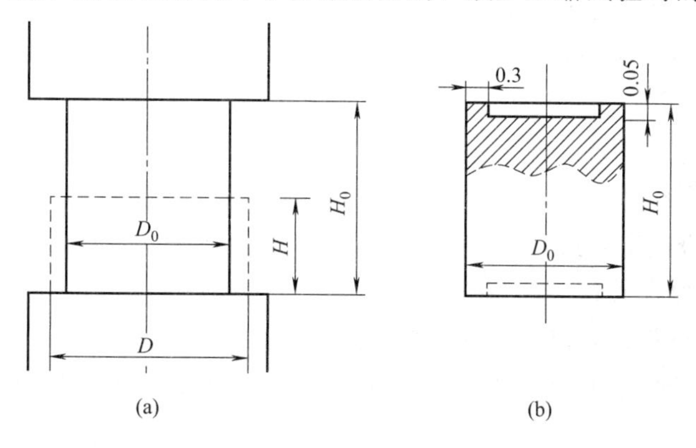

图 1-8 圆柱压缩实验及其试样

实验前，擦拭试样和压头，加润滑剂，实验后记录实际压力 P 和实际高度 H，再擦拭试样和压头，加润滑剂，再记录数据，重复以上压缩过程，直至试样侧面出现微裂纹或者压到所需的应变量为止。根据测得的实验数据，利用式（1-16）就可求得真实应力-应变曲线。

$$\varepsilon=\ln\frac{H_0}{H},\sigma=\frac{P}{S}=\frac{P}{S_0e^{\varepsilon}} \tag{1-16}$$

式中，σ、ε 为压缩时变形抗力（真实应力）、对数应变；H、H_0 为试样压缩后高度和原始高度；P 为压缩时的载荷；S、S_0 为试样压缩后的截面积和原始截面积。

圆柱试样压缩试验表明，压缩真实应力-应变曲线会受 D_0/H_0 值大小的影响，D_0/H_0 值大的试样所得曲线总高于值小的试样所得曲线。这是由于 D_0/H_0 值大，试样相对接触面大，所受的摩擦影响就越大，因而真实应力就高。

三、实验器材及材料

① 万能力学试验机，洛氏硬度计；

② 金属圆柱压缩试验模具；

③ 冷轧/退火状态 45 钢圆柱（直径 78mm，高度 70mm）；

④ MoS_2 膏、石墨等润滑剂；

⑤ 游标卡尺等。

四、实验方法与步骤

① 分组领取试样，制定压缩实验方案和模具使用方案；

② 在压缩前测量并记录试样几何尺寸和硬度值；

③ 开机实验，在接触面加润滑剂，每压缩实验方案设定的高度，记录压力 P 和实际高度 H；

④ 然后将试样和冲头擦拭干净，重新加润滑剂，压缩并记录压力 P 和实际高度 H；

⑤ 重复上述过程，如果试样上出现鼓形，则将鼓形车去，并使尺寸仍保持原有 H_0/D_0 比值；

⑥ 直到试样侧面出现微裂纹或压到所需的应变量为止（一般达到 $\varepsilon\approx1.2$ 即可）；

⑦ 测量并记录最终压缩后试样几何尺寸和硬度值；

⑧ 根据各次的压缩量和压力，利用公式计算出压缩时的真实应力和对数应变，便可以作出真实应力-应变曲线。

五、实验报告要求

实验后完成实验报告，实验报告使用通用格式，并应包含如下内容：

① 实验目的、实验原理等；

② 实验设备、试样材料、几何尺寸及润滑条件；

③ 对试样进行不同变形程度的压缩变形实验，并记录各次压缩前后试样直径、高度、硬度等数据；

④ 根据数据绘制压缩真实应力-应变曲线并分析讨论。

实验五 铸造残余应力的测定

一、实验目的

① 了解铸造残余应力产生的原因。

② 掌握用应力框测定铸造残余应力的方法。

③ 能够运用减小或消除残余应力方法或者措施对实际案例进行分析。

二、实验原理

（1）铸造应力

铸件在凝固和冷却过程中由于各部分体积变化不一致导致彼此制约而引起的应力称为铸造应力。对于暂时出现的铸件应力，当引起应力的原因消除以后，应力也随之消失，这种临时存在的应力称为临时应力；而若应力保留在铸件中，则称为残余应力。铸件质量会因为铸造应力而受到严重的影响，当铸造应力一旦超过材料本身的屈服强度，铸件则易产生变形；当铸造应力更大，超过了材料的强度极限，铸件则会产生裂纹。残余应力还会影响铸件的使用性能，如失去精度；在使用过程中发生断裂或产生应力腐蚀等。

铸件凝固后，在继续冷却过程中，因为各个部位的冷却速度不同，在同一时间收缩量也不同，但铸件各个部位毕竟连成一体，彼此间互相制约而使收缩受到热阻碍，这种原因引起的应力称为热应力。铸件在落砂后热应力仍会存在，因此热应力是一种残余应力。

（2）铸造应力的测定方法

① 应力框试验法。测定铸造残余应力的框形铸件如图 1-9 所示，在试样浇注后冷却过程的后期，粗杆Ⅱ温度比细杆Ⅰ冷却快。这一时期进行冷却时，两杆温差逐渐减小乃至消失。由于粗细两杆温度不同，冷却过程中的绝对线收缩也就不同。但粗细两杆受两端横梁的制约，不能自由线收缩，应力逐渐增大，因而使在三杆中残留了应力：细杆Ⅰ中形成压应力，粗杆Ⅱ中形成拉应力。若在 A—A 截面处将粗杆锯开，锯至一定程度时，由于截面变小，粗杆被拉断。受弹性拉长的粗杆长度较自由收缩条件下的长度缩短，其缩短量 ΔL 和铸造残余应力成正比，其值可根据锯断前、后粗杆上小凸台的长度（L_0，L_1）差求出，即 $\Delta L=L_1-L_0$，铸造残余应力 σ_1 和 σ_2 的计算公式为

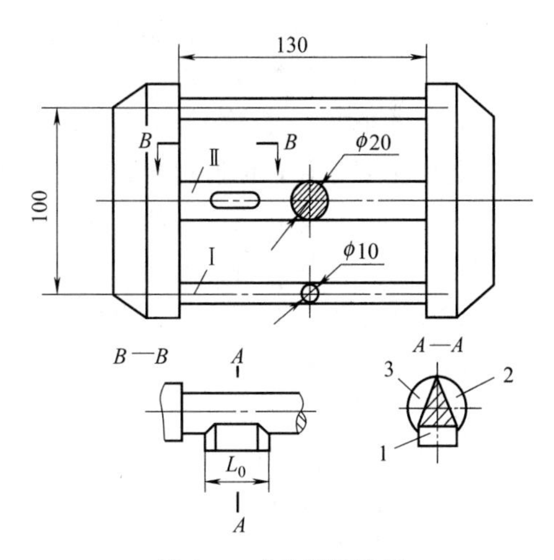

图 1-9 应力框铸件图

$$\sigma_1=-E\frac{L_1-L_0}{L\left(1+\frac{2F_1}{F_2}\right)},\sigma_2=-E\frac{L_1-L_0}{L\left(1+\frac{2F_2}{F_1}\right)} \tag{1-17}$$

式中，σ_1、σ_2 为细杆、粗杆中残余应力，MPa；L_0、L_1 为锯断前、后小凸台的长度，

mm；F_1、F_2 为细杆、粗杆的横截面积，mm^2；L 为杆的长度，$L=130mm$；E 为弹性模量，普通灰口铸铁取 9×10^4MPa；球墨铸铁取 1.8×10^5MPa。

应力框测定法的优点是不破坏铸件，测量方便，用与铸件残留应力情况相当的一批应力框，进行不同条件的退火，还可以研究制定消除应力的最佳退火工艺，所以目前在生产与研究中的应用比较广泛（本实验采用此法）。这种方法的缺点是应力框结构和铸件结构相差较大，所测数值对铸件只有一定的参考价值。其次，这种方法本身的准确性也不高。

② 直接测量法。为了测得机床床身、飞轮等铸件的残余应力，也可将这些铸件做破坏试验，直接测量其残余应力的大小。通常采用电阻应变测量方法，即用电阻应变片测定铸件释放残余应力后产生的表面应变，再根据应力、应变的关系式，确定该残余应力值。

（3）残余应力主要影响因素及其控制

① 弹性模量 E。在应力框法中，必须已知 E 值才能算出应力。假设 $E_{拉}=E_{压}$ 仅适用于铸钢，对铸铁则拉伸弹性模量与压缩弹性模量相差较大，故精确度要求高时应分别代入计算。此外，资料报道的 E 值和试样 E 值也有很大差别，例如：球铁因基体组织和球化率的不同，E 值在 $130000\sim186000N/mm^2$ 间变化，灰铁随孕育情况不同而在 $70000\sim110000N/mm^2$ 间变化。即使是铸钢也因钢种不同而有很大变化。这些都给计算结果带来误差，使测试结果的可比性变差。如果要减少这种误差，应使用同炉试样同时测定 E 值。

② 试样尺寸的影响。如前所述，应力框中粗细杆截面积不同，所测拉应力、压应力有不同的数值；此外，随试样截面积不同，合金在相同铸型条件下的冷却过程中粗细杆间的温度差不一样，截面积差越大，温差越大，应力框中的残余应力越大。另外，试样长度越长，绝对收缩量越大，残余应力也越大反之，残余应力越小。因此，不同应力框所测结果并不具有可比性。

如试样长度过短，则粗杆切断后的伸长量很小，难以测准。铝合金残余应力很小，所引起的应变量也小，就较难测准。所以，应根据合金种类，统一制订应力框的尺寸标准。根据铸件的壁厚、形状、尺寸等，自行确定试样尺寸，准确测定铸件中残余应力的数值，是解决生产问题的重要途径，但所得数据只是相对结果。

（4）减小及消除残余应力的方法

铸造应力容易导致铸件翘曲变形甚至开裂，特别是铸件中的残余应力，如不消除，将降低零件的加工精度，在使用中会继续发生变形，降低力学性能和使用性能。因此在工业生产中应设法减小和消除残余应力。

① 减小铸造应力的措施和途径。

a. 材料方面选用弹性模量 E 和热膨胀系数 α 小的合金作为铸件材质。

b. 减小铸件冷却过程中的温差：

（a）在铸件厚实部位放置冷铁或蓄热系数大的型砂，加速厚实部分的冷却。

（b）对铸件厚实部分的铸型或砂芯实行强制冷却。

（c）在铸件壁薄处开内浇道，使铸件各部分温度趋于一致。

（d）提高浇注时铸型的温度。

（e）将铸件于红热状态开箱取出，尽快置于已加热到 500～600℃的保温炉中，保持一定时间使铸件各部分温度趋于一致，然后随炉缓冷至 200～250℃出炉。

c. 改善铸型和砂芯的溃散性。

d. 改进铸件结构，避免形成较大应力和应力集中。

② 消除铸件中残余应力的方法。消除铸件中残余应力的方法有自然时效、人工时效和共振时效等方法。

a. 自然时效。将有残余应力的铸件放置在露天场地，经半年乃至一年以上，让残余应力逐渐自然消退，这种方法称为自然时效。

b. 人工时效。人工时效又称热时效或消除内应力退火。把铸件加热到合金的弹塑性状态的温度范围内，保持一定时间，使残余应力得以消除，然后缓慢冷却，以免重新产生残余应力。

c. 共振时效。共振时效的原理是：在激振器的周期性外力即激振力作用下与铸件发生共振，因而使铸件获得相当大的振动能量。在共振过程中交变应力与残余应力叠加，产生局部屈服，引起塑性变形，使铸件中的残余应力逐渐松弛甚至消失，达到稳定铸件尺寸的目的。

三、实验器材及材料

① 金属熔化炉（中频感应电炉）；

② 湿型黏土砂；

③ 铸造应力框试样的模具和型板、砂箱等；

④ 台钳、游标卡尺、锉刀、钢锯、钢丝刷；

⑤ 热处理炉（加热范围：25～1000℃）；

⑥ 快速测温头和测温表（测量金属液体的温度）。

四、实验方法与步骤

本次实验测定应力框铸件（灰口铸铁）铸态及其退火热处理后的残余应力。实验步骤如下：

① 造型（3 个应力框试样）；

② 浇注（铁水温度为 1330～1350℃）；

③ 浇注后 30min 打箱，用钢丝刷刷去应力框铸件的表面型砂；

④ 将其中 1 个应力框放入热处理炉中，550℃保温 3h 后炉冷；

⑤ 将上述 2 个应力框铸件的粗杆小凸台上成锐角相交的 4 个棱柱面锉平；

⑥ 用卡尺测量小凸台长度 L_0；

⑦ 在小凸台 A—A 截面处从 1、2、3 三面依次锯开粗杆（图 1-9），注意各锯口应在垂直于杆轴线的同一平面内；

⑧ 锯至粗杆断裂后，再测量小凸台长度 L_1；

⑨ 计算铸造残余应力 σ_1 和 σ_2。

五、实验报告要求

实验后完成实验报告，实验报告使用通用格式，并应包含如下内容：

① 实验目的、实验原理等；

② 实验内容及结果，记录同组的全部实验数据填入表 1-3 并计算；

③ 结果分析：应力框残余应力的大小、分布及产生原因，人工时效消除应力的效果（以百分数表示）等。

表 1-3 测量数据表

状态	组别	L_0/mm	L_1/mm	L_1-L_0/mm		σ_1/MPa	σ_2/MPa
				测量值	平均值		
铸态							
退火 550℃,3h							

实验六 ➲ 最大咬入角及摩擦系数测定

一、实验目的

① 掌握轧制过程基本理论，理解咬入条件及咬入角概念。

② 测定轧制时自然咬入状态下的最大咬入角和稳定轧制状态下的最大接触角，并分析二者之间的关系。

③ 分析不同工艺条件对咬入角的影响，明确咬入条件对实现轧制过程的意义。

④ 能够利用实验求出不同条件下的摩擦系数 f 值。

二、实验原理

轧制过程就是依靠旋转轧辊与轧件之间形成的摩擦力将轧件拖进辊缝之间，并使之受到压缩产生塑性变形的过程。轧制过程不仅要使轧件获得所要求的尺寸精度和形状，而且还必须改善轧件的组织和性能。轧制是金属基本塑性加工方法之一。

轧制过程总共经历 4 个阶段，分别为咬入阶段、拽入阶段、稳定轧制阶段和轧制终了阶段。①咬入阶段：轧件开始接触旋转的轧辊，轧辊开始对轧件施加作用，将其拖入辊缝间，以便建立轧制过程，该过程为一瞬间完成；②拽入阶段：一旦轧件被旋转着的轧辊咬着后，轧辊对轧件的拖拽力增大，轧件逐渐充满辊缝，直至轧件前端到达两辊连心线位置为止；③稳定轧制阶段：轧件前端从辊缝间出来后，继续依靠旋转轧辊摩擦力对轧件的作用，连续、稳定地通过辊缝，产生所需要的变形，厚度方向压缩，纵向延伸，整个轧件通过辊缝承受变形；④轧制终了阶段：从轧件后端进入辊缝间的变形区开始，轧件与旋转轧辊之间的接触逐渐脱离，变形区逐渐变小，直至轧件与轧辊完全脱离接触为止。

在轧制生产实践中可能会出现轧件不能顺利被轧辊咬入，致使轧制过程停止，以及咬入角不合理引起板材塑性变形不均匀的情况，不仅降低了生产效率，而且产品易存在质量问题。这是因为咬入并轧制的过程是一个不稳定过程，咬入是指依靠旋转的轧辊与轧件之间的摩擦力将轧件拖入轧辊之间的现象。有时轧制咬入很顺利，但也有时因压下量大，轧件就轧不入，这种称为不能咬入。所以轧制过程是否能建立，决定于轧件能否被旋转的轧辊咬入。而轧件能否被顺利咬入与轧辊和轧件的尺寸、施加外力、压下量以及轧件和轧辊接触面上的摩擦状况有关。当咬入的时候，变形区的几何参数，运动学参数都是变化的，所以咬入角

(α) 即轧辊与轧件接触部分所夹的中心角是轧制过程中一个极其重要的影响因素。

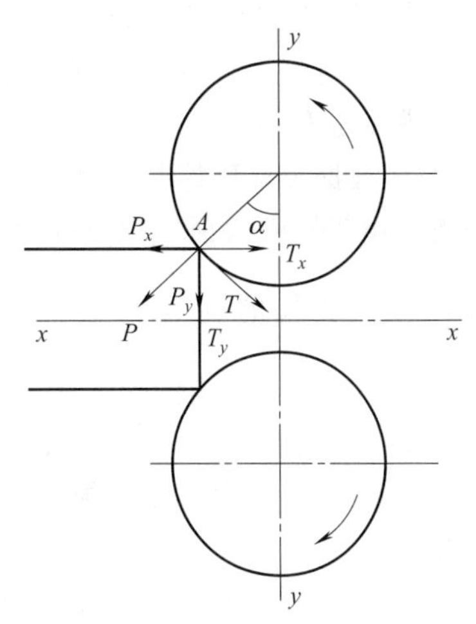

图 1-10 轧辊与轧件接触瞬间的受力分析

轧辊与轧件接触瞬间的受力分析如图 1-10 所示，咬入角 α 与压下量 Δh 和轧辊直径 D 有下列几何关系：

$$\cos\alpha = 1 - \frac{H-h}{D} = 1 - \frac{\Delta h}{D} \quad (1\text{-}18)$$

式中，H 为轧件轧前厚度；h 为轧件轧后厚度；D 为轧辊工作直径。

轧件和轧辊接触后，轧件和轧辊的受力可能有三种情况。当轧件接触的瞬间，在轧件与轧辊接触面上，同时存在正压力 P 和摩擦力 T。P 和 T 的水平投影分别为：

$$P_x = P\sin\alpha, T_x = T\cos\alpha$$

从图中可以看到水平分力 T_x 为咬入力，P_x 为咬入阻力，二者方向相反，作用在同一直线上。当 $T_x > P_x$ 时能咬入；$T_x < P_x$ 时不能咬入；$T_x = P_x$ 时处于临界状态。由于$T_x = T \cdot \cos\alpha$，$P_x = P\sin\beta$，故在临界条件下，有 $T\cos\alpha = P\sin\alpha$，可写成：

$$\frac{T}{P} = \frac{\sin\alpha}{\cos\alpha} = \tan\alpha \quad (1\text{-}19)$$

根据库仑摩擦定律，摩擦系数 $f = T/P$，所以在临界状态下有 $f = \tan\alpha$，根据摩擦角的概念，摩擦角 β 的正切值就是摩擦系数 f。又因 $\tan\beta = f$，所以 $\tan\alpha = \tan\beta$，即 $\alpha = \beta$。

根据上述推导可知，轧件被轧辊咬入的条件为摩擦角 $\beta \geqslant \alpha$。其中，只有轧辊对轧件的作用力，没有其他任何外力作用时，称为自然咬入条件 ($\alpha < \beta$)，即咬入角 α 小于摩擦角 β，这是咬入的充分条件。而 $\alpha = \beta$ 时，为轧件被轧辊咬入的临界条件，一般称此时的咬入角 α 为最大咬入角，用 $\alpha_{\max}$ 表示。

轧制过程中，轧件一旦被咬入，轧制迅速进入轧辊的拽入阶段，轧件与轧辊间的接触面随着轧件向辊缝间的充满而增加，轧制压力作用点也随之由变形区的入口端向出口端移动，合压力作用角也逐渐减小。当轧件完全充满辊缝后，此时轧制过程建立，合压力作用角达到最小值。如果接触表面上的单位压力沿接触弧均匀分布，则轧制压力作用点将在接触弧的中点。此时合压力作用分解为 $\alpha/2$，那么稳定轧制条件即为 $\alpha/2 \leqslant \beta$，即 $\alpha \leqslant 2\beta$。但实际上沿接触弧上单位压力分布是不均匀的，因此 α 与 β 的关系为 $\alpha \leqslant (1.5 \sim 2)\beta$。

根据以上条件可以看出，凡是减小轧辊咬入角和增大辊面对轧件摩擦系数的因素均有利于强化咬入和建立稳定轧制过程，通常采用的措施为：

(1) 减小轧辊咬入角，改善咬入的措施

① 采用大直径轧辊，可减小接触角，并有利于加大压下量；

② 减小压下量，虽可以减小咬入角，但降低压下量反而要增加轧制道；

③ 轧件前端做成楔形或圆弧状，以减小咬入角，可实行大压下量轧制；

④ 沿轧制方向施加水平推力进行强迫咬入，如辊道运送轧件的惯性力等施加水平推力，进行强迫咬入；

⑤ 咬入时抬高辊缝以利于咬入，轧制时实行带负荷压下增大稳定轧制时的变形量。

(2) 增大辊面摩擦系数，改善咬入的措施

① 咬入时辊面不进行润滑，增大辊面的摩擦；

② 低速咬入，高速轧制，也可以增大咬入时的摩擦，改善咬入条件，同时对提高轧制生产效率也有利；

③ 根据金属摩擦与温度的关系特性，通过适当改变轧制温度来增大摩擦，对于大部分金属，由于轧件表面氧化皮的存在，提高轧制温度能增大摩擦等。

三、实验器材及材料

① ϕ180mm 二辊不可逆轧机；

② 游标卡尺、千分尺、外卡钳、钢板尺；

③ 锉刀、干净白布或棉纱、涂油或粉用的刷子、推料用的木板、润滑油、白粉笔、汽油等；

④ 尺寸为 10mm×40mm×100mm 的铅试件，楔形试件（一端厚度为 6mm，一端厚度为 15mm，长度为 150mm，宽度为 40mm）。

四、实验方法与步骤

本实验时采用逐渐抬高辊缝的方法进行轧制，在三种实验条件下进行实验，即：一般状态、加润滑油、涂白粉笔，逐渐调整辊缝直至轧件咬入，然后测出 D、H、h，根据前面的公式 $\cos\alpha=1-\dfrac{H-h}{D}$求出 α，再根据临界状态下有摩擦系数 $f=\tan\alpha$ 以及 $\alpha=\beta$，可以求出摩擦系数 f 和最大咬入角 α_{max}。测量稳定轧制过程的最大接触角采用楔形试验实验，取一块一端厚一端薄的楔形试件，让薄的一端咬入，等待压下量超过轧辊设置上限，轧件卡在轧辊间不能前进而发生打滑现象时，立即停止轧辊转动，同时抬高上轧辊，取出轧件测量 D、H、h，按公式 $\cos\alpha=1-\dfrac{H_{max}-h}{D}$和打滑时 $\alpha=2\beta$，求出稳定轧制过程的最大接触角 $\beta=\alpha/2$，以及打滑时的摩擦系数 $f=\tan(\alpha/2)$。

实验操作步骤如下：

① 测量试件的高度 H 以及轧辊工作直径 D；

② 根据实验条件，先调整轧辊辊缝小于试件厚度；

③ 开机后将试样放在轧机前导板上，将试件用手轻轻送入轧辊之间，如不能咬入，将试样取回，抬高上轧辊，再次将试样送入，直至轧件被咬入为止；

④ 取出轧件测量厚度 h；

⑤ 同样实验条件下，加外力重复上述实验，加外力时用木板用力推着轧件咬入；

⑥ 更换实验条件，重复上述①～⑤的实验步骤，直至实验完成，每次实验完成将轧辊辊面用汽油和棉纱轻擦干净；

⑦ 取楔形试件，将上轧辊抬起，调整轧缝使轧件能咬入进行轧制；

⑧ 待轧件出现轧卡打滑时立即停机，抬高轧辊取出试样，测量轧后高度 h 和轧卡高度 H_{max}（轧卡高度 H_{max} 即为轧卡时轧件在轧辊入口处的高度）的数值；

⑨ 完成所有实验，关机并调制设备到初始位置，做好实验的清洁工作。

五、实验报告要求

实验后完成实验报告，实验报告使用通用格式，并应包含如下内容：

① 实验目的、实验原理等；
② 将实验数据整理并记录于表 1-4 中；
③ 分析实验数据，讨论外加力、摩擦条件及压下量大小对轧件咬入的影响；
④ 分析自然咬入状态下的最大咬入角和稳定轧制状态下的最大接触角二者之间的关系；
⑤ 根据分析结果结合实际生产讨论改善咬入的措施。

表 1-4 实验数据表

试样编号	实验条件		原始高度 H/mm	轧制后高度 h/mm	高度差 Δh /mm	$\cos\alpha$	最大咬入角 α	摩擦系数 f
1	一般状态	加外力						
2		不加外力						
3	润滑油	加外力						
4		不加外力						
5	白粉笔	加外力						
6		不加外力						
7	楔形试件							

实验七 金属薄板的弯曲实验

一、实验目的

① 了解金属薄板弯曲变形过程及变形特点。
② 熟悉弯曲性能主要指标最小相对弯曲半径及其主要影响因素。
③ 熟悉板料折弯机，掌握板料弯曲试验的方法。
④ 掌握测定最小相对弯曲半径的实验方法。

二、实验原理

将金属薄板弯成一定曲率、一定角度、形成一定形状零件的冲压工艺称为金属薄板弯曲。弯曲的应用相当广泛，用弯曲方法加工的零件种类非常多。在生产中由于所用的工具及设备不同，因而形成了各种不同的弯曲方法。例如在压力机上采用模具的压弯，折弯机上的折弯，辊弯机上的辊弯，拉弯设备上的拉弯等。金属板料在弯曲过程中，其各部分材料将发生不同的变形，主要经过弹性变形和塑性变形两个阶段。弯曲时材料塑性变形是从板料的上、下两表面开始，并随着弯曲力不断增加，塑性变形区从两表面逐渐向中间扩展，使得坯料完成一定形状，完成弯曲过程。因此，金属薄板的弯曲过程大致可以分为三个阶段。

① 弹性弯曲阶段：这一阶段如图 1-11（a）所示，凸、凹模与板料在 A、B 处相接触，凸模在 A 处所施加的外力为 $2F$，在凹模面上的 B 点处产生反力与此外力构成弯曲力矩 $M=2Fl_0$，此时弯曲力矩的数值不大时，在毛坯变形区的内、外表面引起的应力小于材料的屈服点 σ_s，此时仅在毛坯内部引起弹性变形。

② 弹-塑性弯曲阶段：如图 1-11（b）所示，随着凸模逐渐进入凹模，支承点 B 将逐渐

向凹模中心移动，力臂逐渐变小，弯曲力矩的数值将继续增大，毛坯的曲率半径随着变小，毛坯变形区的内、外表面首先由弹性变形状态过渡到塑性变形状态，以后塑性变形由内、外表面向中心逐步扩展。当板材弯曲到一定程度时，如图 1-11（c）所示，板料与凸模形成三点接触。

③ 纯塑性弯曲阶段：当经历过板料与凸模三点接触后，凸模便将板料的直边朝与以前相反的方向压向凹模，形成更多点接触直至弯曲件的圆角半径和夹角完全与凸模吻合，此时板料的角部与直边均受到凸模的压力，板料变形区的材料完全处于塑性变形状态，如图 1-11（d）所示。

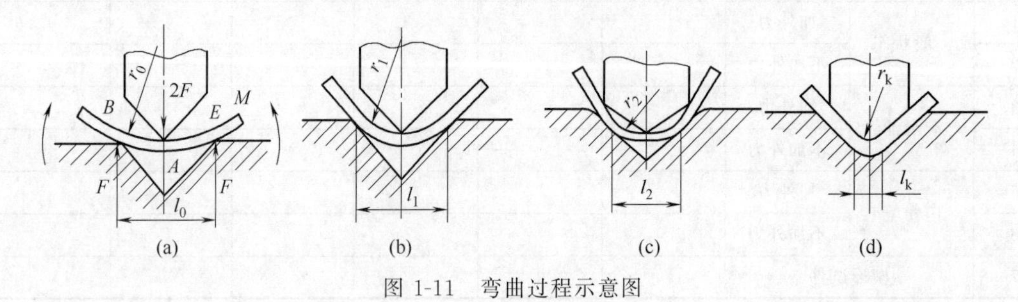

图 1-11　弯曲过程示意图

利用网格实验观察变形后网格的变化，如图 1-12 所示，可以发现弯曲变形有以下特征。

① 工件分成了圆角和直边两部分，弯曲变形区主要在弯曲件的圆角部分（内半径为 r，中心角为 α），此处的正方形网格变成了扇形，而远离圆角的直边部分，则没有变形，靠近圆角部分的直边有少量变形。

② 板料弯曲前［图 1-12（a）］，其切向纤维长度是相等的，弯曲发生后［图 1-12（b）］，弯曲变形区的外层（靠凹模一侧）切向纤维受拉而伸长；而内层（靠凸模一侧）切向纤维受压缩而缩短。由内、外表面至板料中心，其缩短、伸长的程度逐渐变小，板料中心必有一层金属的应变为零，弯曲变形时其长度保持不变，此层称为应变中性层。

③ 弯曲变形区内，板料变形后产生厚度变薄现象，相对弯曲半径 r/t 越小，厚度变薄越大。变形区板料横断面形状变化分为两种情况：宽板（$r/t>3$）弯曲时，横断面形状几乎不变，仍为矩形；而窄板（$r/t\leqslant3$）弯曲时，原矩形断面变成了扇形。

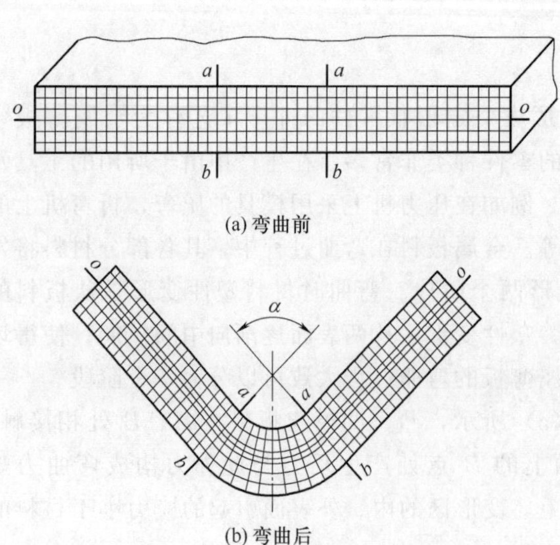

图 1-12　弯曲前后坐标网格的变化

板材弯曲时，由于同时存在弹性变形和塑性变形，当外载荷去除后，弹性变形部分恢复，因此弯曲后工件的尺寸与模具尺寸不完全一致，这种现象称为回弹。影响回弹的主要因素有：①材料的力学性能；②相对弯曲半径 r/t；③弯曲角 α；④弯曲方式和模具结构；⑤弯曲力；⑥摩擦；⑦板厚偏差等。在实际生产中，由于材料的力学性能和厚度的波动等，要完全消除弯曲件的回弹是不可能的，但可以采取一些措施来减小或者补偿回弹所产生的误差，以提高弯曲件的精度，通常采用的主要措施如下：

① 在接近纯弯曲的条件下，可以根据回弹值的计算或经验数据，对弯曲模具工作部分的形状做必要的修正；

② 利用弯曲毛坯不同部位回弹方向不同的规律，适当地调整各种影响因素，比如模具的圆角半径、开口宽度、间隙、校正力、压料力等，使得相反方向的回弹相互抵消；

③ 利用聚氨酯橡胶的软凹模代替金属的刚性凹模进行完全；

④ 把弯曲凸模或压料板做成局部凸起的形状，或减小圆角部分的模具间隙，使凸模力集中地作用在引起回弹的弯曲变形区，改变其应力状态；

⑤ 采用带摆动块的凹模结构；

⑥ 采用纵向加压法，在弯曲过程完成之后，用模具的凸肩在弯曲毛坯的纵向加压，使弯曲变形内毛坯断面上的应力都称为压应力；

⑦ 采用拉形方法，主要用于长度和曲率半径都比较大的零件；

⑧ 采用提高制件结构刚性的办法。

弯曲件的切向应变的最大值，与相对弯曲半径 r/t 大致成反比关系。当相对弯曲半径 r/t 减小到一定程度时，会使弯曲件外表面纤维的拉伸应变超过材料性能所允许的极限而出现裂纹或折断。因此，弯曲的变形量（即弯曲变形程度）用相对弯曲半径 r/t 来表示，当 r/t 值小时，表示弯曲变形程度大。在保证板料外表面纤维不发生破坏的条件下，工件能够弯成的内表面的最小圆角半径，称为最小弯曲半径 r_{min}，而此时对应的 r_{min}/t 称为最小相对弯曲半径，我们通常用最小相对弯曲半径 r_{min}/t 作为评定材料弯曲成形性能的指标。影响最小相对弯曲半径 r_{min}/t 的因素有：

① 材料的力学性能。影响材料最小弯曲半径的力学性能主要是塑性，所以材料的塑性越好，塑性指标越高，弯曲半径就可以越小。材料热处理状态也会影响材料的力学性能，比如退火或正火后，材料的塑性提高了，最小相对弯曲半径也可减小。

② 零件的弯曲中心角的大小。理论上板料弯曲变形区集中在圆角部分，直边部分不参与变形，因而与弯曲中心角无关，但在实际弯曲过程中，由于板料纤维之间的相互牵制，圆角附近的直边部分材料也参与了弯曲变形，即扩大了弯曲变形区的范围。这对于板料弯曲区外层的受拉状态有缓解作用，因而有利于降低最小弯曲半径。弯曲中心角越小，圆角部分外表面纤维的变形分散效应就越显著，最小相对弯曲半径也越小。

③ 板料的轧制方向与弯曲线夹角的关系。一般情况下，冲压板材为多次轧制的冷轧板，具有各向异性，平行于纤维方向（也即轧制方向）的塑性优于垂直纤维方向的塑性。因此，弯曲件的弯曲线（沿板宽方向的弯曲角棱线）与板料轧制方向相垂直时，最小相对弯曲半径的数值最小；当弯曲线与板料轧制方向平行时，最小相对弯曲半径的数值最大。在弯曲相对弯曲半径 r/t 较小的弯曲件时，板料的排样应尽可能使弯曲线垂直于板料的轧制方向；相反，当 r/t 较大时，弯曲线的布置则主要是考虑材料利用率的大小。若同一零件上具有不同方向的弯曲要求，那么在考虑弯曲件排样经济性的同时，应尽可能使弯曲线与板料轧制方向的夹角不小于30°。

④ 板料的表面和冲裁断面的质量。弯曲时，若板料表面有划伤、裂纹或板料冲裁断面有毛刺、裂口及冷却硬化等缺陷，那么工件容易在缺陷处开裂，致使材料过早地遭到破坏。对于表面质量和冲裁断面质量较差的板料，允许的最小相对半径数值不能过小。

⑤ 板料的相对宽度。当弯曲件的相对宽度较小时，其影响比较明显，但当 $b/t>10$ 时，

其影响不大。

⑥ 板料厚度。当板料厚度较小时，切向应变变化的梯度大，这样与切向变形最大的外表面相邻近的纤维层，能补充外表面的变形，可以起到阻碍外表面材料产生局部不稳定塑性变形的作用，因此可以得到较大的变形或采用较小的最小相对弯曲半径。

三、实验器材及材料

① 伺服液压压力机；

② 弯曲试验模具；

③ 放大镜、游标卡尺、游标万能角度尺等；

④ 丙酮、润滑油等；

⑤ 纯铝 1060、低碳钢（08 钢）、铝合金薄板。

四、实验方法与步骤

本实验根据国家标准（GB/T 15825.5—2008《金属薄板成形性能与试验方法　第 5 部分　弯曲试验》）进行给定材料及板厚的弯曲实验，并确定最小相对弯曲半径。

实验操作步骤如下：

① 实验前，对模具、实验装置和压力机工作台等进行清洗，检查和润滑；

② 调整凹模开度，调整后锁紧；

③ 取一试样逐步弯曲，进行弯曲过程的分步实验并观察；

④ 按规定的弯曲角从大到小选择凸模，逐次对试样进行弯曲实验，直到试样变形区外侧表面在放大镜下出现裂纹或显著凹陷时为止（开始实验选用的凸模规格可根据经验确定）；

⑤ 在实验加载过程中测量弯曲角并记录；

⑥ 对同种材料正、反两面分别进行三次以上有效重复实验；

⑦ 更换弯曲线相对于轧制方向的角度（90°和 180°），更换试验材料重复上述④、⑤步骤实验，直至实验结束。

完成所有实验，关机并调制设备到初始位置，做好实验的清洁工作。

五、实验报告要求

实验后完成实验报告，实验报告使用通用格式，并应包含如下内容：

① 实验目的、实验原理等；

② 记录试样规格、牌号和状态与实测厚度；

③ 取样角、测量弯曲角，汇总实验数据；

④ 分析计算结果，分析各因素对最小相对弯曲半径的影响。

实验八 金属室温压缩的塑性及其流动规律

一、实验目的

① 了解金属室温体压缩实验方法及其操作步骤。

② 理解最小阻力定律以及最小周边法则，能够分析摩擦对金属流动的影响。

③ 能够分析室温体压缩时金属的塑性及其流动规律。

二、实验原理

金属塑性加工时，质点的流动规律可以应用最小阻力定律来分析。最小阻力定律是塑性成形加工中最基本的规律之一，其可表述为：变形过程中，物体各质点将向着阻力小的方向移动，即做最少的功，走最大的路。最小阻力定律实际上是力学质点流动的普遍原理，符合力学的一般原则，它可以定性地用来分析金属质点的流动方向。它把外界条件和金属流动直接联系来，很直观并且使用方便。通过调整某个方向的流动阻力来改变某些方向上金属的流动量，以便合理成形，消除缺陷。例如，在模锻中增大金属流向分型面的阻力，或减小流向型腔某一部分的阻力，可以保证锻件充满型腔。在模锻制坯时，可以采用闭式滚挤和闭式拔长模膛来提高滚挤和拔长的效率。

利用最小阻力定律可以推断，任何形状的物体只要有足够的塑性，都可以在平锤头下镦粗使坯料逐渐接近于圆形。这是因为在镦粗时，金属流动距离越短，摩擦阻力也越小。方形坯料镦粗时，接触表面存在摩擦，矩形断面的试样在压缩时的流动模型如图 1-13 所示。因为接触面上质点向周边流动的阻力与质点离周边的距离成正比，所以离周边的距离越近，阻力越小，金属质点必然沿这个方向流动，这个方向恰好是周边的最短法线方向。因此，可用双点画线将矩形分成 2 个三角形和 2 个梯形，形成了 4 个流动区域。点画线是流动的分界线，线上各点至周边的距离相等，各个区域内的质点到各自边界的法线距离最短。这样流动的结果就是矩形断面将变成双点画线所示的多边形。继续压缩，断面的周边将趋于椭圆。此后，各质点将沿着半径方向流动。由于相同面积的任何形状总是圆形周边最短，因而最小阻力定律在压缩中也称为最小周边法则。

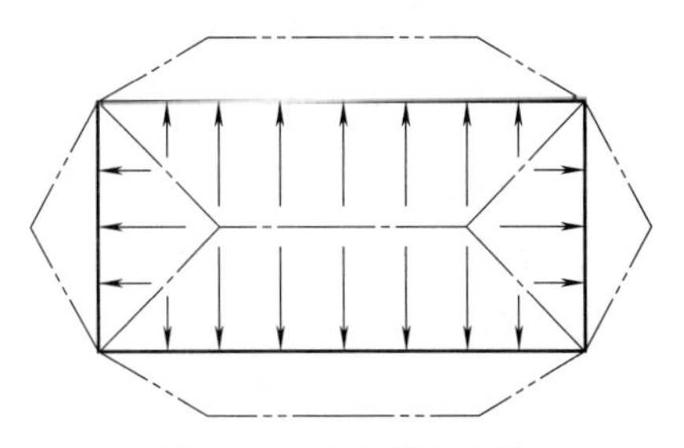

图 1-13 最小周边法则

本实验利用液压压力机，以简单加载的方式，完成高塑性金属材料的室温体压缩实验。这种物理模拟实验方法，能够验证金属塑性流动的宏观规律（最小阻力定律）以及接触面上的外摩擦对塑性流动的影响。

金属的塑性是金属在外力作用下发生永久变形而又不破坏其完整性的能力。金属的塑性加工是以塑性为前提，在外力作用下进行的。金属塑性的大小，以金属塑性变形完整性被破坏之前的最大变形程度表示。这种变形程度数据为塑性指标或称为塑性极限。但是，目前还没有某种实验方法能测量出可表示所有塑性加工条件下共用的塑性指标。

金属材料室温压缩实验法，也就是在简单加载条件下，其压缩前后的试样如图 1-14 所示。用压缩实验法测定的塑性压缩率（ε），其数值由式（1-20）确定：

$$\varepsilon=\frac{h_0-h_1}{h_0}\times 100\% \tag{1-20}$$

式中，h_0 为试样原始高度，mm；h_1 为试样压缩至侧面目测观察出现裂纹时的高度，mm。

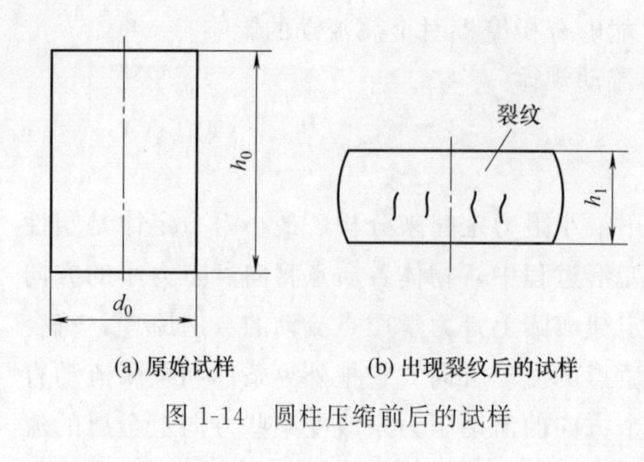

图 1-14　圆柱压缩前后的试样

按塑性压缩率（ε）的数据，材料可进行如下分类：ε≥60%，为高塑性材料；ε=40%～60%，为中塑性材料；ε=20%～40%，为低塑性材料。

金属塑性变形的发生、发展过程是不均匀。从宏观上讲，主要是由于在压力加工过程中坯料与工具的形状一般是一致的，另外还有不可避免的外摩擦作用，致使变形区内金属所受的应力分布不均匀，在不同部分区间，变形起始的早晚、程度的大小、速度的快慢都不相同。如果坯料的变形温度不均匀，同样也会发生上述现象。从微观上讲，金属结构的本身就是不均匀的，这样也必然引起变形的不均匀。

三、实验器材及材料

① 液压压力机；
② 压缩专用实验模具；
③ 低碳方钢、硬铝合金圆柱、铅板（尺寸：5mm×50mm×50mm）；
④ 润滑剂、汽油；
⑤ 游标卡尺、钢尺、钢针等。

四、实验方法与步骤

① 取铅板试样，在其上、下表面画上 5mm×5mm 的方格；
② 测量并记录试样压缩前的尺寸数据；
③ 将 10 块铅板叠合，组成 50mm×50mm×50mm 的矩形试件，将试件在干净平锤间镦粗至 25mm 的高度，观察出现鼓形现象；
④ 取下试件，从上、下表面观察表面摩擦现象和变圆的现象；
⑤ 将铅块分开，并从中间剪开每片试片，测量各点的压缩数据，做好记录；
⑥ 更改实验方案，将平锤表面进行润滑处理以及更换其他试样，重复上述②～④步骤进行实验，并记录各实验条件及相关实验数据。

五、实验报告要求

实验后完成实验报告，实验报告使用通用格式，并应包含如下内容：
① 实验目的、实验原理等；
② 记录各实验方案的试样材料、状态与润滑条件等；
③ 记录压缩实验数据，计算压缩率，分析体压缩时金属塑性及其流动影响规律；
④ 分别画出各层铅板变形后的形状，解释铅块变圆现象；
⑤ 区分平锤接触表面铅块的变形区，分析各区的摩擦规律；
⑥ 解释镦粗后试件侧面翻平现象以及压缩时试件内明显存在的三个区域出现的原因。

实验九 冲裁间隙对冲裁件质量和冲裁力影响实验

一、实验目的

① 了解冲裁间隙参数的意义。
② 熟悉实验设备的操作及调试。
③ 能够分析冲裁间隙对冲裁件质量和冲裁力的影响。
④ 能够根据冲裁件的观察判断冲裁间隙的合理性。

二、实验原理

冲裁间隙是冲压刃口类模具的重要参数，对模具寿命、冲件质量、冲裁力等都有十分重要的影响。对于一给定的材料（即牌号、厚度、供货状态已知），若通过压力机、冲模加工成制件，要获得理想的冲裁质量，必须有一个由凸凹模刃口尺寸来加以保证的合理间隙。本实验所用材料为铝板。实验冲模由一个凹模和多个刃口尺寸大小不同且能快速更换的凸模构成多组不同的冲裁间隙值。在每组间隙值下冲裁一个试件，以确定间隙对断面质量的影响。

间隙变化会影响冲裁力，间隙增大，冲裁力有所降低。间隙减小，冲裁力有所增加。本实验用电阻应变片电测法测定冲裁力的变化。

1. 冲裁过程

图 1-15 是一简单冲裁模。凸模 1 与凹模 2 都具有与工件轮廓一样形状的锋利刃口，凸、凹模之间存在一定的间隙。当凸模下降至与板料接触时，板料就受到凸、凹模的作用力，凸模继续下压，板料受剪而互相分离。

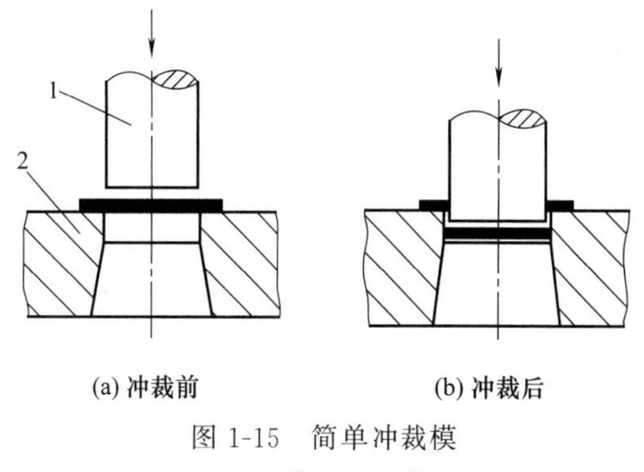

图 1-15 简单冲裁模
1—凸模；2—凹模

板料的分离过程是在瞬间完成的，整个冲裁变形分离过程大致可分为 3 个阶段。

（1）弹性变形阶段

冲裁开始时，板料在凸模的压力下，发生弹性压缩和弯曲。凸模继续下压，板料底面相应部分材料被挤入凹模孔口内。板料与凸、凹模接触处形成很小的圆角。由于凸、凹模之间有间隙存在，使板料同时受到弯曲和拉伸的作用，凸模下的板料产生弯曲，位于凹模上的板料开始上翘，间隙越大，弯曲和上翘越严重（图 1-16）。

（2）塑性变形阶段

凸模继续下降，压力增加，当材料内部应力达到屈服点时，板料进入塑性变形阶段。此时凸模开始挤入板料，并将下部材料挤入凹模孔内，板料在凸、凹模刃口附近产生塑性剪切变形，形成光亮的剪切断面。在剪切面的边缘，由于凸、凹模间隙存在而引起弯曲和拉伸的作用，形成圆角。随着切刃的深入，变形区向板材的深度方向发展、扩大，应力也随之增

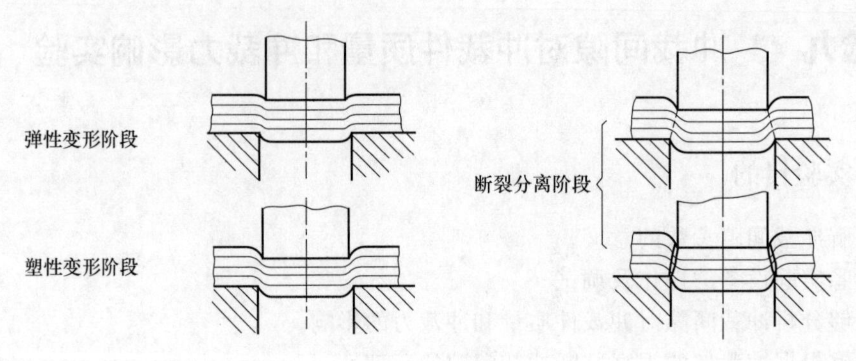

图 1-16　冲裁过程

加，变形区材料的硬化加剧，载荷增加，最后在凸模和凹模刃口附近，达到极限应变与应力值时，材料便产生微裂纹，这就意味着破坏开始，塑性变形阶段结束。

(3) 断裂分离阶段

此时凸模继续压入，凸、凹模刃口附近产生的微裂纹不断向板材内部扩展，若间隙合理，上、下裂纹则相遇重合，板料被拉断分离。由于拉断的结果，断面上形成一个粗糙的区域。当凸模再下行，冲落部分将克服摩擦阻力从板材中推出，全部挤入凹模洞口，冲裁过程到此结束。冲裁过程中，材料所受外力如图 1-17 所示（此为无压边装置冲裁）。

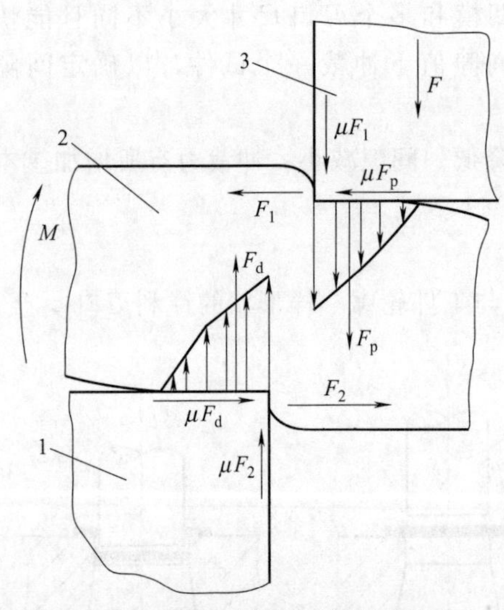

图 1-17　冲裁时作用于板材上的力

1—凹模；2—板材；3—凸模

由图可得：

F_p、F_d——凸、凹模对板材的垂直作用力；

F_1、F_2——凸、凹模对板材的侧压力；

μF_p、μF_d——凸、凹模端面与板材间的摩擦力，其方向与间隙大小有关，但一般指向模具刃口。其中，μ 是摩擦系数，下同；

μF_1、μF_2——凸、凹模侧面与板材间的摩擦力。

从此图中可看到，板材由于受到模具表面的力偶作用而弯曲，并从模具表面上翘起，使模具表面和板材的接触面仅局限在刃口附近的狭小区域，宽度约为板厚的 0.2～0.4。接触面间相互作用的垂直压力分布并不均匀，随着向模具刃口的逼近而急剧增大。

冲裁中，板材的变形是在以凸模与凹模刃口连线为中心而形成的纺锤形区域内最大，如图 1-18 (a) 所示，即从模具刃口向板料中心，变形区逐步扩大。凸模挤入材料一定深度后，变形区也同样可以按纺锤形区域来考虑，但变形区被在此以前已经变形并加工硬化了的区域所包围［图 1-18 (b)］。

由于冲裁时板材弯曲的影响，其变形区的应力状态是复杂的，且与变形过程有关。图 1-19 所示为无卸料板压紧材料的冲裁过程中塑性变形阶段变形区的应力状态。

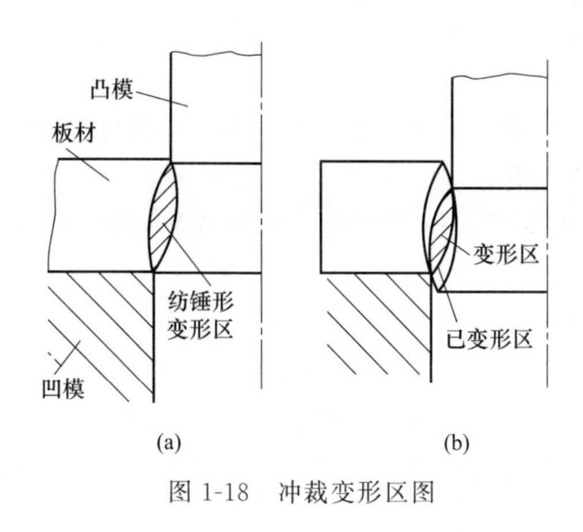

图 1-18 冲裁变形区图

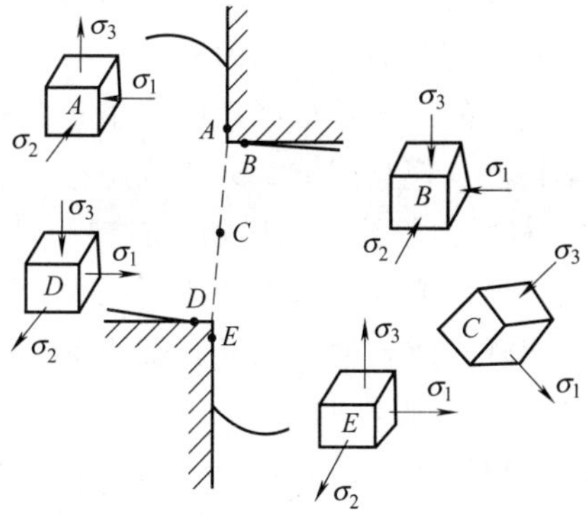

图 1-19 冲裁应力状态图

由图可得：

A 点（凸模侧面）——σ_1 为板材弯曲与凸模侧压力引起的径向压应力，切向应力 σ_2 为板材弯曲引起的压应力与侧压力引起的拉应力的合成应力，σ_3 为凸模下压引起的轴向拉应力。

B 点（凸模端面）——凸模下压及板材弯曲引起的三向压缩应力。

C 点（切割区中部）——σ_1 为板材受拉伸而产生的拉应力，σ_3 为板材受挤压而产生的压应力。

D 点（凹模端面）——σ_1、σ_2 分别为板材弯曲引起的径向拉应力和切向拉应力，σ_3 为凹模挤压板材产生的轴向压应力。

E 点（凹模侧面）——σ_1、σ_2 为由板材弯曲引起的拉应力与凹模侧压力引起的压应力合成产生的应力，该合成应力究竟是拉应力还是压应力，与间隙大小有关，σ_3 为凸模下压引起的轴向拉应力。

2. 冲裁断面质量分析

（1）断面特征

由于冲裁变形的特点，使冲出的工件断面与板材上下平面并不完全垂直，粗糙而不光滑。冲裁断面可明显地分成 4 个特征区，即圆角带、光亮带、断裂带和毛刺（图 1-20）。

① 圆角带这个区域的形成主要是当凸模下降，刃口刚压入板料时，刃口附近产生弯曲和伸长变形，刃口附近的材料被带进模具间隙的结果。

② 光亮带这个区域发生在塑性变形阶段。主要是由于金属板料产生塑性剪切变形时，材料在和模具侧面接触中被模具侧面挤光而形成的光亮垂直的断面。通常占全断面的 1/3～1/2。

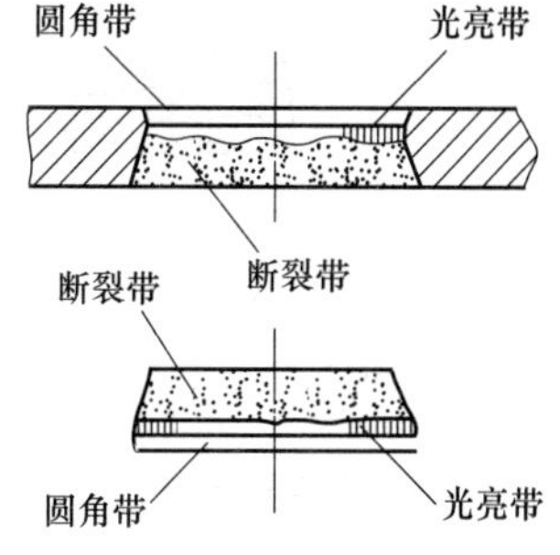

图 1-20 冲裁零件的断面状况

③ 断裂带这个区域是在断裂阶段形成的。是由刃口处的微裂纹在拉应力的作用下，不断扩展而形成的撕裂面，其断面粗糙，具有金属本色，且带有斜度。

④ 毛刺的形成是由于在塑性变形阶段后期，凸模和凹模的刃口切入被加工材料一定深度时，刃口正面材料被压缩，刃尖部分为高静水压应力状态，使裂纹起点不会在刃尖处发生，而是在模具侧面距刃尖不远的地方发生，在拉应力作用下，裂纹加长，材料断裂而产生

毛刺。裂纹的产生点和刃口尖的距离成为毛刺的高度。在普通冲裁中毛刺是不可避免的。

(2) 影响断面质量的因素

冲裁件的4个特征区域的大小和在断面上所占的比例大小并非一成不变，而是随着材料的力学性能、模具间隙、刃口状态等条件的不同而变化。

① 材料力学性能的影响。材料塑性好，冲裁时裂纹出现得较迟，材料被剪切的深度较大，所得断面光亮带所占的比例就大，圆角也大。而塑性差的材料，容易拉裂，材料被剪切不久就出现裂纹，使断面光亮带所占的比例小，圆角小，大部分是粗糙的断裂面。

② 模具间隙影响冲裁时，断裂面上下裂纹是否重合，与凸、凹模间隙值的大小有关。当凸、凹模间隙合适时，凸、凹模刃口附近沿最大切应力方向产生的裂纹在冲裁过程中会合成一条线，此时尽管断面与材料表面不垂直，但还是比较平直、光滑，毛刺较小，制件的断面质量较好［图1-21 (b)］。

当间隙过小时，最初从凹模刃口附近产生的裂纹，指向凸模下面的高压应力区，裂纹成长受到抑制而成为滞留裂纹。凸模刃口附近产生的裂纹进入凹模上面的高压应力区，也停止成长。当凸模继续下压时，在上、下裂纹中间将产生二次剪切，这样，在光亮带中部夹有残留的断裂带［图1-21 (a)］，部分材料被挤出材料表面形成高而薄的毛刺。这种毛刺比较容易去除，只要制件中间撕裂不是很深，仍可应用。

当间隙过大时，材料的弯曲和拉伸增大，接近于胀形破裂状态，容易产生裂纹，使光亮带所占比例减小。且在光亮带形成以前，材料已发生较大的塌角。材料在凸、凹模刃口处产生的裂纹会错开一段距离而产生二次拉裂。第二次拉裂产生的断裂层斜度增大，断面的垂直度差，毛刺大而厚，难以去除，使冲裁件断面质量下降［图1-21 (c)］。

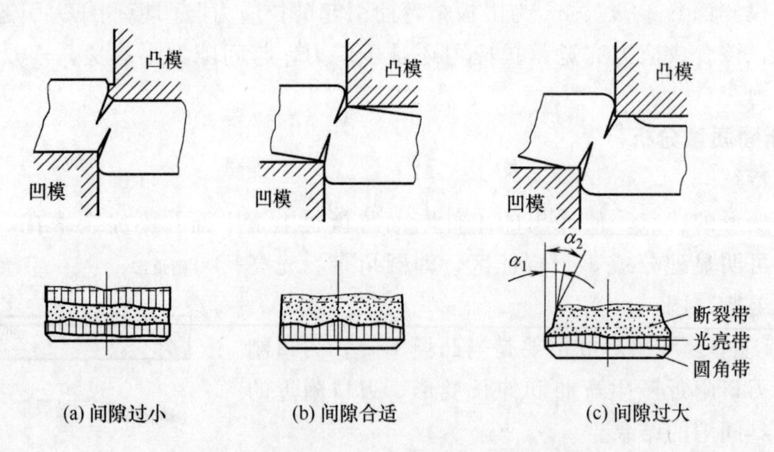

图1-21　间隙大小对工件断面质量的影响

③ 模具刃口状态的影响。模具刃口状态对冲裁过程中应力状态和冲裁件断面有较大的影响。刃口越锋利，拉力越集中，毛刺越小。当刃口磨损后，压缩力增大，毛刺也增大。毛刺按照磨损后的刃口形状，成为根部很厚的大毛刺。

另外，断面质量还与模具结构、冲裁件轮廓形状、刃口的摩擦条件等有关。

3. 合理冲裁间隙的选用

冲裁间隙的大小，直接影响产品零件的质量，模具的使用寿命。不同的行业，不同的材质及其状态等，都将影响到间隙大小的选用。对于通用冲压零件，通常可取零件厚度的8%～20%。若零件的断面质量要求高，可选取较小的冲裁间隙，反之，零件间隙可选取大一些，有利于提高零件的使用寿命和降低冲裁力。汽车行业的冲裁间隙见表 1-5。

表 1-5 汽车行业的冲裁间隙 单位：mm

材料厚度	08、10、35、09Mn		16Mn		40、45Mn		65Mn	
	Z_{min}	Z_{max}	Z_{min}	Z_{max}	Z_{min}	Z_{max}	Z_{min}	Z_{max}
0.5	0.04	0.060	0.040	0.060	0.04	0.060	0.040	0.060
0.6	0.048	0.072	0.048	0.072	0.048	0.072	0.048	0.072
0.8	0.072	0.104	0.072	0.104	0.072	0.104	0.064	0.092
1.0	0.100	0.140	0.100	0.140	0.100	0.140	0.090	0.126
1.2	0.126	0.180	0.132	0.180	0.132	0.180	—	—
1.5	0.132	0.240	0.170	0.240	0.170	0.30	—	—
2.0	0.246	0.360	0.260	0.380	0.260	0.380	—	—
2.5	0.360	0.500	0.380	0.540	0.380	0.540	—	—
3.0	0.460	0.640	0.480	0.660	0.480	0.660	—	—
4.0	0.640	0.880	0.680	0.920	0.680	0.920	—	—
5.0	0.1080	1.440	0.840	1.200	1.140	1.500	—	—

三、实验器材及材料

① 800kN 曲柄压力机；

② 冲裁力数据采集系统；

③ 多凸模冲裁间隙实验模具一副；

④ 1mm、2mm、2.5mm、3mm 厚度实验铝材；

⑤ 测量工具：游标卡尺、读数放大镜、砂布棉纱等。

四、实验方法与步骤

① 将实验冲模安装在 800kN 曲柄压力机上，接好冲裁力数据采集系统，并进行工作调试，使设备能够正常开展实验；

② 测量实验用铝板厚度。测量凸凹模刃口尺寸，计算出各个凸模与凹模构成的冲裁间隙值；

③ 开动曲柄压力机，空行程 1～2 次后，对 $t=2.5$mm 的板材进行冲裁，按凸模编号顺序更换凸模，依次冲裁，每个凸模冲取 3 片试件，并对冲出试件编号，以免混淆，测量冲裁件的毛刺和光亮带尺寸，记录在表 1-6 中；

④ 更换不同厚度板料重复上述实验，并记录冲裁力以及试件直径（大端和小端）等相关数据，并填入表 1-7 中；

⑤ 试件的测量：

a. 尺寸精度：用游标卡尺量取不同冲裁间隙下所冲试件的大端直径（按落料件检测尺寸），并填入表 1-7。

b. 毛刺：选定测试点并做好标记，先用游标卡尺量取试件边沿厚度（注意，使用游标卡尺时用力不要太大，以免挤压毛刺），然后在同一位置量取用砂布除去毛刺后的厚度，二者之差即为毛刺高度。每个试件量取三个不同位置，填入表 1-6 中。

c. 光亮带：用砂布磨去全部毛刺（注意用力不要过重，只去掉毛刺即可），擦净后，用读数放大镜测量光亮带宽度，每个试件仍取三点测量，填入表 1-6 中。

d. 端面斜度：用游标卡尺测量试件大端直径 D_1 和小端直径 D_2，按式（1-21）计算填入表 1-7。

$$\beta=\operatorname{arccot}\frac{t-a}{0.5(D_1-D_2)} \tag{1-21}$$

式中，t 为试件厚度，a 为光亮带平均值。

注意事项：

① 实验模是快换的多凸模结构，每更换一个凸模时，必须仔细检查闭合高度是否正确。在绝对无误的情况下，才能开动冲床冲压试件。

② 更换凸模时，必须先将上一凸模所冲试件从凹模中取出，以保证不同间隙情况下冲裁力测定的正确性。

③ 冲裁试件时，条料未放好不得踏下冲床离合器，头、手不得伸进冲床危险区，不得任意找材料冲裁。

五、实验报告要求

实验后完成实验报告，实验报告使用通用格式，并应包含如下内容：

① 实验目的、实验原理等；

② 整理实验数据；

③ 分析讨论间隙对试件尺寸精度和断面斜度 β 的影响；

④ 绘制间隙对毛刺、光亮带、冲裁力的影响曲线，并用理论分析对实验曲线加以讨论。

按表 1-6、表 1-7 的格式，自制表格。

表 1-6　实验数据表 1

间隙数据		断面项目							
		毛刺				光亮带			
凸模号	间隙值	1	2	3	平均值	1	2	3	平均值
1									
2									
3									
4									
5									
6									
7									
8									
9									

表 1-7 实验数据表 2

材料名称： 料厚 $t=$ 凹模刃口尺寸 $D=$	
测量项目	实验数据
凸模直径/mm	
间隙值 Z/mm	
冲裁力 F/N	
试件大端直径 D_1/mm	
试件小端直径 D_2/mm	
试件大端直径 D_1 相对于凸模刃口尺寸的误差值 δ/mm	
断面斜度 β	

实验十 圆环镦粗法测定摩擦系数

一、实验目的

① 根据圆环镦粗后的变形，了解摩擦对金属流动的影响。

② 了解液压伺服万能材料试验机的功能作用和操作方法。

③ 通过实验掌握实际测定摩擦系数的方法。

二、实验原理

1. 塑性加工过程中摩擦的特点

凡是物体之间有相对运动或有相对运动的趋势就有摩擦存在。前一种是动摩擦，后一种是静摩擦。在机械传动过程中，主要是动摩擦。在塑性加工过程中的摩擦，虽然也是由两物体间相对运动产生的，但与一般机械传动中的摩擦有很大差别。

（1）接触面上压强高

在塑性加工过程中，接触面上的压强一般在 100MPa 以上。在冷挤压和冷轧过程中可高达 2500～3000MPa。而一般机械传动过程中，摩擦副接触面上的压强仅为 20～40MPa。由于塑性加工过程中接触面上的压强高，隔开两物体的润滑剂容易被挤出，降低了润滑效果。

（2）真实接触面积大

在一般机械传动中，由于接触表面凹凸不平，因而，实际接触面积比名义接触面积小得多。而在塑性加工过程中，由于发生塑性变形，接触面上凸起部分会被压平，因而实际接触面积接近名义接触面积，这使得摩擦阻力增大。

（3）不断有新的摩擦面产生

在塑性加工过程中，原来非接触表面在变形过程中会成为新的接触表面。例如，镦粗时，由于不断形成新的接触表面，工具与材料的接触表面随着变形程度的增加而增加。此外，原来的接触表面，随着变形程度的进行可能成为非接触表面。例如，板材轧制时，轧辊与板材的接触表面不断变为非接触表面向前滑出。因此，要不断给新的接触表面添加润滑剂，这给润滑带来困难。

（4）在高温下发生摩擦

在塑性加工过程中，为了减少变形抗力，提高材料的塑性，常进行热加工。例如，钢材的锻造加热温度可达到800～1200℃。在这种情况下，会产生氧化皮，出现模具软化、润滑剂分解、润滑剂性能变坏等一系列问题。

2. 摩擦对塑性加工过程的影响

摩擦对塑性加工过程的影响，既有有利的一面，也有不利的一面。轧制时，若无摩擦力，材料不能连续进入轧辊，轧制过程就不能进行。在摩擦力起积极作用的挤压过程中，浮动凹模与坯料之间的摩擦力有助于坯料运动，使变形过程容易进行。又如板料拉深时，有意降低凸模圆角半径处的光洁度，以增加该处的摩擦力，使拉深件不易在凸模圆角处流动，以免引起破裂。但是，对多数塑性加工过程，摩擦是有害的，主要表现在以下方面。

（1）增加能量消耗

在塑性加工过程中，除了使材料发生形状改变消耗能量外，克服摩擦力也要消耗能量。这部分能量消耗是无用的，有时这部分能量消耗可占整个外力所做功的50%以上。

（2）改变应力状态，增加变形抗力

单向压缩时，如工具与工件接触面上不存在摩擦，工件内应力状态为单向压应力状态。当接触面上存在摩擦时，工件内应力状态成为三向压应力状态。同时摩擦也引起接触面上应力分布状况的改变，无摩擦均匀压缩时，接触面上的正应力均匀分布；存在摩擦时，接触面上的正应力呈中间高两边低的状况。摩擦会使变形抗力提高，从而增加能量消耗和影响零件的质量。摩擦使金属流动阻力增加，坯料不易充满型腔。对于轧制过程，由于摩擦使变形抗力提高，轧辊的弹性变形加大，同时使轧辊之间的缝隙中间大、两边小，其结果是轧件中间厚两边薄。

（3）引起变形不均匀

在挤压实心件时，由于外层金属的流动受到摩擦阻力的影响，出现了流动速度中间快边层慢的现象，严重时会在挤压件尾部形成缩孔。有时，摩擦引起的变形不均匀会产生附加应力，使制件在变形过程中发生破裂。

（4）加剧了模具的磨损，降低模具的寿命

摩擦产生的热使模具软化，摩擦使变形抗力提高，从而导致模具的磨损加剧。

3. 影响摩擦系数的主要因素

（1）金属的种类和化学成分

不同种类的金属，其表面硬度、强度、氧化膜的性质以及与工具之间的相互结合力等特性各不相同，所以摩擦系数也不相同。即使同一种金属，当化学成分不同时，摩擦系数也不相同。一般来说，材料的强度、硬度愈高，摩擦系数愈小。

（2）工具表面粗糙度

通常情况下，工具表面越粗糙，变形金属的接触表面被刮削的现象愈大，摩擦系数也愈大。

（3）接触面上的单位压力

单位压力较小时，表面分子吸附作用小，摩擦系数保持不变，和正压力无关。当单位压力达到一定值后，接触表面的氧化膜破坏，润滑剂被挤掉，坯料和工具接触面间分子吸附作用愈益明显，摩擦系数便随单位压力的增大而增大。但增大到一定程度就会稳定下来。

（4）变形温度

一般认为在室温下变形时，金属坯料的强度、硬度较大，氧化膜薄，摩擦系数最小。随着温度升高，金属坯料的强度硬度降低，氧化膜增厚，表面吸附力、原子扩散能力加强；同时高温使润滑剂性能变坏，所以，摩擦系数增大。到某一温度，摩擦系数达到最大值。此后，温度继续升高，由于氧化皮软化和脱落，氧化皮在接触面间起润滑剂的作用，摩擦系数却下降。

(5) 变形速度

由于变形速度增大，使接触面相对运动速度增大，摩擦系数降低。

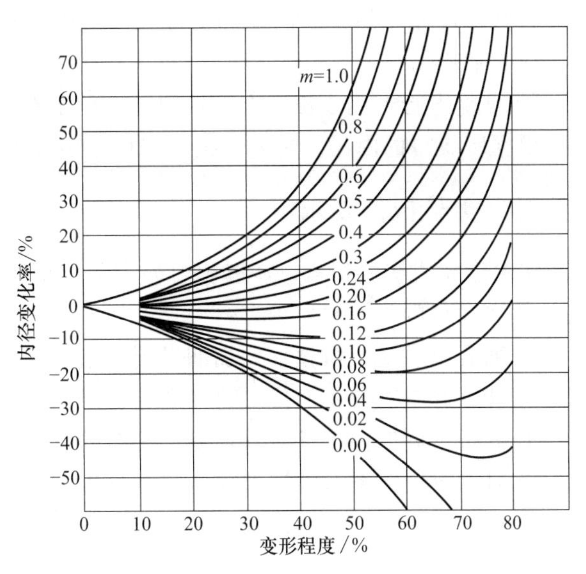

图 1-22 测定摩擦因子用的标定曲线

4. 圆环镦粗法原理

这种方法适于测定体积成形过程中的摩擦系数或摩擦因子。采用这种方法时，将几何尺寸（指外径、内径、高度的比值）一定的圆环放在平板之间进行压缩。压缩后圆环内、外径的变化情况与平板接触面上的摩擦情况关系很大。理论分析结果与实验结果表明，圆环的内径变化对接触面上摩擦情况的变化比较敏感。如果接触面上不存在摩擦，则圆环压缩时的变形情况和实心圆柱体一样，其中各质点在径向均向外流动，流动速度与质点到对称轴之间的距离成正比，当接触面上的润滑情况很差时，压缩后圆环的内径将减小；如果接触面上的润滑情况较好，则压缩后圆环的内径将增大。因此，采用圆环镦粗法时，是以压缩后圆环的内径变化来确定摩擦系数或摩擦因子的。假设圆环的几何尺寸为外径∶内径∶高度＝6∶3∶2，高度压缩 30%后内径变化率为－10%。根据上述数据，在相应标定曲线上（图 1-22）就可得一点。从图中可以看出，该点与 $m=0.10$ 的曲线最为接近，因而可以认为对所考虑的情况，$m=0.10$。

三、实验器材及材料

① 500kN 液压伺服万能材料试验机；

② 压头、垫板；

③ 游标卡尺、棉纱、手套；MoS_2 油膏；

④ 圆环铝试样若干。

四、实验方法与步骤

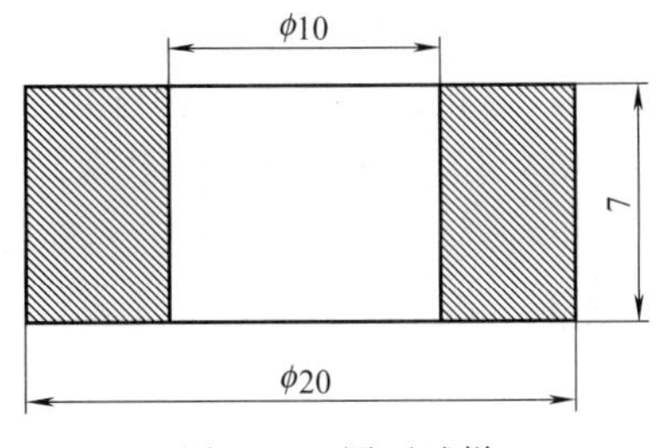

图 1-23 圆环试样

① 试样制备。试样为工业纯铝，制成环状，其外圆、内径、高度比值为 6∶3∶2，具体尺寸如图 1-23 所示。

② 取圆环铝试样两个，一个用油膏，一个不用油膏。分别在不同摩擦条件下，在两平板间进行压缩，圆环要放在平板中心，保证变形均匀。

③ 每次压缩量为 15%左右，然后取出擦净，测量变

形后的圆环尺寸：外径、内径和高度。注意测量时测量圆环内径的上、中、下三个直径尺寸，取其平均值。

④ 重复进行上述步骤三次，控制总压缩量在50%。

根据所获得的内径、高度数据，查标定曲线即可得出摩擦系数。

五、实验报告要求

实验后完成实验报告，实验报告使用通用格式，并应包含如下内容：

① 实验目的、实验原理等；

② 列表填写实验数据（分加润滑剂和未加润滑剂）；

③ 计算并查对校正曲线，得出实验结果；

④ 分析不同摩擦条件对圆环变形分布的影响；

⑤ 对测定摩擦系数的误差因素进行分析；

⑥ 讨论本实验方法的优缺点。

实验十一 造型材料的选用及原材料性能实验

一、实验目的

① 熟悉铸造工艺基础，掌握铸造工艺流程。

② 能够根据给定零件图及相关技术要求，综合考虑各种生产因素来选择适宜的造型方法和造型材料。

③ 能够进行配砂、混砂、制样及型砂性能测试等实验。

④ 根据工艺要求，能够制定相应的配砂工艺。

⑤ 在实验过程中，进一步锻炼学生观察、分析问题及动手能力等。

二、实验原理

工程应用中，造型材料的选用及型（芯）砂性能实验是需要统一考虑的，一般程序是根据生产调度下达的生产任务（铸件）的数量、技术要求及时间进度，再结合生产车间的生产条件（包括厂房、生产面积、设备、仪器、现用造型材料及原材料的性能、质量、价格及成本、产地、运输及供应情况，以及技术工人的业务水平，已有的生产经验等），经过反复对比，思考后选用最为合适的造型方法。由此确定相应的造型材料，再选用既能保证铸件质量又可尽量降低生产成本，对生产车间的污染程度最小的原材料。选用适宜的造型材料及原材料需要有统筹的思维，其核心是以铸件的技术要求及生产成本为主要依据。

型砂的质量要好，首先要保证混制型砂的原材料质量要好，为此，在型砂品种选定后。首先要对原材料（如石英砂、黏土、其他各种胶黏剂、添加剂等）做其性能的综合实验，本实验仅将石英砂及黏土作为研究对象，学生可由此举一反三。

原材料的质量是型（芯）砂性能的基础，但要保证铸件质量，最终还是要以型（芯）砂性能为依据。为此，必须对型（芯）砂做性能实验。

本综合实验内容可归纳成图1-24。

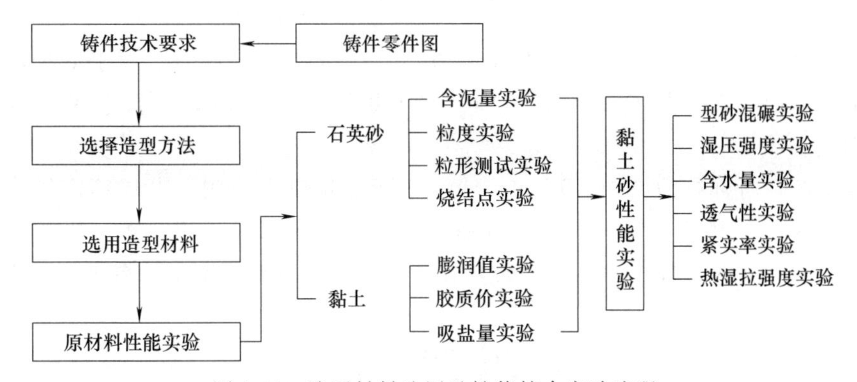

图 1-24　造型材料选用及性能综合实验流程

其中，原材料性能实验目的是：①让学生学习测试构成型芯砂的主要原材料（石英砂、黏土）几个重要性能的实验方法和技能；②加深书本中有关知识的深入理解；③学会综合评定原材料性能的优劣，即学会根据铸件的技术要求去选择既能保证铸件质量，又能尽可能降低生产成本的原材料。

黏土砂性能实验目的：①学习相关的各基本实验的实验方法，并初步树立按标准（国标、部标等）进行实验的严谨治学态度；②学习综合评价型芯砂性能的方法；③加深对书本上相关知识的深入理解。

三、实验器材及材料

① 实验设备及仪器：碾砂机、洗砂机、冲样机、筛砂机、电炉、透气性测定仪、管式电阻炉及小瓷舟、湿强度测定仪、热湿拉强度仪、低倍放大镜及体视显微镜。

② 吸蓝量滴定管、钢尺、天平、烧杯、搅拌器、虹吸管、漏斗、滤纸、带塞的玻璃量筒等。

③ 实验材料：铸造原砂（大林砂）、普通黏土、钙基（或钠基）膨润土、铸造用煤粉及其他添加剂、回收剂、各种相应的药品试剂及供实验用的砂样。

四、实验方法与步骤

1. 造型材料的选择

① 预习实验，明确实验名称、目的、内容及实验方法。

② 结合材料成型工艺的教学，本实验将造型方法规定为砂型铸造。学生根据所给定的铸造零件图纸及技术要求，结合所学专业知识，选择一种适宜的造型材料（黏土湿型砂、水玻璃 CO_2 砂、树脂自硬砂），简要说明理由。

③ 由学生选择与造型材料相应的原材料。

④ 编制造型材料的配比及混制工艺，包括原砂、回收砂、黏土、其他胶黏剂（如水玻璃及合成树脂等）的重量百分比，以及混碾工艺。

⑤ 混碾型（芯）砂的操作实验（该实验在造型操作前完成）。

2. 原砂性能实验

（1）含水量的测定（GB/T 2684—2009）

原砂中所含水分的多少称为原砂的含水量，用质量分数表示。

实验仪器：天平（感量 0.01g）、加热干燥器（如电炉箱、红外线干燥器等）、蒸发皿、盛砂盘。

实验方法分两种。一为快速法，称取（20±0.01）g砂样，均匀铺放于盛砂盘中后，置于红外线干燥器内，在加热温度为110～170℃下烘烤6～10min，再置于干燥器中冷至室温，再次称重。

二为恒重法，将称取的试样（50±0.01）g至于蒸发皿中并放入电炉箱内烘烤，加热温度为105～110℃，待砂样恒重（烘30min后称重，以后每15min再称重，当相邻两次称重的结果不超过0.02g时，称之为恒重）时，置于干燥器中冷却至室温，再进行称重，并按式(1-22）计算。

$$X_1=\frac{G_1-G_2}{G_1}\times 100\% \tag{1-22}$$

式中 X_1——含水量，%；

G_1——烘干前试样的重量，g；

G_2——烘干后试样的重量，g。

（2）含泥量的测定（GB/T 2684—2009）

原砂中含有的直径小于0.020mm的颗粒部分的质量分数叫作原砂的含泥量。

仪器和试剂：天平（感量0.01g）、电烘干箱（或箱式电阻炉）、洗砂杯、涡旋式洗砂机、漏斗、滤纸、玻璃皿、浓度为5%的焦磷酸钠［13472-36-1］。

实验方法：称取烘干的砂样（50±0.01）g，放入容量为600mL的专用洗砂杯中，再加入390mL的水和10mL 5%浓度的焦磷酸钠溶液。在电炉上加热后，从杯底产生气泡能带动砂粒开始计时，煮沸3～5min后，将洗砂杯置于涡旋式洗砂机上搅拌15min。取下洗砂杯，加清水至标准高度125mm处，用玻璃棒搅拌30s后，静置10min，用虹吸管排除浑水。第二次再加清水至标准高度125mm处，重复上述操作，第三次以后的操作与上述相同，静置时间改为5min。以上实验反复若干次，直至洗砂杯中的水透明无泥为止（若测试结果要求非常精确，可按表1-8水温选择静置时间）。此时将杯中清水吸出后，将试样和余水在ϕ100mm左右的玻璃漏斗中经滤纸过滤。然后将试样连同滤纸放入玻璃皿中烘干至恒重（温度为105～110℃条件下烘60min后称重，然后每15min再称重一次，直到相邻两次称重的结果不超过0.01g时为恒重）。再将其至于干燥器中，冷至室温后对砂样称重，最后按式(1-23）计算原砂中的含泥量。

表1-8 水温与静置时间的选择

水温/℃	10	12	14	16	18	20	22	24
静置时间/min	340	330	315	300	290	280	270	255

$$X_2=\frac{G_3-G_4}{G_3}\times 100\% \tag{1-23}$$

式中 X_2——含泥量，%；

G_3——试验前砂样的重量，g；

G_4——试验后砂样的重量，g。

（3）粒度的测定及平均细度的计算方法（GB/T 2684—2009）

粒度反映原砂的颗粒大小及其分布状态，所用装置包括仪器天平（感量0.01g）、振摆式或电磁微振式筛砂机、铸造用软毛刷等。

实验方法：除专门要求外，均应选取已测定过含泥量的烘干砂样做粒度测定。

将振摆式或电磁微振式筛砂机的定时器旋钮旋至筛分所需要的时间位置（如采用电磁微振式筛砂机筛分时，同时要旋动振频和振幅旋钮，使振幅为 3mm）。将测定过含泥量的试样放在全套的铸造用试验筛（其型号、筛号与筛孔的基本尺寸应符合表 1-9 的规定）最上面的筛子（筛号为 6）上，若采用未经测定含泥量的试样时，称取试样，再将装有试样的全套筛子紧固在筛砂机上，进行筛分。筛分时间 12～15min。当筛砂机自动停车时，松动紧固手柄，取下试验筛，依次将每一个筛子以及底盘上所遗留的砂子，分别倒在光滑的纸上，并用软毛刷仔细地从筛网的反面刷下夹在网孔中的砂子，称量每个筛子上的砂粒质量。

表 1-9 铸造用试验筛型号、筛号与筛孔尺寸对照表

型号	SBS01	SBS02	SBS03	SBS04	SBS05	SBS06
筛号	6	12	20	30	40	50
筛孔尺寸/mm	3.350	1.700	0.850	0.600	0.425	0.300
型号	SBS07	SBS08	SBS09	SBS10	SBS11	—
筛号	70	100	140	200	270	底盘
筛孔尺寸/mm	0.212	0.150	0.106	0.075	0.053	—

粒度组成按每个筛子上砂子质量占试样总质量的百分数进行计算。将每个筛子及底盘上的砂子质量与式（1-23）中含泥量实验前后试样的质量差（G_3-G_4）相加，其总重量不应超出（50±1)g，否则实验应重新进行。

平均细度的计算方法：首先计算出筛分后各筛上停留的砂粒质量占砂样总量的百分数，再乘以不同筛号所对应的细度因数（见表 1-10），然后将各乘积相加，用乘积总和除以各筛号停留砂粒质量百分数的总和，并将所得数值根据数值修约规则取整，其结果即为平均细度。

表 1-10 不同筛号所对应的细度因数

筛号	6	12	20	30	40	50	70	100	140	200	270	底盘
细度因数	3	5	10	20	30	40	50	70	100	140	200	300

$$m=\frac{\sum p_n x_n}{\sum p_n} \tag{1-24}$$

式中 m——平均细度；

p_n——任一筛上停留砂粒质量占总质量的百分数；

x_n——细度因数；

n——筛号。

平均细度筛号系数及计算示例见表 1-11。

表 1-11 平均细度筛号系数及计算示例

（砂样质量：50.0g，泥分质量：0.56g，砂粒质量：49.44g）

筛号	各筛上的停留量		细度因数	乘积
	质量/g	所占百分数/%		
6	无	0.0	3	0
12	0.06	0.12	5	0.6
20	1.79	3.58	10	35.8
30	4.99	9.98	20	199.6
40	7.09	14.18	30	425.4
50	12.85	25.70	40	1028.0

续表

筛号	各筛上的停留量		细度因数	乘积
	质量/g	所占百分数/%		
70	15.57	31.14	50	1557.0
100	3.97	7.94	70	555.8
140	1.85	3.70	100	370.0
200	0.79	1.58	140	221.2
270	0.09	0.18	200	36.0
底盘	0.39	0.78	300	234.0
总和	49.44	98.88		4663.4

$$m=\frac{4663.4}{98.88}=47$$

平均细度值越大，表明砂越细。

(4) 粒形粒貌的测定（选做）

原砂的颗粒貌是指其颗粒形状及表面状态。常用的测定方法有二。第一种为参考方法，是将经过洗净、筛分的原砂样取出少许，在双目显微镜下，选择适当的放大倍率进行观察和照相。这里将粒形大致分为圆形、钝角形、尖角形三类，分别用○、□和△表示，如果同时具有两种形态，则可用○-□、□-○、△-□、□-△等符号表示。其中，数量较大的放在前面。另一种为角形因数法（标准方法 GB/T 9442—2010），角形系数即原砂的实际比表面积与理论比表面积的比值。

(5) 烧结点的测定（参考方法）（选做）

烧结点指原砂颗粒表面或砂粒间混杂物开始熔融、烧结时的温度。

实验仪器：通常用硅碳棒管式炉，装砂样的普通瓷舟；当烧结温度高于 1350℃时，则用管式碳粒炉，用石英舟或白金舟。

实验方法是取少许砂样（约占瓷舟容积的 1/2）放入瓷舟，将其缓缓推入已达到预定炉温的管式炉中（一般从 1000℃开始，可根据实验估设预定温度），推入深度应以瓷舟只在前端 25mm 内受高温作用为宜。保温 5min 后将瓷舟拉出，待冷却后用打头针类小针刺划砂样表面，并用放大镜观察。如果砂粒表面已开始烧结，即砂粒彼此不能用小针划开，表面光亮，则将此时的温度设定为该原砂的烧结点。若砂样尚未烧结，则更换新瓷舟和砂，重复上述实验，但是实验温度应向上提高 50℃，直至砂样被烧结为止。

3. 黏土性能实验

① 胶质价的确定（参考方法）：黏土矿物与水按一定比例混合后，经过一定时间所形成的沉淀物占整个混合物体积的百分数叫胶质价。

仪器与试剂：天平（感量 0.1g）、100mL 带塞量筒、氧化镁（化学纯）粉末。

实验方法：准确称取 15g 试样。先往量筒中加蒸馏水 90mL 后将试样加入。将混合物摇晃 5min 后加氧化镁 1g，再加蒸馏水至 110mL 刻度线处，摇晃 1min，然后静置 24h 使之沉淀。读出沉淀物界面的刻度值，即为该试样的胶质价。

② 膨润值的确定（参考方法）：实验方法是先在 100mL 带塞量筒中加蒸馏水 50～60mL，再取烘干的膨润土 3g 加入，用力摇动 2min 后加入 NH_4Cl（化学纯）溶液 5mL，再

摇动 1min，最后加蒸馏水至 100mL 刻度处，静至 24h 后读出沉淀物界面的刻度值，既为该试样的膨润值。

③ 吸蓝量的测定（JB/T 9227—2013)：膨润土分散于水溶液中具有吸附亚甲基蓝的能力，其吸附量称为吸蓝量，以 100g 铸造用膨润土在水中饱和吸附的亚甲基蓝的质量来表示。

实验仪器及试剂：天平（感量 0.001g)、电炉、滴定管、三角烧杯、一定量滤纸等等。

1.0%焦磷酸钠试液：0.20%的亚甲基蓝溶液（化学试剂)。

实验方法：称取烘干的铸造用膨润土试样（0.200±0.01)g，置于已加入 50mL 蒸馏水的 250mL 锥形瓶内，使其预先润湿。然后加入 20mL 1%焦磷酸钠溶液，摇匀后在电炉上加热煮沸 5min，在空气中冷却至室温。用滴定管向试料溶液中滴入亚甲基蓝溶液。滴定时，第一次可加入预计亚甲基蓝溶液量的 2/3 左右，摇晃 1min 使其充分反应；以后每次滴加 1～2mL，摇晃 30s 后用玻璃棒蘸一滴试液在中速定量滤纸上，观察深蓝色斑点周围是否出现淡蓝色晕环。若未出现，则继续滴加亚甲基蓝溶液。当开始出现淡蓝色晕环时，继续摇晃试液 2min，再用玻璃棒蘸取一滴试液于中速定量滤纸上，观察是否出现淡蓝色晕环。若淡蓝色晕环不再出现，则说明未到终点，应继续滴加亚甲基蓝溶液（每次滴加 0.5～1mL)。若摇晃 2min 后仍保持明显的淡蓝色晕环（晕环宽度为 0.5～1.0mm)，表明已到实验终点，记录滴定体积。膨润土的吸蓝量按式（1-25）计算

$$M_B=\frac{cV}{m}\times 100 \tag{1-25}$$

式中 M_B——100g 膨润土试样的吸蓝量，g；

c——亚甲基蓝溶液的浓度，g/mL；

V——亚甲基蓝溶液的滴定耗量，mL；

m——膨润土试样的质量，g。

④ 吸水率的测定（参考方法，选做)：黏土和膨润土吸收水分后重量增重的百分数称为吸水率。

实验仪器：SES 型吸水率测定仪的毛细管中心与玻璃孔板调整到同一平面。把加有红颜色的水注入漏斗中，同时打开三通阀，使过滤漏斗和毛细管中充满水。如果过滤漏斗中的水平面超过玻璃孔板的平面，则应打开放水阀，放出多余的水，并用滤纸轻轻吸附出玻璃孔板上的水。然后，用具有磨口的盖子将过滤斗盖上，以防水分蒸发。最后，根据式（1-26）计算吸水率。

$$吸水率=\frac{D(V_T-V_0)}{m}\times 100\% \tag{1-26}$$

式中 V_T——T 时刻毛细管内水位读数，mL；

V_0——初始时毛细管内水位读数，mL；

m——试样质量，g；

D——在实验温度下水的密度，g/cm^3。

两次实验测得的吸水率的差值若大于 10%，则需要重新实验。

⑤ 湿压强度：用湿型（芯）砂制成的标准试样在压力作用下破坏时单位面积上承受力的大小。

实验仪器：SHN 型碾轮式混砂机、SWY 型万能强度试验仪、SAC 型锤式制样机、天平（感量 0.1g)。

实验方法：测定铸造用黏土和膨润土强度性能的砂土混合料，目前在国内采用两种配比和混制工艺。对于黏土砂试样采用控制水分法，对于膨润土砂试样采用控制紧实率法。

控制水分法：称取标准砂2000g、黏土200g，放入碾式轮混砂机中，干混2min后加水100mL，再混8min后出碾。将混合料放入带塞的容器或塑料袋中扎紧，放置10min后进行实验，但放置时间不超过1h。

控制紧实率法：称取2000g标准砂和100g膨润土试样，在碾砂机中干混2min加水40mL，再混碾8min。按GB/T 2684—2009规定的方法测定紧实率，若其值在43%～47%范围内，试样可在保湿条件下放置10min后，1h之内使用。若紧实率小于43%，可加少量水（按每增加1mL水可增加1.5%紧实率计算），再混碾2min后再检查紧实率；若紧实率大于47%，则可将砂样过筛1～2次后检查。

湿压强度的测定（标准方法JB/T 9227—2013）：将混制好的砂样在SAC型锤式制样机上冲击三次，制成$\phi 50\times 50$mm圆柱形标准试样。将试样从样筒中取出后置于强度试验机的抗压夹具上，转动手轮对砂样逐渐加载（载荷的增加速度宜慢，一般为0.02MPa/min），直至破裂，其强度值可直接由压力表读出。

试样也可先用于测定型砂的透气性，但应在做完透气性实验后迅速将试样从样筒中顶出并立即做湿压强度实验，以避免因试样表面风干等原因引起的性能下降，从而影响实验数据的准确性。湿压强度值与平均强度值相差10%以上时，实验应当重新进行。

4. 黏土湿型（芯）砂性能实验

① 黏土砂的含水量，其实验方法同上述原砂的含水量测定方法相同。

② 透气性的测定（GB/T 2684—2009）。黏土砂的透气性是指紧实的砂样允许气体通过的能力。根据被检验试样的性质和用途，可分为混合料湿态、干态透气性及铸造用砂透气性。测定透气性采用快速法或标准法进行。

实验仪器：圆柱形标准试样筒、锤击式制样机、直读式透气性测定仪、天平（感量0.1g）。

实验方法：按砂样性质分，黏土砂的透气性分湿态和干态两种，本书中只介绍普遍采用的湿透气性测定仪，实验前应先检验仪器整个系统，不应有漏气现象，即用密封试样筒实验时，保持10min，钟罩不下降，水柱高度10cm，至少不低于9.8cm测定方法有快速法和仲裁法两种，后一种方法测试结果更为精确，但比较麻烦，费时也多，多用于仲裁或研究开发，本书只介绍快速法。

测定湿透气性时，称取一定量的试样放入圆柱形标准试样筒中，在锤击式制样机上（锤击式制样机应安放在水泥台面上，下面垫10mm厚的橡胶皮）冲击3次，制成高度为(50±1)mm的标准试样；然后将冲制好的试样从试样筒中顶出，在规定的条件下干燥或硬化；测定铸造用砂透气性时，称取一定量的试样，放入圆柱形标准试样筒中，其底部放有与试样筒内壁紧密配合的网状金属片，在试样上再盖上一网状金属片，然后在锤击式制样机上冲击成标准试样。

快速法测定步骤：

a. 测定湿透气性时，透气性测定仪处于测试状态，将内有试样的试样筒放到透气性测定仪的试样座上，并使两者密合。再将按（旋）钮调至“测试”或“工作”位置，从数显屏或微压表上直接读出透气性的数值。

b. 测定干透气性时，将室温下的标准试样放在测干透气性的试样筒内，用打气筒使试样筒内的橡皮圈充气密封。然后放到透气性测定仪的试样座上，进行测定。其测定过程按 a 的规定。

c. 测定铸造用砂透气性时，其测试方法按 a 的规定。

d. 当试样透气性大于或等于 50 时，应采用 1.5mm 的阻流孔；试样透气性小时，应采用 0.5mm 的阻流孔。

每种试样的透气性，必须测定 3 次，其结果应取平均值，但其中任何一个试验结果与平均值相差超出 10％时，试验应重新进行。

③ 紧实率的测定（GB/T 2684—2009）。紧实率是指黏土湿型（芯）砂在一定的紧实力作用下其体积变化的百分数。用试样紧实前后高度变化的百分数来表示。

实验仪器：锤击式制样机、圆柱形标准试样筒、筛号为 6 的筛子。

实验方法：将试样通过带有筛号为 6 的筛子的漏斗，落入到有效高度为 120mm 的圆柱形标准试样筒内（筛底至标准试样筒的上端面距离应为 140mm），用刮刀将试样筒上多余的试样刮去，然后将装有试样的样筒在锤击式制样机（锤击式制样机应安放在水泥台面上，下面垫 10mm 厚的橡胶皮）上冲击 3 次，从制样机上读出数值。紧实率 υ（％）按式（1-27）计算：

$$\upsilon=\frac{H_0-H_1}{H_0}\times 100\% \tag{1-27}$$

式中 H_0——试样紧实前的高度，mm；

H_1——试样紧实后的高度，mm。

④ 湿压强度的测定。参见前面关于黏土工艺湿压强度的试验方法（标准方法 JB/T 9227—2013）。

⑤ 热湿拉强度的测定（GB/T 2684—2009）（选做）。热湿拉强度是指模拟在熔融金属高温作用下，发生水分迁移所形成的水分凝聚区的抗拉强度。

实验仪器：SLR 型热湿拉强度试验仪（附专用样筒）。

实验方法：在热湿拉强度试验仪专用样筒（图 1-25）中制好试样并放到试验仪（图 1-26）上，使已加热到（320±10）℃的加热板紧贴试样 20s 后开始加载，直至断裂，从记录仪上读出数据。同一种砂样做三次，取算术平均值为热湿拉强度值，如前所述，任一实验结果若与平均值相差 10％时需要重新实验。

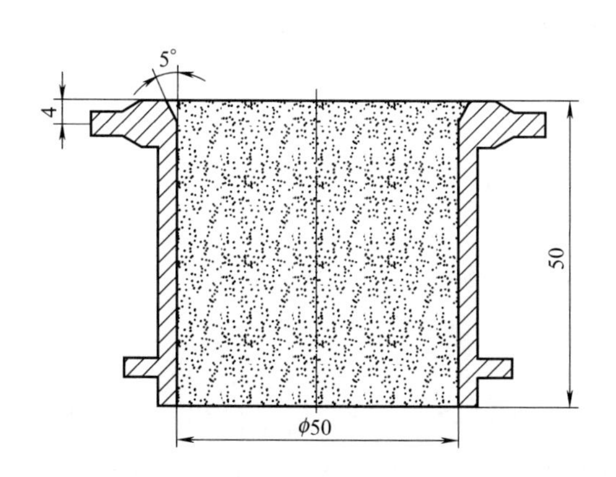

图 1-25 热湿拉强度试样装置示意图

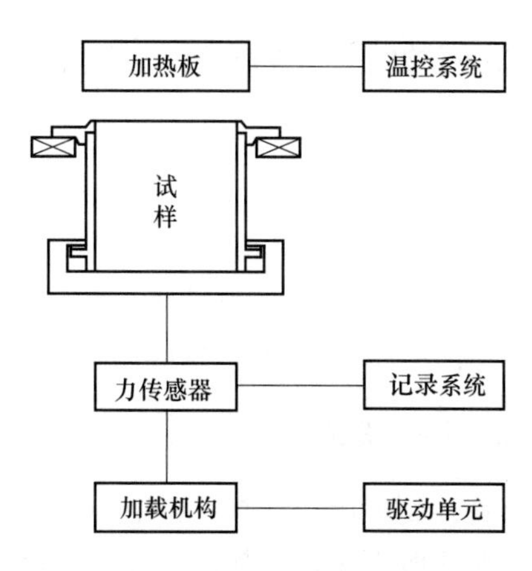

图 1-26 热湿拉强度试验仪原理图

⑥ 有效煤粉含量的测定（JB/T 9221—2017）（选做）。

实验仪器：造型材料发气性测定仪、天平（感量0.0001g）。

实验方法：a. 将发气性测定仪升温至900℃，称取生产所用煤粉0.01g（煤粉样在105℃温度下烘干1h后，置于干燥器中冷却至室温），置于烧舟内（烧舟预先在1000℃温度下灼烧30～35min，冷却后置于干燥器中保存），然后将烧舟送入石英管红热部位。立即塞上橡皮塞，仪器开始记录所测定试样的发气量，在仪器上读取最大发气量Q；b. 按前述a测定0.01g膨润土及其他附加物（待测物均应在105℃温度下烘干1h后，置于干燥器中冷却至室温）的最大发气量$\sum Q_i$；c. 最后按a测定1.0g湿型砂（旧砂）样品（待测物均应在105℃温度下烘干1h后，置于干燥器中冷却至室温）的最大发气量Q_i；d. 按a的方法对同一试样测定三次，取其平均值，其中任何一个值与平均值相差超过10%时，试验需重新进行。

$$X_3=\frac{Q_i-\sum Q_i}{Q}\times 100\% \tag{1-28}$$

式中 X_3——湿型砂（旧砂）中有效煤粉含量，%；

Q_i——1.0g湿型砂（旧砂）的发气量，mL；

$\sum Q_i$——1.0g中除煤粉以外0.01g膨润土及其他附加物的总发气量，mL；

Q——0.01g煤粉所产生的发气量，mL。

五、实验报告要求

实验后完成实验报告，实验报告使用通用格式，并应包含如下内容：

① 实验目的、实验原理等；

② 对“造型材料的选择”，必须按“实验方法”中的要求完成；

③ 实验需有详细的实验过程记录；

④ 对每个实验的数据进行记录并分析；

⑤ 讨论型砂的水分对型砂性能有哪些影响。

实验十二 铸造热应力动态测定

一、实验目的

① 测定铝合金框架铸件在冷凝过程中热应力随时间（温度）而变化的动态曲线。

② 弄清铸造热应力的形成机理，掌握铸造热应力在冷凝过程中的变化规律。

二、实验原理

铸件在凝固后的冷却过程中，由于温度下降而产生收缩，有些合金还会发生固态相变而引起膨胀或收缩，这些都使铸件的体积和长度发生变化，若这些变化受到阻碍（热阻碍、外力阻碍等），便会在铸件中产生应力，称为铸造应力。铸造应力按其产生的原因可分为三种：

热应力、相变应力和收缩应力。这些应力可能是拉应力，也可能是压应力。当产生应力的原因消除以后，应力即告消失，这种应力称为临时应力；如果产生应力的原因消除以后，应力依然存在于铸件中，称这种应力为剩余应力。通常热应力是剩余应力，收缩应力是临时应力，而相变应力则因发生相变的时间和程度不同，可能是临时应力，也可能是剩余应力。在铸件冷却过程中，两种应力可能同时起作用，冷却至常温并落砂以后，只有剩余应力对铸件质量有影响。

当铸件内的总应力值低于合金的弹性极限时，则以剩余应力的形式存在于铸件内；当总应力值超过合金的屈服点时，铸件将发生变形，使铸件的尺寸发生变化；当总应力值超过合金的抗拉强度时，铸件将产生裂纹。铸造应力对铸件的质量影响甚大，尤其是在交变载荷作用下工作的零件，当载荷作用的方向与铸造应力方向一致时，则力的总和可能会超过材料的强度极限，引起铸件断裂。有剩余应力存在的铸件，经机械加工后，往往会发生变形或降低零件的精度。在腐蚀介质中，还会降低铸件的耐腐蚀性能，严重时会引起应力腐蚀开裂。因此，必须减小和消除铸件中的应力。

铸造热应力是铸件在冷凝过程中，铸件各部分粗细、厚薄以及散热条件不一致，因而冷却收缩不协调而造成的。它是铸造生产中普遍存在的一种客观现象。铸造热应力的产生会导致铸件变形甚至开裂；铸造热应力的存在会引起机加工后零件精度的丧失。所以应弄清铸造热应力的形成原因，掌握其变化规律是采取有效措施、控制其危害、提高铸件成品率的理论基础。热应力不仅存在于铸件中，而且存在于焊件、锻件和热处理零件或毛坯中，因此彻底认识铸造热应力更有着普遍的意义。本实验用铝合金浇成如图 1-27 所示的铸件，它与刚性支架 1、应力传感器 2、型砂 9、砂箱 11 以及信号处理装置等构成热应力动态测定系统，如图 1-27 所示。其中，铸造应力框如图 1-28 所示。由于铸件是由中间的粗杆和两边的细杆组成，在冷凝过程中必然产生热应力。通过应力传感器 2，将热应力引起的应变信号变成电信号，此电信号经过应变仪调制，放大和检波后输出，驱动双笔函数记录仪将热应力的变化过程描绘出来。

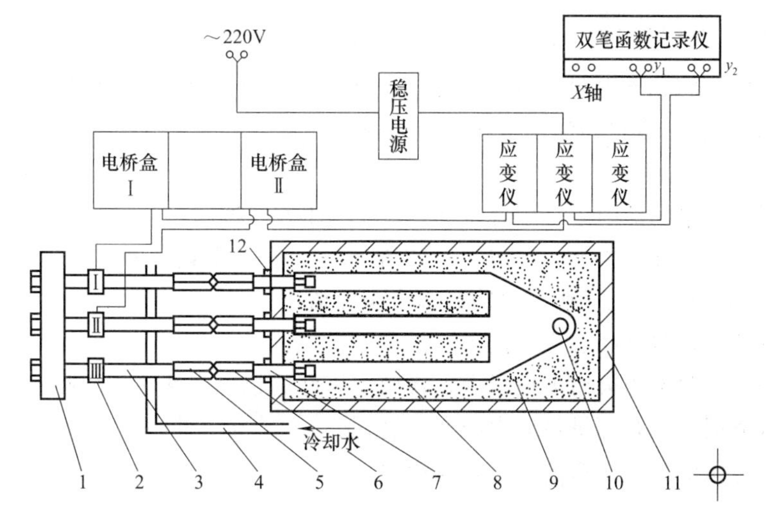

图 1-27 热应力动态测定系统示意图

1—刚性支架；2—应力传感器；3—水冷导杆；4—冷却水管；5—销钉螺钉；6—连接螺母；7—连接导杆；8—应力框型腔；9—型砂；10—直浇口；11—砂箱；12—石棉板

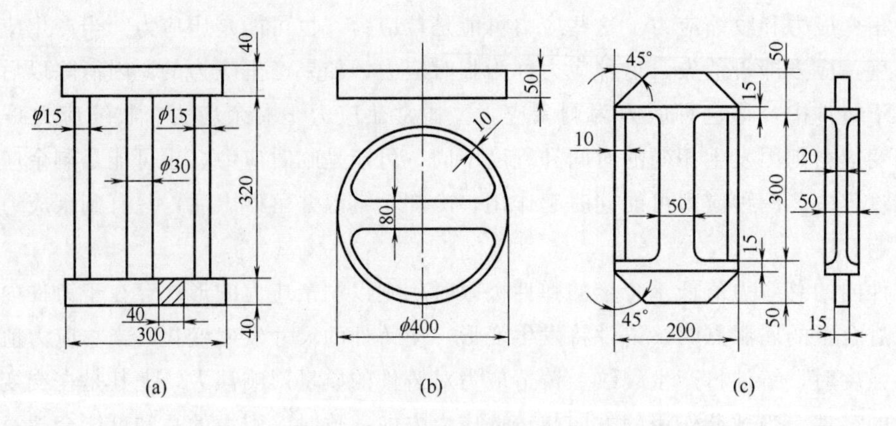

图 1-28　铸造应力框

三、实验器材及材料

① Y6D-3A 型动态电阻应变仪一台；

② 拉应力传感器两只；

③ DY-3 型稳压电源一台；

④ LZ3-204 型双笔函数记录仪一台；

⑤ 刚性支架一个，M12 螺母若干；

⑥ 选形器材（包括砂箱、形板、模型、红砂等）及选形工具一套；

⑦ SG-3-10 型电阻坩埚一台，配坩埚一只；

⑧ KSW-4D-11 型电阻炉温度控制器一台；

⑨ WREU 型热电偶一台；

⑩ 铸造铝合金（ZL107）3kg；

⑪ 火钳一把。

四、实验方法与步骤

① 按图 1-27，将动态电阻应变仪、测量电桥、应力传感器、函数记录仪等连接起来并标定调试好备用（此步骤可由实验员在实验前准备好）。

② 造型。

③ 造型同时在坩埚炉中熔炼铝合金 2.5kg，浇注温度控制在（700±10)℃。

④ 将下箱置于刚性支架上，按图 1-27 装配固定，合上上箱，并用石棉板和型砂堵住型腔和伸入型腔的螺杆之间的间隙，以防高温合金液流出。

⑤ 接通电源，调整好动态应变仪。

⑥ 由教师或实验员用火钳夹住坩埚，将已熔炼好的铝合金液注入型腔。

⑦ 启动函数记录仪，记录热应力的变化过程。

⑧ 待热应力稳定后，切断电源，开箱清理。

五、实验报告要求

实验后完成实验报告，实验报告使用通用格式，并应包含如下内容：

① 实验目的、实验原理等；
② 简述实验原理；
③ 计算粗杆和细杆的最终残留应力；
④ 描绘粗、细杆的时间-热应力曲线；
⑤ 简述铸造热应力产生的机理和变化规律；
⑥ 讨论影响热应力观测值大小的因素和存在的问题。

第二部分 ▶▶
专业综合型实验

实验十三 金属板料冲压成形性能综合实验

一、实验目的

① 掌握采用不同的试验条件得到板料拉深或胀形成形工程中拉深力-行程、拉深力-速度；胀形力-行程、胀形力-速度等变化关系和变化曲线，绘制并分析低碳钢板料实验曲线。

② 了解拉深和胀形过程中拉深系数（或毛坯直径）、润滑、压边力、凸凹模间隙、拉深高度等因素对拉深件质量的影响，了解胀形中金属流动方向。

③ 了解微机控制电液伺服压力试验机、材料杯突实验机的工作原理与基本操作。

二、实验原理

板料加工阶段需要的加工的性能叫作冲压性，一般包括冲剪性、成形性和定形性三个方面，其中成形性是板材适应各种加工的能力，多数板料零件都需要成形工序，使平板毛料变成一定形状的零件。

板料成形方法很多，所以研究时可对成形方法进行分类，一般按材料再成形过程中所承受的变形方式来分类，可分为：弯曲变形、压延变形、胀形（包括拉形、局部成形）、拉深成形（包括单向拉深、翻边、凹弧翻边等）、收缩变形（包括收边、管子颈缩、收口、凸翻边等）、体积成形（包括旋薄、变薄压延、喷丸成形、压印等）。

板料的成形性中最为重要的是成形极限的大小，板料成形过程中存在两种成形极限，一个是起皱，另一个是破裂。成形极限可以用“发生起皱前，材料能承受的最大变形程度”来表示，可理解为板料在发生破裂前能够得到的变形程度，也就是普通所谓的“塑性”。由于板料成形性能受变形程度、牌号、成形方式、生产方式等因素影响，所以评定一种板料成形性能的指数时，既要把各种主要因素考虑进去又要尽量少。

板料的成形性能，目前的主要研究是拉深和胀形两种方式。

对金属薄板冲压成形时，可对某些材料特性或工艺参数提出要求，它们统称为特定成形性能指标。

评定金属薄板的成形等级时，可对某种模拟的成形性能指标提出要求，确定的实验有：

① 胀形性能指标；

②“拉深+胀形”复合成形性能；

③ 拉深性能指标。

1. 拉深实验计算

① 最大试样直径 $(D_0)_{max}$ 分下述两种情况确定：

a. 一组试样中，破裂和未破裂的个数相等（3 个）时，试样直径作 $(D_0')_1$ 时，$(D_0)_{max}=(D_0')_1$。

b. 其他情况按式（2-1）：

$$(D_0)_{max}=\frac{1}{2}\left\{\left[(D_0'')_i-\frac{\Delta D_0}{Y-X}\cdot X\right]+\left[(D_0'')_{i+1}+\frac{\Delta D_0}{Y-X}\cdot Z\right]\right\} \tag{2-1}$$

式中 D_0——试样直径，mm；

$(D_0'')_i$——在相同直径的一组试样中，破裂的试样个数小于 3 时，该组的试样直径，角标 i 表示试样直径序号，此时的破裂试样数用 X 表示；

$(D_0'')_{i+1}$——在相同直径的一组试样中，破裂的试样个数等于或大于 4 时，该组的试样直径，角标 i 表示试样直径序号，此时的破裂试样数用 Y 表示，未破裂的试样个数用 Z 表示；

ΔD_0——相邻两级试样直径的尺寸级差。

② 计算极限拉深率 LDR，计算结果保留两位小数。

$$LDR=\frac{(D_0)_{max}}{d_p} \tag{2-2}$$

式中 d_p——凸模的直径，mm。

2. 杯突值 IE 计算

所测的数据为：板料濒临破裂时的冲头压入深度（mm），即试样板料的杯突值。应精确到 0.1mm，杯突值用 IE 表示。

3. 压边力的计算

用预试验方法确定的压边力应大于抑制压边圈下面试样材料起皱的最小压边力 F_{cmin}，但不大于 $1.75F_{cmin}$。

可以用经验公式估算最小压边力 F_{cmin}：

$$F_{cmin}=0.1F_{pmax}\left(1-\frac{18t_0}{D_0-D_d}\right)\left(\frac{D_0}{d_p}\right)^2$$

$$F_{pmax}=3(\sigma_b+\sigma_s)(D_0-D_d-r_d)t_0$$

式中 F_{pmax}——最大拉深力，N；

t_0——板料基本厚度，mm；

D_0——试样直径，mm；

D_d——凹模直径，mm；

d_p——凸模直径，mm；

σ_b——板料抗拉强度，Pa；

σ_s——板料屈服点，Pa；

r_d——凹模圆角半径，mm。

为了观察胀形件质量及金属流动方向。测定试样的表面应变量，应在试样一侧表面制取一定数量的网格圆，网格圆的数量和排列图案自行设计（可附加某些必要的符号），如图 2-1 所示的图案供参考。

三、实验器材及材料

① 试验冲压成形模一副；材料杯突实验机。

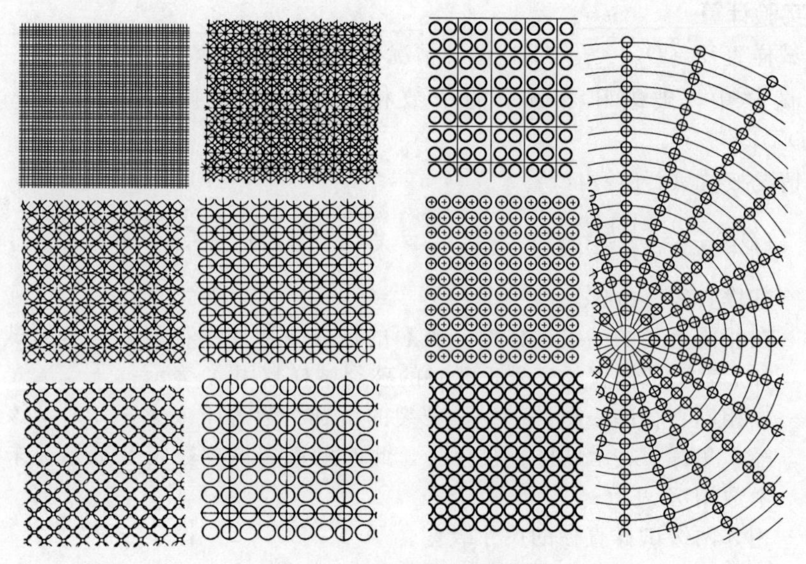

图 2-1 网格圆排列图案

② 微机控制电液伺服压力试验机。

③ 胀形冲头一个、氮气弹簧数个、游标卡尺、棉砂、手套、煤油等。

四、实验方法与步骤

① 准备实验用工具和样件。

② 检查设备，了解设备使用方法，计算板料理论实验数据。

③ 安装拉深实验模具，进行板料拉深性能研究，掌握在不同成形条件下的金属板料的拉深性能。

a. 进行预实验，确定合理的压边力。

b. 将经过润滑处理的试样置于实验装置中，压紧后进行实验对试样进行拉深成形。

c. 出现下述情况为无效实验：

(a) 试样破裂位置不在杯体底部圆角附近的壁部。

(b) 杯体形状明显不对称，两个对向凸耳的峰值之差大于 2mm。

(c) 杯体口部或外表出现褶皱。

改变压边力的大小，根据理论压边力的大小先后给板料大于、等于和小于三种情况下的拉深件的成形过程及金属流动方向；改变成形模具圆角半径，观察成形件的成形情况及金属流动方向，对合适圆角半径和压边力的实验板料进行凸耳率计算。

④ 安装胀形实验模具，进行板料胀形性能研究，掌握在不同成形条件下的金属板料的胀形性能。

a. 进行预实验。

b. 进行正式实验，实验前放置试样时，应将试样上制有网格圆的一面试样压紧，实验时应保证试样压紧，直到试样的凸包上某个局部产生颈缩和破裂为止。

c. 以下情况为无效实验：

(a) 试样的颈缩或破裂发生在凹模孔口附近。

(b) 使用不同宽度的试样时，试样侧边发生撕裂。

(c) 试样在拉深筋附近发生破裂。

（d）选不出合适的临界网格。

d. 取出试样进行测量。

然后，改变压边圈（分别是有拉深筋和无拉深筋），进行胀形实验，改变压边力的大小，观察成形件的成形情况及金属流动方向。了解拉深和胀形实验的区别。

⑤ 安装胀形实验模具，进行板料杯突实验，计算杯突值。

a. 实验应在规定温度下进行。

b. 试样厚度的测量应精确到 0.01mm。

c. 在实验前，试样两面和冲头应轻微地涂以润滑油润滑。

d. 相邻两个试样的压痕中心距离不得小于 90mm，任一压痕的中心至试样任一边缘的距离不得小于 45mm。

e. 试样放在压模和垫模之间压紧，其压边力约为 10kN。

f. 实验速度在 5～20mm/min 之间。实验结束时将速度降到接近下限，以便使实验更精确。

g. 实验数据的提取。

⑥ 对各种实验进行比较和实验结果的汇总，关闭实验设备，整理实验台及设备清洁。

五、实验报告要求

实验后完成实验报告，实验报告使用通用格式，并应包含如下内容：

① 实验目的、实验原理等；

② 记录实验数据并分析；

③ 阐述影响拉深实验结果的各个因素；

④ 阐述杯突值反映的板料性能；

⑤ 冲压生产中，如果遇到成形件大批破裂报废，拟提出处理措施。

实验十四 冲压模具的结构与拆装综合实验

一、实验目的

① 了解模具的常见类型及其结构；

② 掌握实验用冲模的拆卸及装配工艺过程；

③ 了解冲模各组成部分的结构及功用；

④ 测量给定冲模的刃口尺寸、间隙和闭合高度；

⑤ 掌握冲模的拆卸、安装和调整的基本要领和方法；

⑥ 判断实验用模具的类型及其工作过程；

⑦ 测绘实验用模具的结构简图。

二、实验原理

1. 冲压模具的基本形式

① 按冲压工艺性质分，有落料模、冲孔模、切边模、弯曲模、拉深模、成形模和翻边模等。

② 按冲压工序的组合方式分，有单工序的简单模和多工序的级进模、复合模。

③ 按模具的结构形式，根据上下模的导向方式，有无导向模和导板模、导柱模、滚珠

导柱模等；根据卸料装置，可分为带固定卸料板和弹性卸料板冲模；根据挡料形式，可分为固定挡料钉、活动挡料销、导正销和侧刃定距冲模。

④ 按采用的凸凹模材料可分为硬质合金冲模、钢质硬质合金冲模、钢皮冲模、橡皮冲模和聚氨酯冲模等。

⑤ 按冲压模具的轮廓尺寸大小，分为大型和中小型冲模等。一般按工序的组合方式对模具进行分类，即简单模、复合模、级进模。简单模在一次冲程中，只完成一道工序，也叫单工序模。复合模在一次冲程中，在模具同一位置上同时完成两道及以上的工序。级进模在一次冲程中，在模具不同位置，同时完成两道及以上工序。

2. 冲压模具的主要零件

一套冲裁模具根据其复杂程度不同，一般都由数个、数十个甚至更多的零件组成。但无论其复杂程度如何，或是哪一种结构形式，根据模具零件的作用又可以分成五个类型的零件（表 2-1）。

表 2-1　冲模主要零件的分类

工艺结构部分			辅助结构部分	
工作零件	定位零件	压料、卸料及推件零件	导向零件	安装紧固及其他零件
凸模 凹模 凸凹模	挡料销 导正销 导料板 定位销 定位板 侧压板 侧刃	卸料板 压边圈 顶件器 推件器	导柱 导套 导板 导筒	上下模座 模柄 凸、凹模固定板 垫板 限制器 螺钉 销钉 键 其他零件

① 工作零件：是完成冲压工作的零件，如凸模、凹模、凸凹模等。如图 2-2 中件 2、件 5、件 7；如图 2-3 中件 3、件 5、件 10、件 12；如图 2-4 中件 1、件 3、件 5、件 6；如图 2-5 中件 2、件 3、件 4、件 6、件 7、件 8。

② 定位零件：这些零件的作用是保证送料时有良好的导向和控制送料的进距，如挡料销、定距侧刀、导正销、定位板、导料板、侧压板等。如图 2-2 中件 1、件 4；如图 2-5 中件 1、件 9、件 10、件 12。

③ 压料、卸料及推件零件：这些零件的作用时保证在冲压工序完毕后将制件和废料排除，以保证下一次冲压工序顺利进行。如推件器、卸料板、废料切刀等。如图 2-2 中件 1、件 4、件 6、件 8；如图 2-3 中件 2、件 6、件 7、件 8、件 9、件 11、件 14。

④ 导向零件：这些零件的作用时保证上模与下模相对运动时有精确的导向，使凸模、凹模间有均匀的间隙，提高冲压件的质量。如导柱、导套、导板等。

⑤ 安装紧固零件：这些零件的作用是使上述四部分零件联结成“整体”，保证各零件间的相对位置，并使模具能安装在压力机上。如上模板、下模板、模柄、固定板、垫板、螺钉、圆柱销等。如图 2-2 中件 3、件 9；如图 2-4 中件 4、件 7。

在认识模具时，特别是复杂模具，应从这五个方面去识别模具上的各个零件。当然并不是所有模具都必须具备上述五部分零件。对于试制或小批量生产的情况，为了缩短生产周期、节约成本，可把模具简化成只有工作部分零件如凸模、凹模和几个固定部分零件即可；而对于大批量生产，为了提高生产率，除做成包括上述零件的冲模外，甚至还附加自动送、退料装置等。

具体的一些冲模装配简图如下：

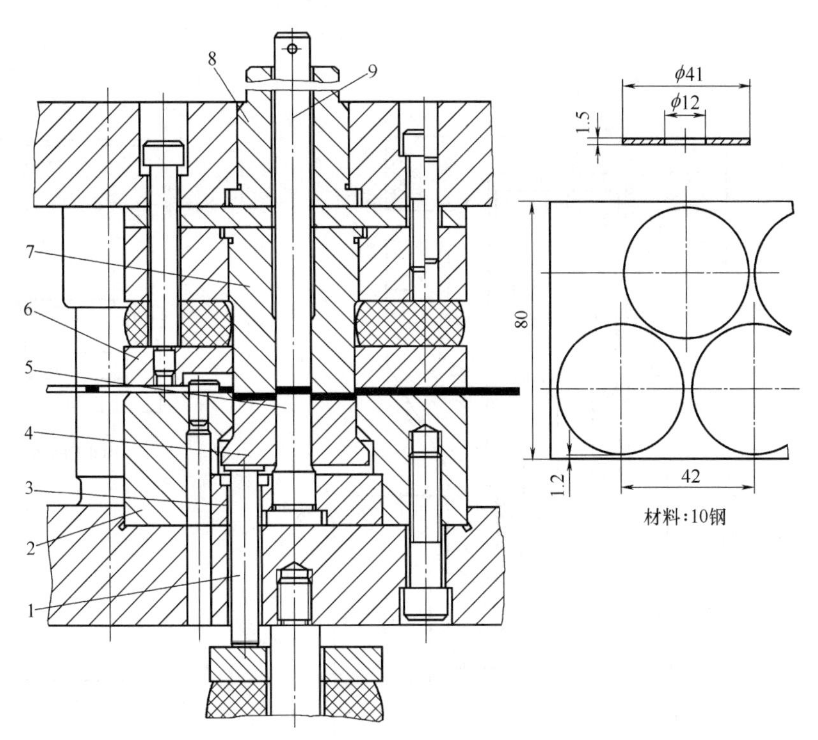

图 2-2 冲孔落料复合模

1—顶件杆；2—落料凹模；3—冲孔凸模固定板；4—推件块；5—冲孔凸模；6—卸料板；7—凸凹模；8—推件杆；9—模柄

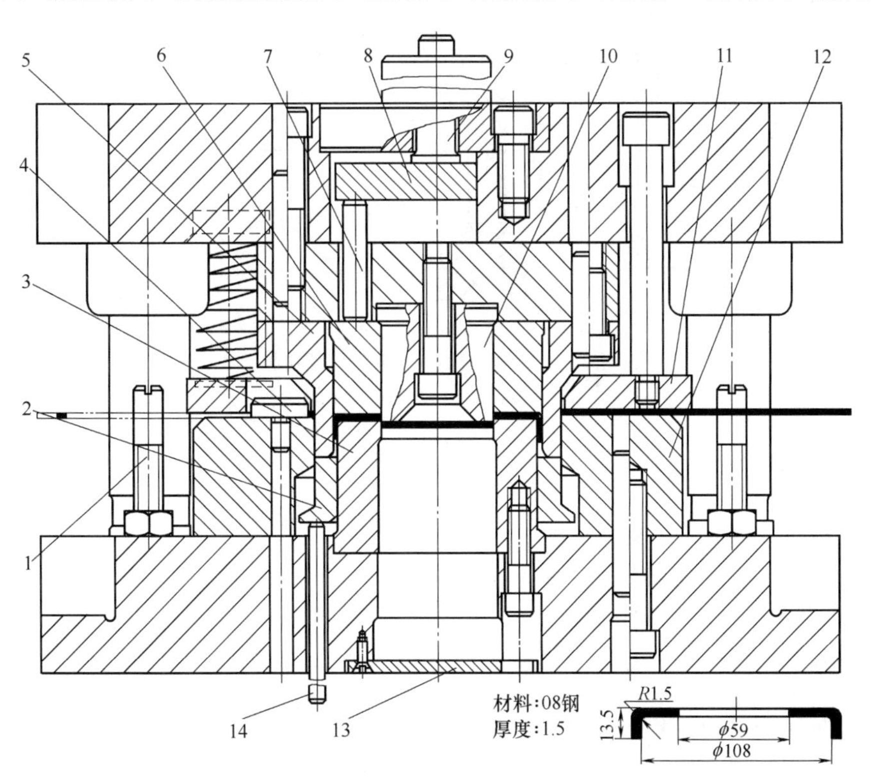

图 2-3 落料、拉深、冲孔复合模

1—导向螺栓；2—压料板（卸料板）；3—拉深凸模（冲孔凹模）；4—挡料销；5—拉深凹模（落料凸模）；6—顶出器；7—顶销；8—顶板；9—推杆；10—冲孔凸模；11—弹性卸料板；12—落料凹模；13—盖板；14—托杆

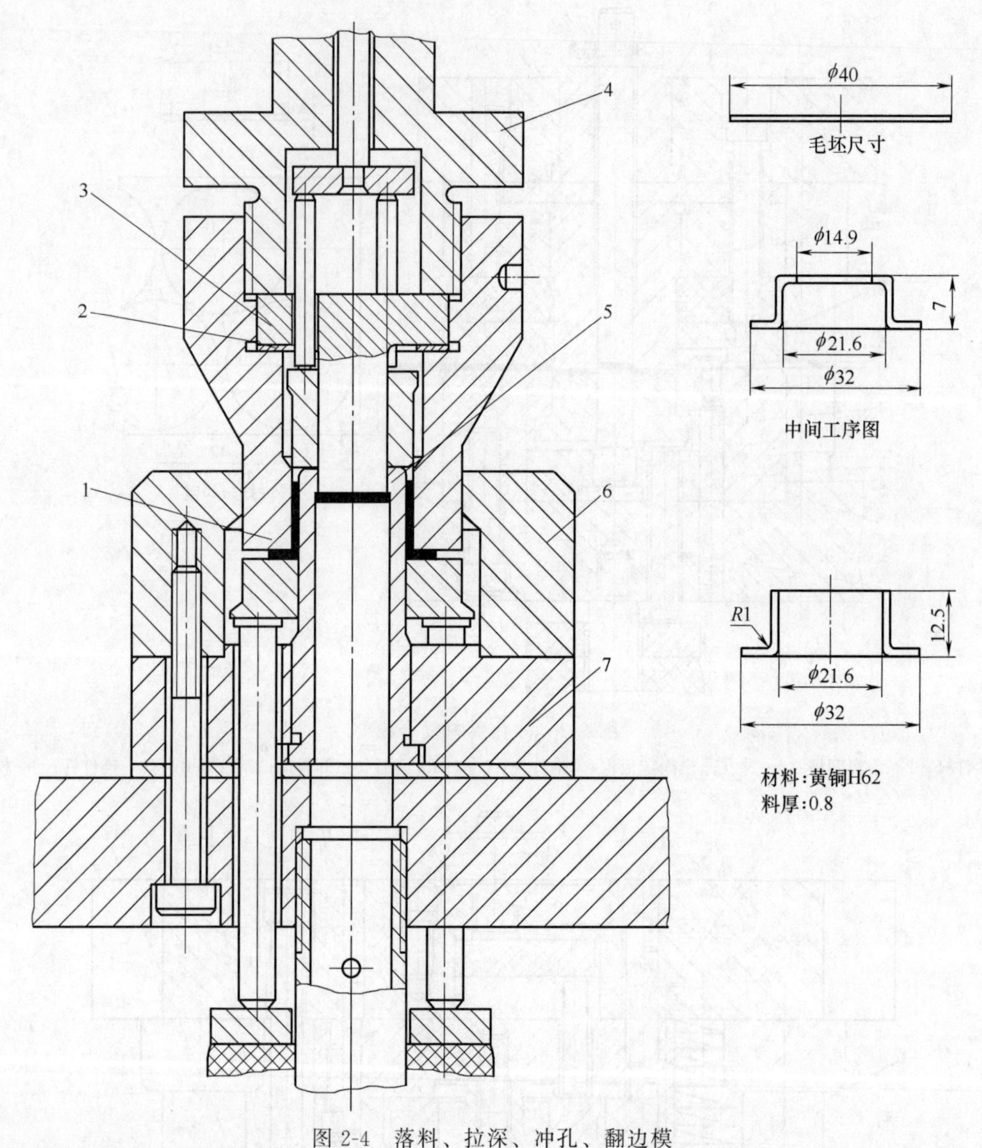

图 2-4 落料、拉深、冲孔、翻边模

1—落料拉伸凸凹模；2—垫片；3—凸模；4—模柄；5—冲孔翻边凸凹模；6—凹模；7—固定板

三、实验器材及材料

① 落料冲孔复合模及模具模型若干。

② 游标卡尺、钢尺、内六角扳手。

③ 铜棒、冲子、镊子、干净棉纱、手套。

④ 螺丝刀、虎钳、钳工桌。

四、实验方法与步骤

① 将实验模具平放于钳工桌上，对小冲模可用双手握住上模板的导套附近，然后用力上提即可使上下模分离。若不能分离，可一人将整个模具提起略离开桌面悬空，另一人用铜棒依次敲击下模板四周，即可使其导柱脱离。注意分离后的上模部分应侧平放置，以免损坏

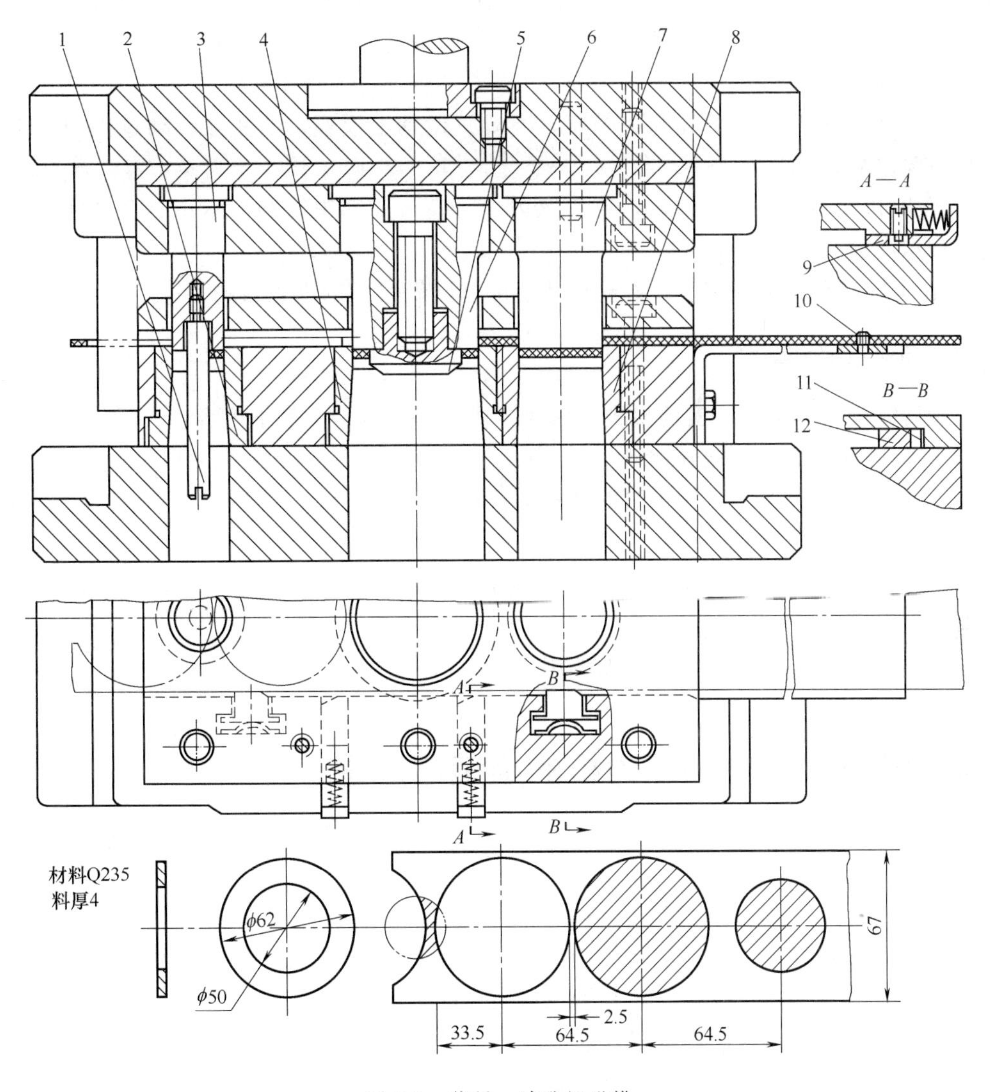

图 2-5 落料、冲孔级进模

1—挡料杆；2,4,8—凹模；3,6,7—凸模；5—导正销；9—始用挡料销；10—螺钉；11—弹簧片；12—侧压块

模具刃口。

② 将上模水平夹紧于虎钳上（注意只能夹持模板部分，或者将上模直接水平放置在虎钳上，不用夹持），用内六角扳手依次旋出模柄、凹模固定板及凹模等的紧固螺钉，再用冲子冲出销钉。上模部分就可分解为单个冲模零件了。

③ 下模的拆卸基本上与上模相同。拆掉弹性卸料板螺钉（从下模下颊方向插入内六角扳手），拿掉卸料橡皮，再拆出凸凹模的螺钉、销钉，至此下模便分解完毕。

④ 用游标卡尺分别测量主要工作零件的尺寸（凸、凹模或者凸凹模）并绘制零件图。

⑤ 装配上模、下模及上下合模。装配顺序与拆卸顺序刚好相反，但要注意：

a. 装配前就用干净棉纱仔细擦净销钉、窝座、推件板、导柱与导套等配合面，若存有油垢，将会影响配合面的装配质量。销钉要用铜棒（锤）垂直敲入，螺钉应拧紧。

b. 上下模合模时要先弄清上、下模的相互正确位置，使上下模打字面都面向操作者，合模前导柱导套应涂以润滑油，上下模应保持平行，使导套平稳直入导柱。不可用铜棒猛力打入。

c. 上模刃口即将进入下模刃口时要缓慢进行，防止上下刃口相啃。

注意事项：

① 在移动模具时，手要托起下模座，不要只搬动上模座，防止在移动过程中上下模分离出现危险事故；

② 在拆卸和测量工作零件时，要注意刃口，其一般都很锋利，不小心会划伤人；也不要用其他东西损坏刃口；

③ 在实验过程中，要多动手，这样才能够起到做实验的真正目的。

五、实验报告要求

实验后完成实验报告，实验报告使用通用格式，并应包含如下内容：

① 实验目的、实验原理等；

② 判断模具的类型，分析模具的结构形式；

③ 绘制一张实验模具的结构示意图，并标注封闭高度尺寸；

④ 测绘冲模中凸模、凹模或者凸凹模等主要工作零件的零件图，并计算出冲孔、落料间隙值；

⑤ 列表简述实验模具各个零件的作用。

实验十五 曲柄压力机的组装与测量

一、实验目的

① 全面了解曲柄压力机的整体结构、传动系统及工作过程。

② 掌握曲柄压力机曲柄滑块机构的结构及装配关系。

③ 掌握曲柄压力机离合器的结构、工作原理及装配关系。

④ 了解主轴各部分的结构及配合关系。

⑤ 了解曲柄压力机制动器的结构及工作原理。

二、实验原理

曲柄滑块机构是曲柄压力机工作机构中的主要类型。这种机构将旋转运动变为往复运动，并直接承受工件变形力。它代表曲柄压力机的主要特征，是设计曲柄压力机的基础。曲柄压力机就是通过曲柄滑块机构将电动机的旋转运动转变为冲压生产所需要的直线往复运动，它广泛用于冲压生产中的冲裁、弯曲、拉深及翻边等工序的工作。

1. 曲柄滑块机构的运动规律

曲柄滑块机构的运动简图如图 2-6 所示。O 点表示曲轴的旋转中心，A 点表示连杆与曲柄的连接点，B 点表示连杆与滑块的连接点，OA 表示曲柄半径，AB 表示连杆长度。当 OA 以角速度 ω 做旋转运动时，B 点则以速度 v 做直线运动。

2. 曲柄压力机基本结构及组成

JB23-6.3 型曲柄压力机结构组成图如图 2-7 所示，其传动简图如图 2-8 所示。

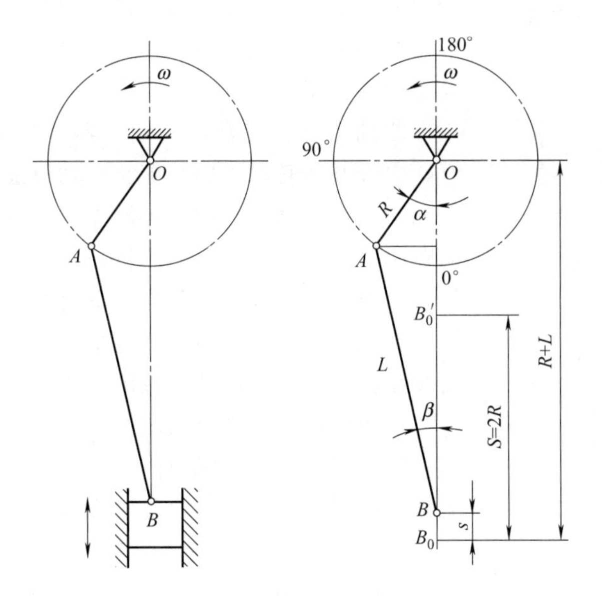

图 2-6 曲柄滑块机构的运动简图

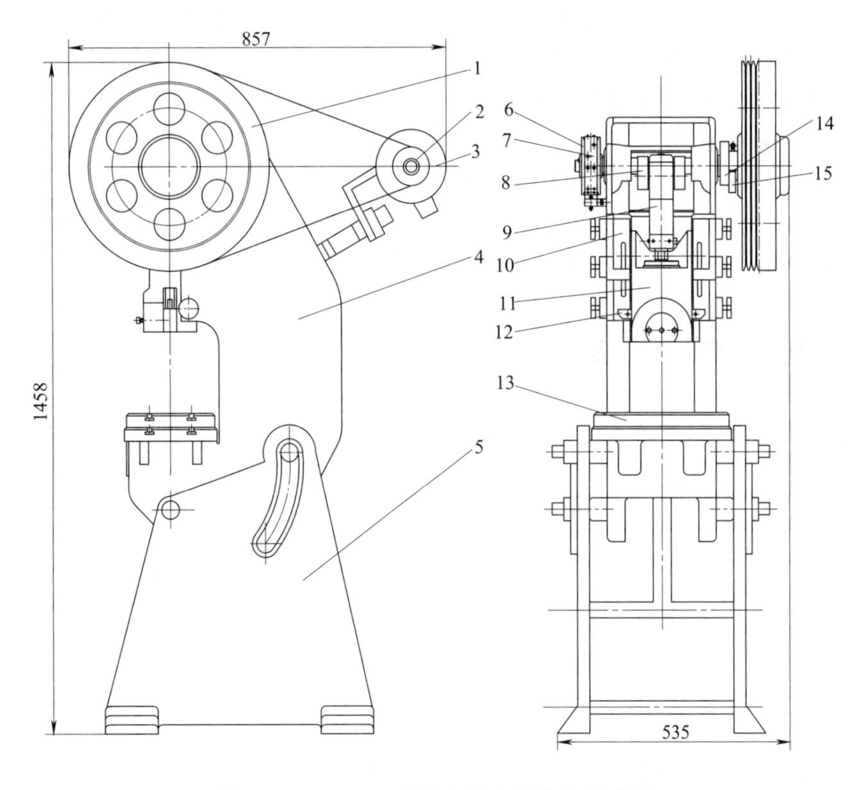

图 2-7 JB23-6.3 型曲柄压力机结构组成图

1—大带轮；2—小带轮；3—电机；4—机身；5—机座；6—制动轮；7—制动器；8—曲轴；9—连杆；10—导轨；11—滑块；12—打料杆；13—工作台；14—离合器；15—尾板

在图 2-8 中可以清楚地看到压力机的工作原理为：电机 1 通过 V 带将运动传给大带轮，通过刚性离合器带动曲轴运动。连杆上端装在曲轴上，下端与滑块连接，把曲轴的旋转运动

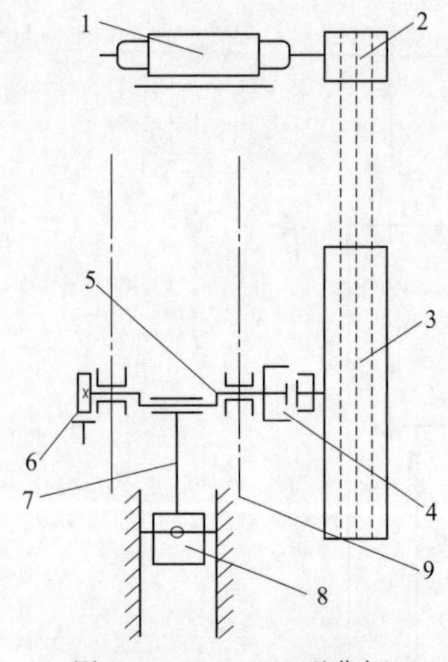

图 2-8　JB23-6.3 型曲柄压力机传动简图

1—电机；2—小带轮；3—大带轮；4—离合器；5—曲轴；6—制动器；7—连杆；8—滑块；9—导轨

变为滑块的直线往复运动。冲压模具的上模装在滑块上，下模装在垫板上，当板料放在上下模之间时，即能进行冲裁或其他冲压加工。

曲轴上装有离合器和制动器，当离合器和大带轮啮合时，曲轴开始转动。曲轴停止转动可通过离合器和带轮的脱开和制动器制动。当制动器制动时曲轴停止转动，但大带轮仍在曲轴上自由旋转。压力机在一个工作周期内有负荷的工作时间很短，大部分时间为无负荷的空程时间。为了使电动机的负荷均匀，有效地利用能量，就需要装有用来储存能量的飞轮，大带轮就起着飞轮的作用。

压力机由以下部分组成：

① 工作机构。即曲柄滑块机构，本课题所需设计的压力机为小型压力机，因此其机构由曲轴、连杆、滑块等零件组成。其作用是将曲柄的旋转运动变为滑块的直线往复运动，由滑块带动模具工作。

② 传动系统。它包括齿轮传动、带传动等机构，起能量传递作用和速度转换作用。JB23-6.3 型压力机属高速运动压力机，故传动系统只需一级，即带轮传动。

③ 操纵系统。它包括离合器、制动器、操纵器等部件。根据技术参数及使用要求，JB23-6.3 型压力机所使用的操纵系统为刚性离合器与带式制动器。

④ 能源系统。包括电动机和飞轮，在此设计中大带轮即为飞轮。

⑤ 支承部分。主要指机身，JB23-6.3 型压力机为开式可倾机身，材料为铸铁。

除上述基本部分外，还有多种辅助系统和装置，如润滑系统、保护装置以及推料装置等。

3. JB23-6.3 型曲柄压力机主要技术参数

公称压力 $P_g=63kN$；

工程行程 $S_p=3.5mm$；

滑块行程 $S=50mm$；

行程次数 $n=170$ 次/min；

最大封闭高度（当连杆长度最短，滑块处于最下位置时，滑块底面至工作台面距离）：150mm；

封闭高度调节量：30mm；

滑块中心至机身距离：110mm；

工作台尺寸：前后 200mm，左右 310mm；

工作台下料孔尺寸：前后 110mm，左右 160mm，圆孔直径 140mm；

滑块底面尺寸：前后 120mm，左右 140mm；

模柄孔尺寸：直径 30mm，深度 35mm；

机身立柱间距离：150mm；

机身工作台至导轨间距离：200mm；

工作台板厚度：30mm；

机身最大可倾角：45°。

4. 曲柄压力机设计基础

(1) 曲轴的结构

曲轴为压力机的重要零件，受力复杂，制造条件要求较高，用 45 钢调质处理锻造而成。曲轴支承颈和曲柄颈需加以精车或磨光。为了延长寿命，在各轴颈特别是圆角处最好用滚子碾压强化。曲轴结构及强度计算简图如图 2-9 所示。曲轴实际的零件图如图 2-10 所示。

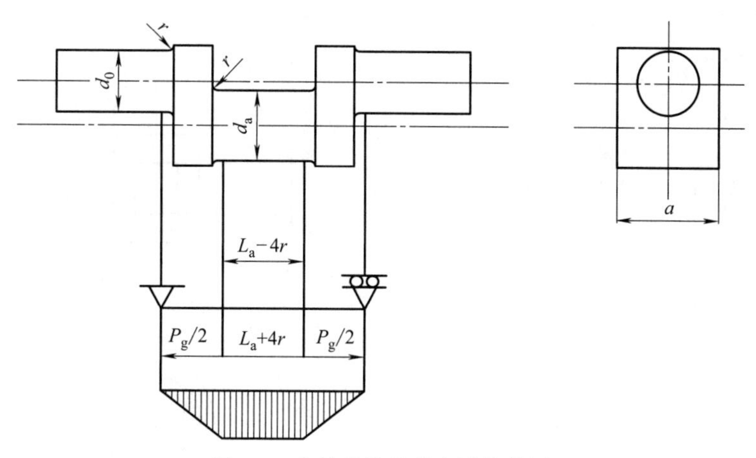

图 2-9 曲轴结构及强度计算简图

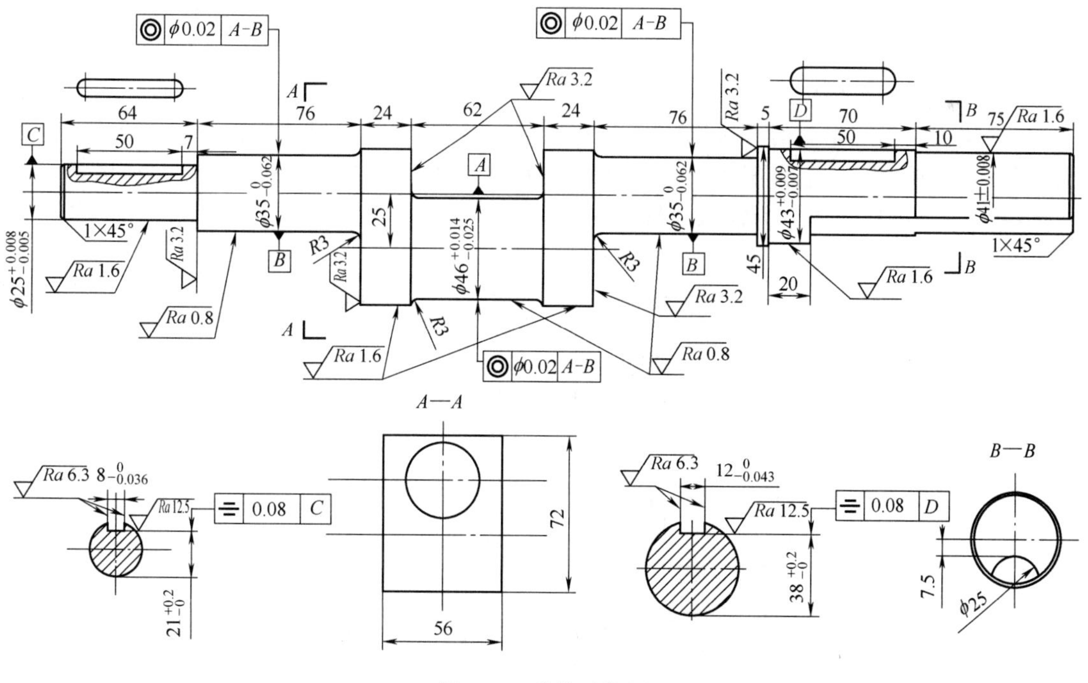

图 2-10 曲轴零件图

(2) 连杆的结构

对于小型压力机一般选用球头式连杆，球头式连杆结构较紧凑，压力机高度可以降低，但连杆中的调节螺杆容易弯曲。连杆常用铸铁 HT200 制造，球头式连杆中的调节螺杆用 45 钢锻造，调质处理，球头表面淬火，硬度为 42HRC。球头连杆结构图如图 2-11 所示。球头部分结构如图 2-12 所示。

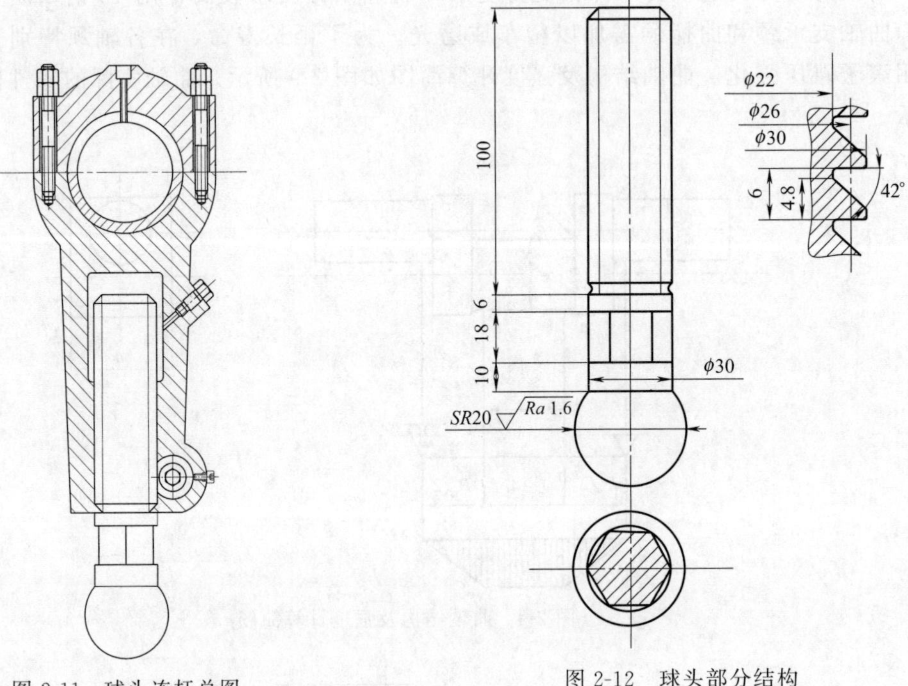

图 2-11　球头连杆总图　　图 2-12　球头部分结构

(3) 曲柄滑块机构中的滑动轴承

在通用压力机中，曲柄滑块机构的旋转或摆动速度均较低，但载荷较大，故应检验作用在滑动轴承（或轴瓦）上的压强，图 2-13 为曲柄滑块机构的有关滑动轴承。曲柄滑块机构一般选择 ZCuSn5PbZn5 作为轴承的材料。

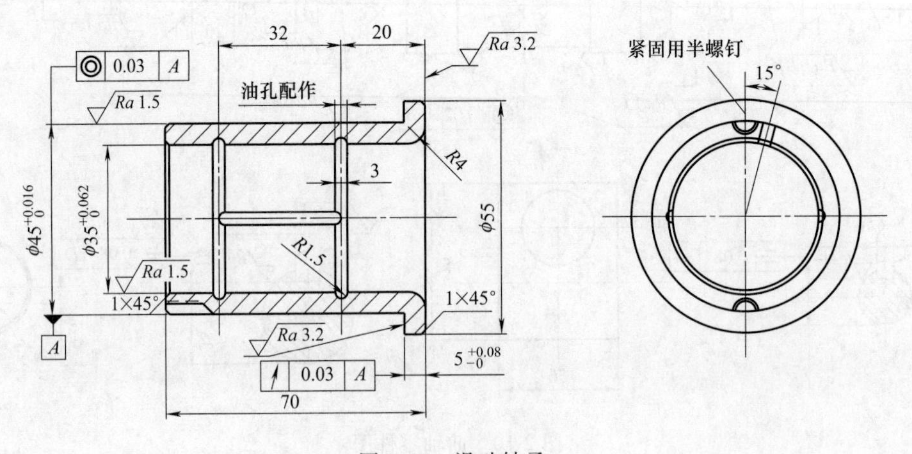

图 2-13　滑动轴承

(4) 滑块与导轨

小型压力机的滑块（图 2-14）是一个箱形结构，它的上端与连杆连接，下部安装模具的上模，并沿机身的导轨（图 2-15）上下运动，为了保证滑块底面和工作台上平面的平行度，滑块运动方向与工作台的垂直度，滑块的导向面必须与底平面垂直。

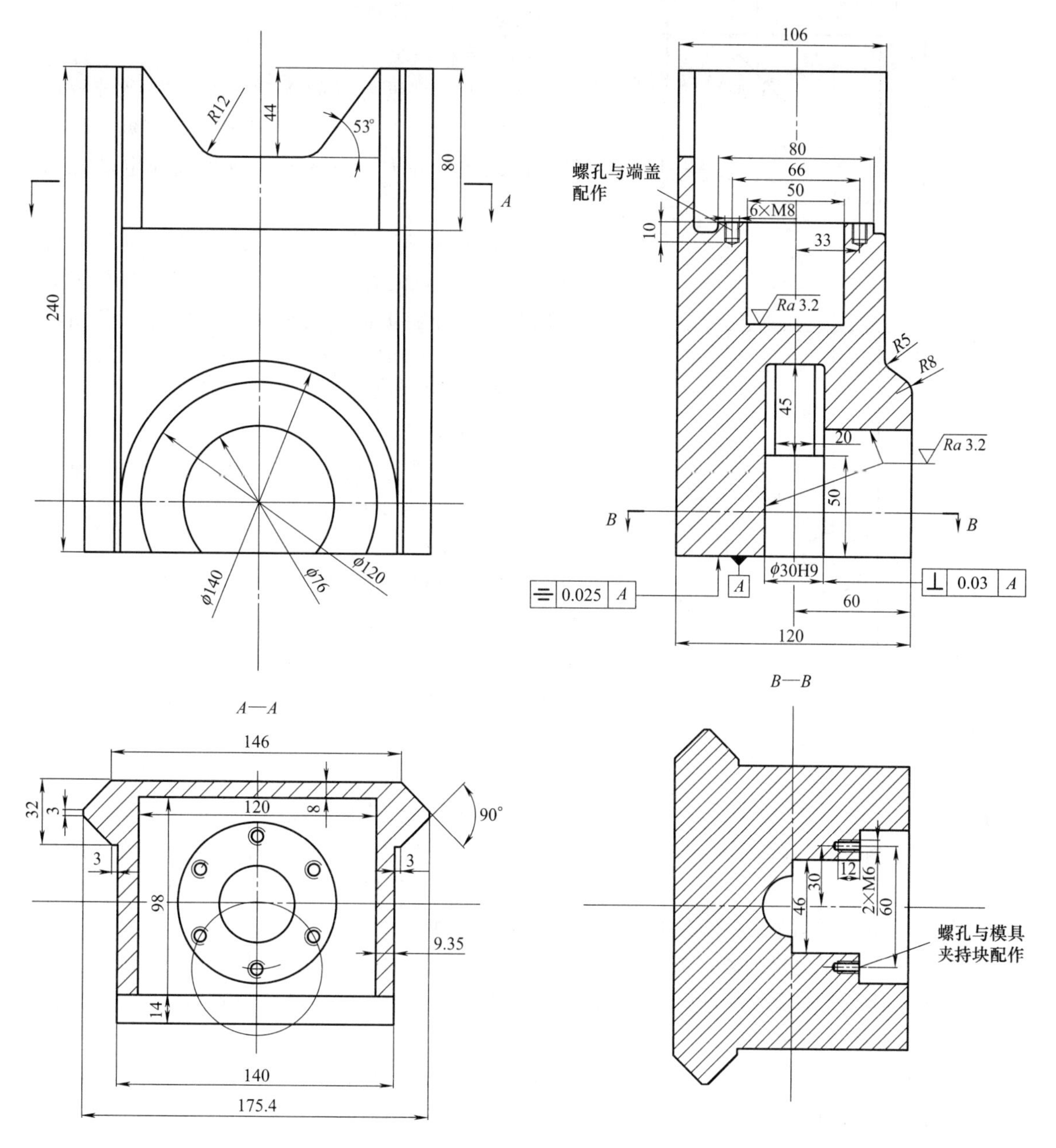

图 2-14 滑块结构

导轨和滑块的导向面应保持一定的间隙，而且能进行调节。为了安装模具，滑块的底平面开有 T 形槽和模柄孔。对于开式压力机，通常是做成两根 V 形导轨。为了保证滑块的运动精度，滑块的导向面应足够长。所以滑块的高度要做得足够高，在开式压力机上滑块的高度与宽度的比值约在 1.7 左右。

由 JB23-6.3 型曲柄压力机的技术参数可知立柱间的距离不小于 150mm，滑块底面尺寸：前后为 120mm，左右为 140mm。由开式压力机高度与宽度之比在 1.7 左右，取

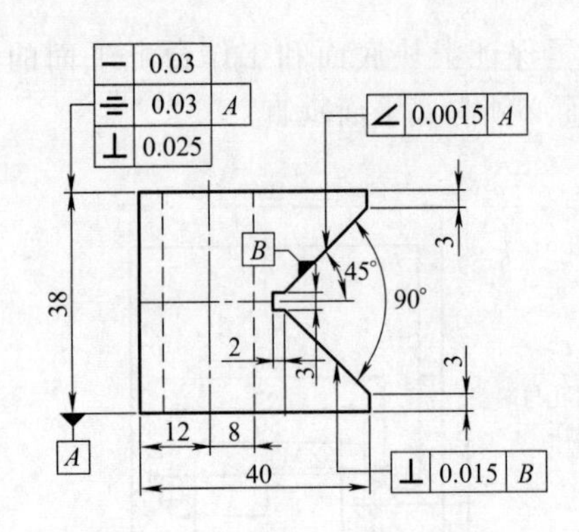

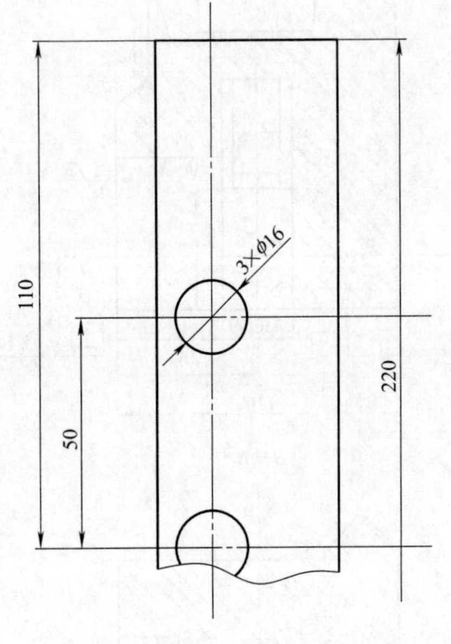

图 2-15　导轨结构

$H/B=1.7$，得 $H=200\text{mm}$。滑块材料选用铸铁 HT20-40。对于单点压力机，滑块单纯受压缩，故一般不进行强度计算。

（5）传动系统

JB23-6.3 型压力机的传动系统为一级带轮传动，由电动机带动小带轮，经由传动带带动大轮运转。因此在设计大、小带轮前应先选择电动机的规格。

① 电动机的选择。要合理计算出曲柄压力机电动机功率，首先需算出一工作周期所消耗的能量 A 以及各部分能量消耗的组成。准确考虑各项功能组成对计算电动机功率和后面所述的计算飞轮转动惯量都是很重要的。

② 带轮的设计。由于电动机的额定转速 $n_e=910\text{r/min}$，滑块行程次数 170 次/min。故总速比即单级传动比 $i=910/170\approx5.35$。

（6）带轮结构

带轮的材料主要采用铸铁，常用材料的牌号为 HT150。带轮的结构设计，主要是根据带轮的基准直径选择结构形式，此设计中小带轮用实心式，大带轮采用孔板式。小带轮的零件图如图 2-16 所示。

（7）操纵系统

在曲柄压力机传动系统中，电动机起动后，通过小带轮 V 带使飞轮旋转。离合器待飞轮达到稳定转速后，才允许接合，使压力机进行工作。通过离合器和制动器，控制压力机工作结构的运动和停止。

① 离合器。压力机的离合器由主动部分、从动部分、接合零件以及操纵结构组成。曲柄压力机常用的离合器可分为刚性离合器和摩擦离合器两大类。本设计中的离合器采用刚性离合器，接合零件为转键。

离合器接合时，转键承受相当大的冲击载荷，故转键材料采用 GCr15，热处理硬度为 50～55HRC，而两端 15～20mm 长度处，回火 30～35HRC，内外衬套用 ZCuSn5PbZn5。其结构示意图如图 2-17 所示。

② 制动器。本压力机所设计的制动器为偏心带式制动器（图 2-18）。这种制动器结构简单，散热条件好，但其制动力矩小，会增加机器的能力消耗，加速摩擦材料的磨损，因此它常与刚性离合器相配用于小型压力机上。制动器的制动轮用铸铁，制动带用 A3 钢，摩擦材料用铜丝石棉。

（8）能源系统

曲柄压力机的能源系统包括了电动机和飞轮。曲柄压力机的负载属于冲击负载，即在一个工作周期内只在较短的时间内承受工作负荷，而较多的时间是空程运转。若依此短暂的工

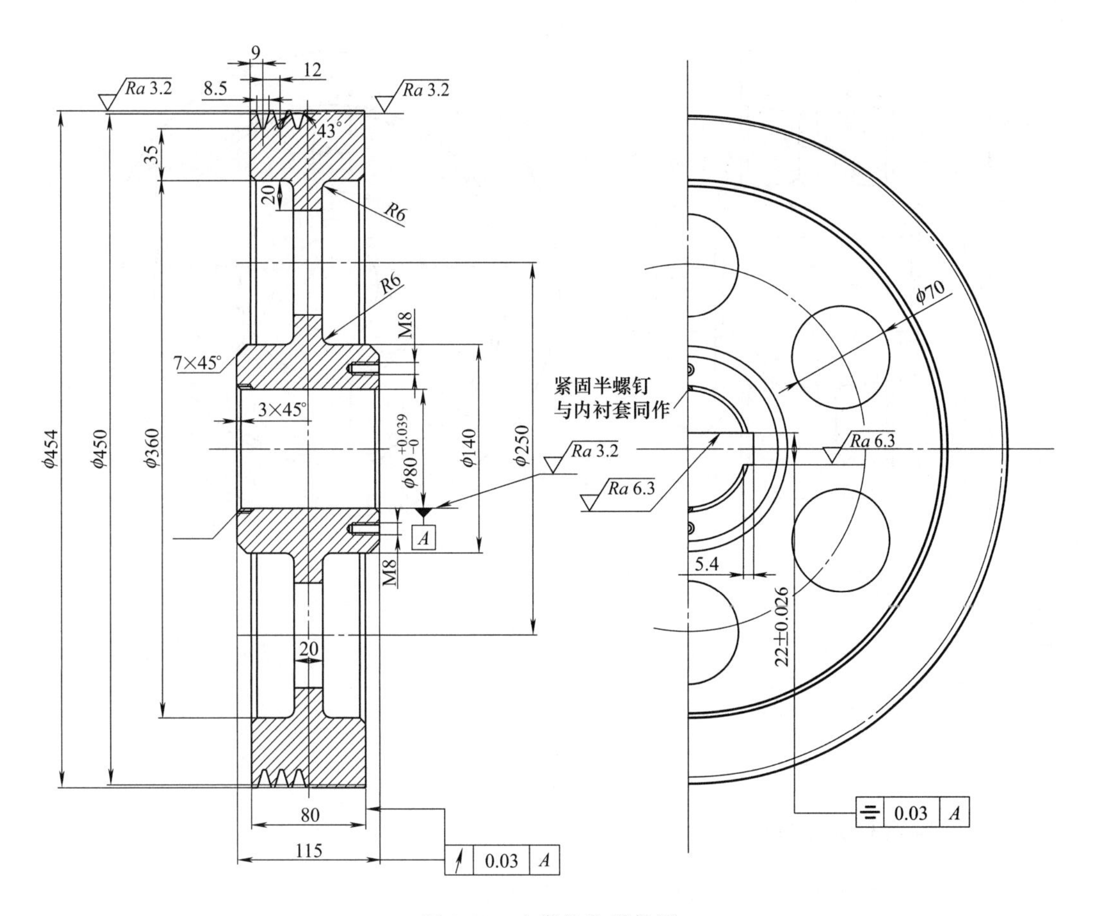

图 2-16 小带轮的零件图

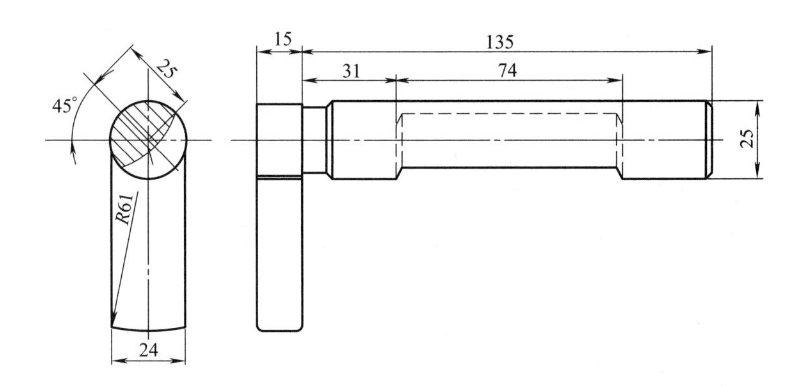

图 2-17 转键结构示意图

作时间来选择电动机的功率，则电动机的功率会很大。为了减小电动机的功率就要在传动系统中设置飞轮。这样，在压力机冲压工件时所需的能量就由飞轮来供给。可见，曲柄压力机的电动机功率和飞轮能量是互相依存的。之前我们已设计好了电动机，并确定了电动机的功率，现在可根据电动机的有关技术参数来设计飞轮。

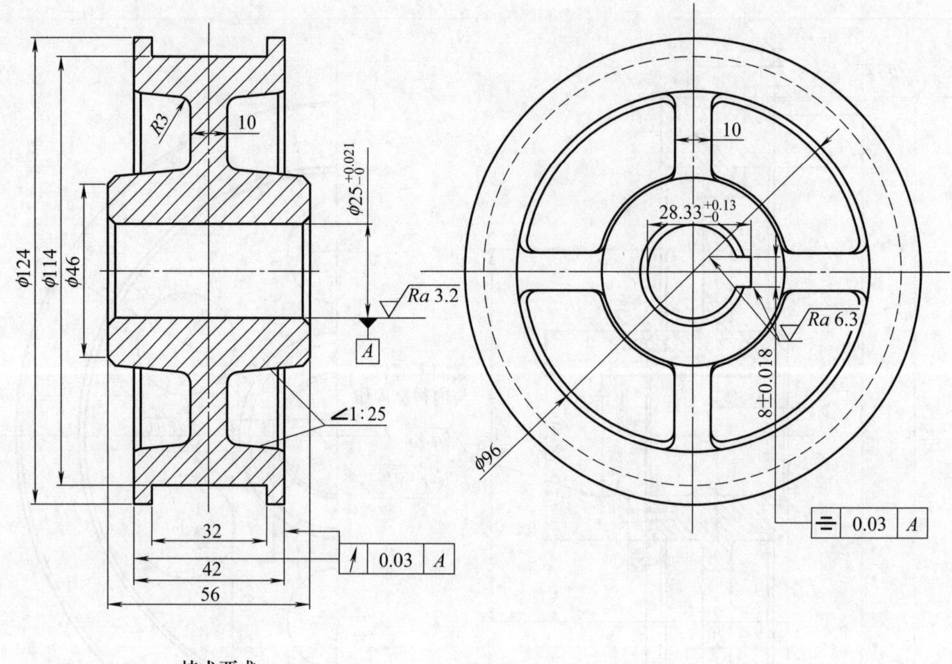

图 2-18 制动器结构示意图

三、实验器材及材料

① JB23-6.3 型开式曲柄压力机（供拆装实验）；

② 游标卡尺，高度游标尺，直尺；

③ 活动扳手，内六角扳手一套，V 形铁，标准平板。

四、实验方法与步骤

① 拆卸带轮罩，拆卸带，拆卸小带轮，观察其连接方式，测量各部分尺寸。

② 拆卸大带轮，离合器组件，测量相关尺寸。

③ 拆卸制动器，测量制动器尺寸。

④ 拆卸滑块和连杆的连接，拆卸连杆盖，拆卸连杆，测量连杆尺寸。

⑤ 拆卸打料横杆、模柄夹持块、保险块及其他附件。

⑥ 拆卸曲轴、轴瓦，测量曲柄尺寸，测量轴瓦尺寸。

五、实验报告要求

实验后完成实验报告，实验报告使用通用格式，并应包含如下内容：

① 实验目的、实验原理等；

② 阐述 JB23-6.3 型曲柄压力机的工作原理；

③ 绘制 JB23-6.3 型曲柄压力机工作原理图；

④ 绘制曲轴、连杆、滑块、轴承、带轮等关键部件的零件图，写出实验中拆卸曲柄压力机的顺序。

实验十六 ➲ 金属熔炼前检测及铸造性能实验

一、实验目的

① 学生能够在真实工程条件下完成混砂、造型熔炉等操作。

② 能够进行炉前检测及合金铸造性能实验（流动性能和热压力测试）。

③ 理解铸造生产的各工序特点及其相互间的联系。

二、实验原理

本实验是一个比金工实习内容更广泛、更深入、更具有工程技术性的综合实验，让学生在真实的工程条件下，自己完成混砂、造型、合箱、压重、配料、称料、熔炼、炉前检测、铸造性能测试、炉前处理及浇注等实际操作，实际上它包括了铸造生产的主要内容，既包含了生产厂技术工人的工作，也包含着工程技术人员的工作，因而是对金工实习的重要补充。

1. 出炉温度与浇注温度

出炉温度与浇注温度是炉前检测的重要内容之一。检测铁液温度的方法有非接触测温和接触式测温两大类。非接触测温常采用的检测仪器有：光学高温计、全辐射高温计、光电高温计、比色高温计、红外高温计和光导高温计，按接触法测温多采用热电偶配二次显示仪表进行测温。因热电偶高温计具有测量准确、可靠、简便和易于维修等特点，冲天炉铁液温度检测多采用此种方法。光学高温计在现场应用虽有测量精度差的弱点，但应用历史较长而且使用方便，因此，在生产中还在应用。热电偶测温的工作原理如图 2-19 所示。

当热电偶的测温端置于测温介质中，热电偶的热端与冷端的温差使之产生电动势 $Et(t,t_0)$ 即塞贝克效应，而该电动势只反映冷热两端温差并不是热端实际温度，因此采用带有电敏电阻的不平衡电桥输出一个 0℃ 到 t_0 的温度电动势，加上 $Et(t,t_0)$，于是 $Et(t,0)=Et(t,t_0)+Et(t_0)$ 将此电动势送入温度测量仪表中指示实际温度，或将毫伏值通过分度表换算成温度。

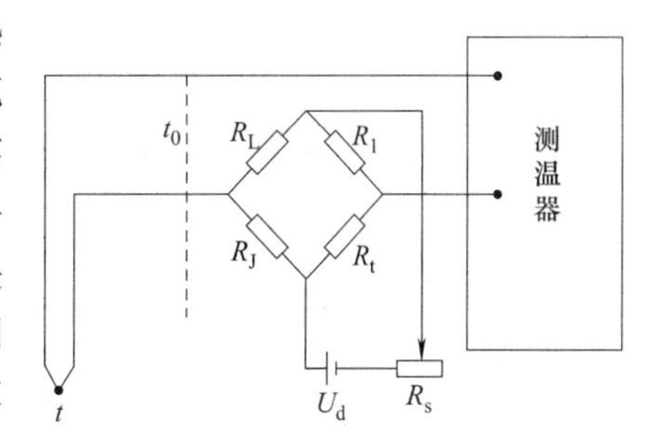

图 2-19 热电偶测定温度原理图

除温度测试外，炉前快速检测内容多，新的测试方法也不少，常见的有炉前快速金相检验，炉前化学成分快速分析（如光电直读光谱分析）等等，本实验将运用开炉前三角试样球化效果判断法，它不需要专门的设备和仪器，是一种定性的经验判断法，但因其简单易行、效果明显，在工厂得到广泛应用，其实验原理可简单归纳为：由于球墨铸铁的体积收缩率大；又呈粥状凝固，容易形成缩松；石墨呈孤立球状分布后金属基体连成一体，故可看作有孔洞的钢，故其三角试样断口会出现明显收缩，两侧出现缩凹，中心出现缩松，敲击有钢声等，并可由此定性判断球化效果。

2. 熔融金属的流动性能

流动性是铸造合金最主要的铸造性能之一，其影响因素众多；如金属及合金自身的特性，出炉温度，浇注温度，铸型的种类，铸件结构复杂程度，浇注系统设计等等。为使其具

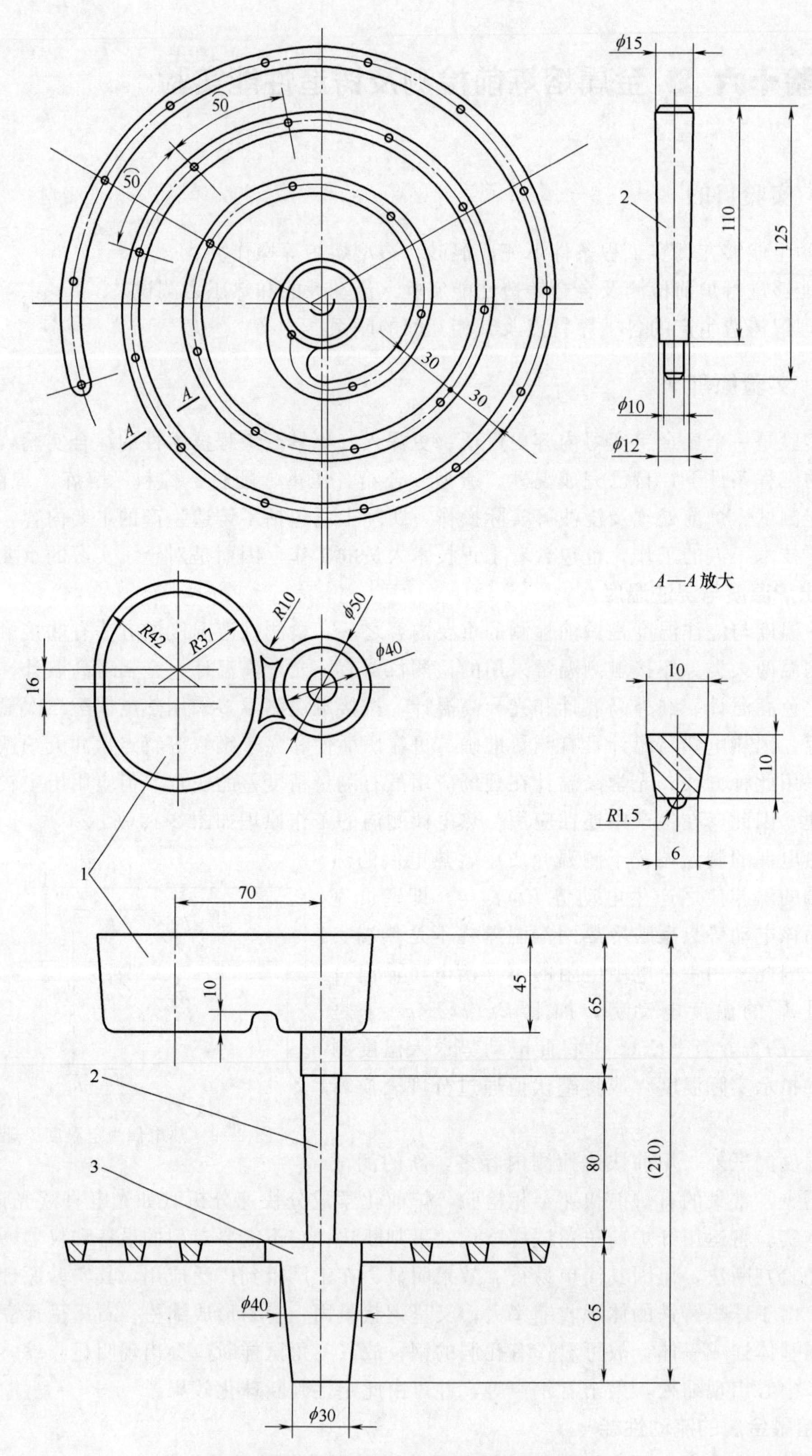

图 2-20 同心单螺旋流动性试样形状尺寸

1—外浇道模样；2—直浇道模样；3—同心三螺旋模样

有可比性，实际中常浇注流动性试样，并按浇出的试样尺寸评价流动性的好坏。

流动性试样按照试样的形状可分为：螺旋试样、U形试样、棒状试样、楔形试样、球型试样等；按照铸型材料来分有：砂型和金属型。螺旋试样法应用比较普遍，其特点是接近生产条件，操作简便，测量的数值明显。

测试铸造非铁合金的流动性方法很多，按试样的形状可以分为：螺旋试样、水平直棒试样、楔形试样和球形试样等。前两种是等截面试样，以合金液的流动长度表示其流动性；后两种是等体积试样，以合金液未充满的长度或面积表示其流动性。流动性试样所用的铸型分为：砂型和金属型。在对比某种合金和经常生产的合金的流动性时，应该明确规定测试条件，采取同样的浇注温度（或同样的过热度）和同样的铸型，否则对比就没有意义。

测定铸造非铁合金的流动性时，最常采用的是螺旋试样法。此法可分为标准法和简易法。螺旋试样的基本组成包括：外浇道、直浇道、内浇道和使合金液沿水平方向流动的具有梯形断面的螺旋线型沟槽。合金的流动性是以其充满螺旋型测量流槽的长度（cm）来确定的。图2-20为同心单螺旋流动性试样形状和尺寸。此法定为标准法，标准法采用同心单螺旋流动性测试装置，铸型的合型图见图2-21；简易法采用单螺旋流动性测试装置，铸型的合型图见图2-22。试样铸型的基本结构包括外浇道、直浇道和使合金液沿水平方向流动的具有倒梯形断面的螺旋线形沟槽。沟槽中有一个凹点，用以直接读出螺旋线的长度。

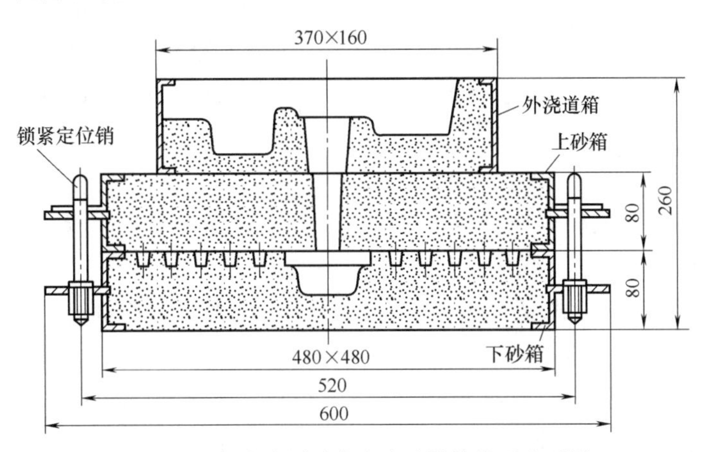

图 2-21 标准法测试合金流动性的铸型合型图

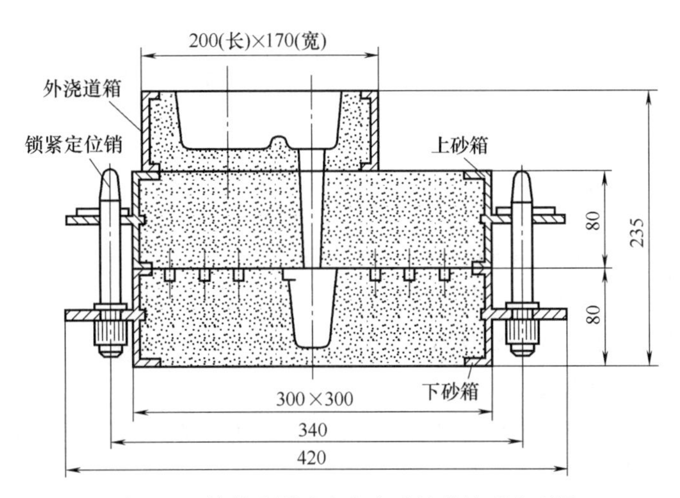

图 2-22 简易法测试合金流动性的铸型合型图

通常，试样采取湿型浇注，铸型为水平组合型，标准法以每次测试的三个同心螺旋线长度的算术平均值为测试结果；简易法以三次同种合金相同浇注温度下的单螺旋长度的算术平均值为测试结果。还须说明，当试样产生缩孔、缩陷、夹渣、气孔、砂孔、浇不到等明显铸造缺陷时；当试样由于浇注“跑火”引起严重飞边时；当试样表面粗糙度不合格时，其测试结果应视为无效。采用螺旋试样法的优点是，试样型腔较长，而其轮廓尺寸较小，烘干时不易变形，浇注时易保持水平位置。缺点是合金液的流动条件和温度条件随时在改变，影响其测试的准确度。

水平直棒试样法是测试铸造非铁合金流动性的另一种常用方法，其铸型结构见图 2-23，一般多采用金属型。实验时将合金液浇入铸型中并测量合金液流程的长度。采用此法时，合金流动方向不变，故流动阻力影响较小。但采用砂型时，型腔很长，要保持在很长的长度上断面面积不变并在浇注时处于完全水平状态是有困难的；如采用金属型，其型温难以控制，故灵敏度较低。

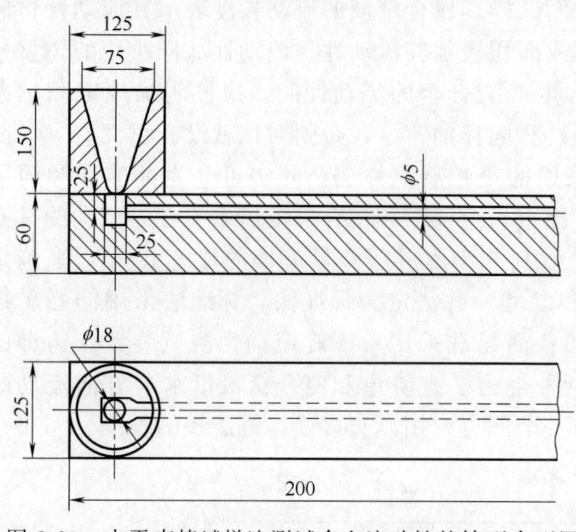

图 2-23　水平直棒试样法测试合金流动性的铸型合型图

三、实验器材及材料

① 造型制芯用铸件模样螺旋型流动试样，浇注系统模样，冒口模样，砂箱，模板，芯盒、造型工具，隔离砂，三角试样模型，螺旋试样模型；

② 混砂用 SHN 型辗轮式混砂机（容量 0.1m^3），石英砂，膨润土，铸造用煤粉，其他添加剂、水，筛；

③ 配料用小台称、天平、药物天平、生铁、废钢，球化剂（稀土镁硅铁合金）、其他铁合金（铬铁、硅铁、锰铁）、辅料（石棉布，珍珠岩粉等等）；

④ 熔炼用 100kW 中频感应电炉一台（套）、容量为 10kg 的坩埚、容量为 1010kg 的手端包、防护用品；

⑤ 炉前检测用便携式热电偶测温仪、夹钳、铁锤，盛有水的铁制水桶（或水泥水池）、卷尺。

四、实验方法与步骤

1. 合金流动性的测定实验（同心单螺旋线试样）

① 用碾砂机混制好型砂、造型、合箱；

② 熔炼铸造合金至预定温度、经必要的炉前处理；

③ 浇注前用浇口塞堵住直浇口；

④ 当浇口杯达到指定温度时（300～500℃，由实验老师指定）拔出浇口塞、让合金液充填砂型，同时记录浇注温度；

⑤ 当合金完全凝固并冷却到试样发黑（650℃）后打箱，测量螺旋线长度。

2. 合金液温度的检测实验（热电偶高温计）

① 按合金液的出炉、浇注温度选择适当的热电偶材料，见表 2-2。

表 2-2 热电偶材料主要技术性能

名称	分度号	$t=0$℃到 $t=100$℃时热电势/mV	使用温度/℃		允许误差	特点
			长期	短期		
铂铑$_{10}$-铂	S	0.643	1300	1600	$t>600$℃ $\pm 0.4t\%$	稳定性、复现性能好，易受碳、氢、硫、硅及其化合物侵蚀
铂铑$_{20}$-铂铑$_{8}$	B	0.034	1600	1800	$t>600$℃ $\pm 0.5t\%$	精度高、稳定、复现性、抗氧化性好、测温上限高
钨镍-钨镍$_{20}$	WL	1.359	2000	2400	$t>300$℃ $\pm 1t\%$	价格便宜，适于点测，需在真空、惰性或弱还原性气氛中使用

② 热电偶测温时需用补偿导线把自由端移动到离热源较远处，且环境温度比较稳定的地方。补偿导线的颜色及热电特性见表 2-3。

表 2-3 补偿导线的颜色及热电特性

分度号	配用热电偶	线芯材料		包线绝缘颜色		$t=0$℃到 $t=100$℃时热电势/mV
		正极	负极	正极	负极	
S	铂铑-铂	铜	铜镍	红	绿	0.643±0.023
WL		铜	铜 1.7～1.8 镍	红	蓝	1.337±0.045
B		铜	铜			

③ 选用相匹配的显示仪表。热电偶测温有间断测温和连续测温两种方法。目前采用快速微型热电偶法，但需选用与之相匹配的显示仪表（可按表 2-4 选用）。

表 2-4 常用于铁液测温的显示仪表

名称	型号	全量程时间/s	分度号	测量范围/℃	基本误差/%	用途
便携式高温毫伏计	EFZ-020 EFZ-030 EFZ-050	<7	S B	0～1600 0～1800	±1	间断测温和不需记录的连续测温
便携式交直两用自动平衡记录仪	XWX-104 XWX-204	<1	S B	0～1600 0～1800	±0.5	间断测温和连续测温多量程仪表
大型长图自动平衡记录仪	YWC-100 YWC-DO/AB	2.5 或 5 1	S B	0～1600 0～1800	±0.5	间断测温和连续测温
	XWC-200/A	<1	S B	0～1600 0～1800	±0.5	间断测温和连续测温同时使用

续表

名称	型号	全量程时间/s	分度号	测量范围/℃	基本误差/%	用途
中型长图自动平衡记录仪	XWF-100	5	S	0～1600	±0.5	连续测温
	XW2H-100		B	0～1800		
	XWB-100	<5	S	0～1600	±0.5	连续测温
			B	0～1800		
大型四图自动平衡记录仪	XWY-02	<1	S	0～1600	±0.5	间断测温和连续测温
	EWY-704		B	0～1800		
中型四图自动平衡记录仪	XWC-100	<5	S	0～1600	±0.5	连续测温
			B	0～1800		
数字直读温度电位计	PY	—	S	0～1600	±0.3	间断测温和连续测温
	PYS		B	0～1800		

④ 测温方法。测量铁液出炉温度时，测点在铁槽中距出铁口200mm处。偶头逆铁液流方向全部浸入铁液流。在铁液包中测量时，扒开渣层，迅速插入铁液中。操作应在4～6s内完成，最多不得超过10s。

用便携式测温仪可直接读出温度值，应立即记录。

3. 三角试样炉前球化效果的判断实验

① 用三角试样模样在松砂床上造型；

② 炉前球化、孕育处理后，浇注三角试样砂型；

③ 待全部凝固后取出，冷至暗红色（约650℃）后将试样夹住，底部向下淬入水中冷却至试样表面可挂住水（低于100℃）；

④ 敲断三角试样、观察断口；

⑤ 按表2-5的方法定性判断球化效果。

表2-5　炉前三角试样球化判断法

项目	球化良好	球化不良
外形	试样边缘呈较大圆角	试样棱角清晰
表面缩陷	浇注位置上表面及侧面明显缩陷	无缺陷
断口形态	断口细密如绒或银白色细密断口	断口暗灰色晶粒或银白色，分布细小墨点
缩松	断口中心有缩松	无缩松
白口	断口尖角白口清晰	完全无白口，且断口暗灰
敲击声	清脆金属声，音频较高	低哑如击水声
气味	遇水有类似 H_2S 气味	遇水无臭味

五、实验报告要求

实验后完成实验报告，实验报告使用通用格式，并应包含如下内容：

① 实验目的、实验原理等；

② 各组的实验结果会因生产条件不同有差异，在填写报告时应注明生产情况，尤其是异常情况；

③ 综合实验报告中的内容应该全面，不得漏项；

④ 实验报告中应对实验结果进行一定的自主分析；

⑤ 鼓励报告中的独立思考及创新行为；

⑥ 报告要求字迹工整，格式规范。

实验十七 压力铸造工艺及设备控制实验

一、实验目的

① 熟悉压力铸造工艺及其基本流程。

② 了解压铸机的结构组成及控制原理。

③ 掌握压铸模具的结构和动作过程。

④ 理解压铸关键技术，能够合理选择压铸工艺参数。

二、实验原理

压力铸造法是在高压作用下使液态或半液态金属高速充填铸型，并在压力下凝固成铸件的铸造方法。1838 年美国人 G. 布鲁斯首次用压力铸造法生产印报的铅字，次年出现压力铸造专利。19 世纪 60 年代以后，压力铸造法得到很大的发展，不仅能生产锡铅合金压铸件、锌合金压铸件，也能生产铝合金、铜合金和镁合金压铸件。20 世纪 30 年代后又进行了钢铁压力铸造法的试验。

通过本实验，了解压力机和压铸模具的结构组成、控制和成型工艺特点。

1. 压力铸造的特点

压力铸造（简称压铸）是在高压作用下，将液态或半液态金属快速压入金属压铸模（亦可称为压铸型或压型）中，并在压力下凝固而获得铸件的方法。

高压和高速充填压铸是压铸的两大特点。它常用的压射比压是从几千至几万千帕，甚至高达 2×10^{5}kPa。充填速度约在 10～50m/s，有些时候甚至可达 100m/s 以上。充填时间很短，一般为 0.01～0.2s。与其他铸造方法相比，压铸有以下三方面优点。

（1）产品质量好

铸件尺寸精度高，一般相当于 6～7 级，甚至可达 4 级；表面光洁度好，一般相当于 5～8 级；强度和硬度较高，强度一般比砂型铸造提高 25%～30%，但伸长率降低约 70%；尺寸稳定，互换性好；可压铸薄壁复杂的铸件。例如，当前锌合金压铸件最小壁厚可达 0.3mm；铝合金铸件可达 0.5mm；最小铸出孔径为 0.7mm；最小螺距为 0.75mm。

（2）生产效率高

机器生产率高，例如国产J1113型卧式冷室压铸机平均8h可压铸600～700次，小型热室压铸机平均每8h可压铸3000～7000次；压铸型寿命长，一副压铸型，压铸铝合金，寿命可达几十万次，甚至上百万次；易实现机械化和自动化。

（3）经济效果优良

由于压铸件尺寸精确，表面光洁等优点。一般不再进行机械加工而直接使用，或加工量很小，所以既提高了金属利用率，又减少了大量的加工设备和工时；铸件价格便宜；可以采用与其他金属或非金属材料组合压铸。既节省装配工时又节省金属。

压铸虽然有许多优点，但也有一些缺点，尚待解决。如：

① 压铸时由于液态金属充填型腔速度高，流态不稳定，故采用一般压铸法，铸件易产生气孔，不能进行热处理；

② 对内凹复杂的铸件，压铸较为困难；

③ 高熔点合金（如铜、黑色金属），压铸模寿命较低；

④ 不宜小批量生产，其主要原因是压铸模制造成本高，压铸机生产效率高，小批量生产不经济。

普通压铸件内气孔较多，不易热处理和焊接，影响使用性能。因此生产中大多采用几种特殊压力铸造法，常用的有真空压铸、充气压铸和精、速、密压铸。①真空压铸：压铸时把铸型型腔内的空气预先抽走；②充气压铸：压铸时先在铸型型腔内充满氧气，使液态金属与氧气形成固态氧化物，弥散地分布于铸件内部；③精、速、密压铸：液态金属低速充填铸型型腔，金属充满型腔后，用小活塞补充加压。

用压力铸造可制造形状复杂的铸件，压铸件的表面粗糙度为$Ra5\sim0.32\mu m$，尺寸精度可达4～7级，锌合金压铸件的最小壁厚为0.4mm，能有效地节省材料、能源和加工工时。压铸件的重量小至数克，大到几十千克。压力铸造法适用于大批量生产的铸件，生产效率高，生产过程容易实现机械化和自动化，在汽车、仪表、农机、电器、医疗器械等制造行业中得到广泛应用。

压铸模由定模和动模组成。动模上装有顶出铸件机构，有的还装设金属型芯机构以获得铸件的内腔，压铸模合模后型芯处于工作位置，开模时利用开模的动力将型芯自铸件中取出，并将铸件顶出型腔。常用压铸机的合模力为几十至几百吨力，大型压铸机的合模力达5000tf左右。此外，压铸模中还有排气系统、定位机构、温度控制装置等。

2. 压铸机工作原理及应用

压力铸造用的压铸机分热压室压铸机和冷压室压铸机两种。热压室压铸机上的压室浸在液态金属中。压射活塞处于最高位置时金属流入压室，活塞下压，将压室内的金属经鹅颈道压入合紧的压铸模型腔中，并迅速凝固成型。冷压室压铸机的压室与保温炉是分开的。压铸时先将定量液态金属浇入压室，再经压射活塞压入铸型型腔，并凝固成型。热压室压铸机适用于压铸熔点低的铅合金和锌合金铸件，也可用来压铸镁合金铸件。冷压室压铸机适于压铸铝合金、铜合金或镁合金铸件。

（1）热压室压铸机

热压室压铸机的工作过程如图2-24所示。当压射活塞上升时，液态金属通过进口进入压室内。合型后，在压射活塞（向下）的作用下，液态金属沿通道经喷嘴充填压铸型，冷却凝固成型后，开型取出铸件。

热压室压铸机的优点是生产工序简单，效率高；金属消耗少，工艺稳定；压入型腔的金属液较干净，铸件质量好；易于实现自动化。但因压室、压射活塞长期浸在金属液中，影响使用寿命，并会增加金属液的含铁量。故热压室压铸机，目前多用在压铸低熔点金属，如锌、铅、锡等。

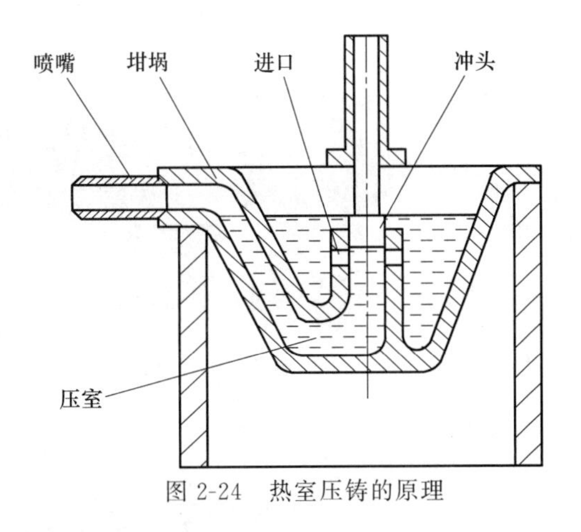

图 2-24 热室压铸的原理

（2）冷压室压铸机

该类压铸机的压室不浸在金属液中，用高压液压缸驱动，其合型力比热压室的大。图 2-25 所示为目前应用较普遍的卧式冷压室压铸机的工作原理图。压铸所用的压铸模是由定模和动模两部分组成，定模是固定在压铸机的定模板上，动模固定在压铸机的动模板上，并可作水平移动，拉杆和芯棒由压铸机上的相应机构控制，可自动抽出芯棒和顶出铸件。

这种压铸机的压室与液态金属的接触时间很短，可适用于压铸熔点较高一些的有色金属，如铜、铝、镁等合金，还可用在黑色金属和半液态金属的压铸。

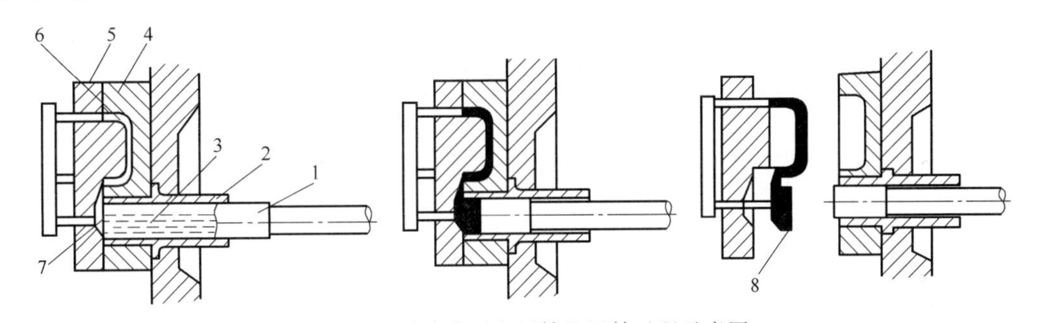

图 2-25 卧式冷压室压铸机压铸过程示意图

1—压射冲头；2—压室；3—液态金属；4—定型；5—动型；6—型腔；7—浇道型腔；8—余料

压铸机的液压传动方案取决于如下主要因素：工作液的种类、压射冲头最高速度、是否实现三级（速度和压力）压射、压射力的调节等。满足这些技术安全要求，必须借助于气路、电路协调控制。在压铸生产中，压铸机、压铸合金和压铸模是三大要素。压铸工艺则是将三大要素做有机的组合并加以运用的过程。使各种工艺参数满足压铸生产的需要。压铸机及其型号如图 2-26 所示。

3. 压力铸造中的关键技术

（1）压力和速度的选择

压射比压的选择，应根据不同合金和铸件结构特性确定，表 2-6 是经验数据。

对充填速度的选择，一般对于厚壁或内部质量要求较高的铸件，应选择较低的充填速度和高的增压压力；对于薄壁或表面质量要求高的铸件以及复杂的铸件，应选择较高的比压和高的充填速度。

（2）浇注温度

浇注温度是指从压室进入型腔时液态金属的平均温度，由于对压室内的液态金属温度测量不方便，一般用保温炉内的温度表示。

热室压铸机/kN：160、250、300、400、580、680、880、1000、1600

冷室压铸机/kN：250、630、1250、1600、1800、3000

图 2-26　压铸机及其型号

表 2-6　常用压铸合金的比压　　　单位：kPa

合金	铸件壁厚＜3mm		铸件壁厚＞3mm	
	结构简单	结构复杂	结构简单	结构复杂
锌合金	30000	40000	50000	60000
铝合金	30000	35000	45000	60000
铝镁合金	30000	40000	50000	65000
镁合金	30000	40000	50000	60000
铜合金	50000	70000	80000	90000

浇注温度过高，收缩大，使铸件容易产生裂纹、晶粒大，还可能造成粘型；浇注温度过低，易产生冷隔、表面花纹和浇不足等缺陷。因此浇注温度应与压力、压铸型温度及充填速度同时考虑。

（3）压铸模的温度

压铸模在使用前要预热到一定温度，一般多用煤气、喷灯、电器或感应加热。在连续生产中，压铸模温度往往升高，尤其是压铸高熔点合金，升温很快。温度过高除使液态金属产生粘模外，铸件冷却缓慢，使晶粒粗大。因此在压铸模温度过高时，应采取冷却措施。通常用压缩空气、水或化学介质进行冷却。

（4）充填、持压和开型时间

① 充填时间。自液态金属开始进入型腔起到充满型腔止，所需的时间称为充填时间。充填时间长短取决于铸件的体积的大小和复杂程度。对大而简单的铸件，充填时间要相对长些，对复杂和薄壁铸件充填时间要短些。充填时间与内浇口的截面积大小或内浇口的宽度和厚度有密切关系，必须正确确定。

② 持压和开型时间。从液态金属充填型腔到内浇口完全凝固时，继续在压射冲头作用

下的持续时间，称为持压时间。持压时间的长短取决于铸件的材质和壁厚。

持压后应开模取出铸件。从压射终了到压铸打开的时间，称为开模时间，开模时间应控制准确。开模时间过短，由于合金强度尚低，可能在铸件顶出和自压铸模落下时引起变形；但开模时间太长，则铸件温度过低，收缩大，对抽芯和顶出铸件的阻力亦大。一般开模时间按铸件壁厚 1mm 需 3s 计算，然后根据实际情况调整。

（5）压铸用涂料

压铸过程中，为了避免铸件与压铸模焊合，减少铸件顶出的摩擦阻力和避免压铸模过分受热而采用涂料，对涂料的要求如下。

① 在高温时，具有良好的润滑性；

② 挥发点低，在 100～150℃时，稀释剂能很快挥发；

③ 对压铸模及压铸件没有腐蚀作用；

④ 性能稳定，在空气中稀释剂不应挥发过快而变稠；

⑤ 在高温时不会析出有害气体；

⑥ 不会在压铸型腔表面产生积垢。

压铸用涂料及配制方法见表 2-7。

表 2-7 压铸用涂料及配制方法

序号	原材料名称	配比/%	配制方法	适用范围
1	胶体石墨 （油剂）		成油	1. 用于铝合金对防粘型效果良好 2. 压射冲头、压室和易咬合部分
2	天然蜂蜡		块状或保持在温度不高于 85℃的熔融状态	用于锌合金的成型表面要求光洁的部分
3	氧化钠水	3～5 97～95	将水加热至 70～80℃再加氧化钠，搅拌均匀	用于由于合金冲刷易产生粘型部位
4	石墨 机油	5～10 95～90	将石墨研磨过筛（200 目）加入 40℃左右的机油并搅拌均匀	1. 用于铝合金 2. 压射冲头、压室部分效果良好
5	锭子油	30～50	成品	用于锌合金作润滑

（6）铸件清理

铸件的清理是很繁重的工作，其工作量往往是压铸工作量的 10～15 倍。因此随压铸机生产率的提高，产量的增加，铸件清理工作实现机械化和自动化是非常重要的。

① 切除浇口及飞边。切除浇口和飞边所用的设备主要是冲床、液压机和摩擦压力机，在大量生产件的情况下，可根据铸件结构和形状设计专用模具，在冲床上依次完成清理任务。

② 表面清理及抛光。表面清理多采用普通多角滚筒和振动埋入式清理装置。对批量不大的简单小件，可用多角清理滚筒，对表面要求高的装饰品，可用布制或皮革的抛光轮抛光。对大量生产的铸件可采用螺壳式振动清理机。

（7）在压铸件及压铸模具设计和使用中，应注意的问题

① 应使铸件壁厚均匀，并以 3～4mm 薄壁铸件为宜，最大壁厚应小于 6～8mm，以防止缩孔、缩松等缺陷。

② 压铸件不能进行热处理或在高温下工作，以免压铸件内气孔中的气体膨胀使得件变

形或破裂。

③ 由于压铸件内部疏松，塑性、韧性差，不适于制造承受冲击件。

④ 压铸件应尽量避免机械加工，以防止内部孔洞外露。

近年来，已研究出真空压铸、加氧压铸等新工艺，它们可减少铸件中的气孔、缩孔、缩松等微孔缺陷，可提高压铸件的力学性能。同时由于新型压铸模材料的研制成功，钢、铁等黑色金属压铸也取得了一定程度的发展，使压铸的使用范围日益扩大。

4. 压铸应用发展趋势

压铸是最先进的金属成型方法之一，是实现少切屑、无切屑的有效途径，应用很广，发展很快。目前压铸材料不再局限于有色金属的锌、铝、镁和铜及其合金，逐渐扩大用来压铸铸铁和铸钢件。

压铸件的尺寸和重量，取决于压铸机的功率。由于压铸机的功率不断增大，铸件形尺寸可以从几毫米到1～2m；重量可以从几克到数十千克。压铸件也不再局限于汽车工业和仪表工业，逐步扩大到其他各个工业部门，如农业机械、机床工业、电子工业、国防工业、计算机、医疗器械、钟表、照相机和日用五金等几十个行业。在压铸技术方面又出现了真空压铸，加氧压铸，精、速、密压铸以及可溶型芯的应用等新工艺。

三、实验器材及材料

① 压铸机；

② 压铸模具、熔化炉及相关的辅助工具等；

③ 铝合金实验材料。

四、实验方法与步骤

① 了解压力铸造的概念、特点、应用范围；

② 实际观察压铸机的分类，压铸设备的结构组成，了解压铸工艺过程及具体操作步骤；

③ 实际了解压铸机液压控制系统的原理及组成，三级压射的实施方法；

④ 实际了解压铸机电控系统组成及原理；

⑤ 实际了解压铸模具的结构和动作过程；

⑥ 了解压铸工艺的新进展、压铸新工艺；

⑦ 根据一些压力铸造企业的概况，了解企业的主要产品、生产规模、技术水平、主要的铸造工艺方法、生产设备、检测分析手段；

⑧ 认识压力铸造生产流水线的各工段，对设备、工艺、铸造流程有清晰的认识；

⑨ 参观模型、模具设计和加工车间，了解模具的设计和加工过程；

⑩ 参观质量管理中心，了解铸件产品质量测试、分析的方法和手段。

五、实验报告要求

实验后完成实验报告，实验报告使用通用格式，并应包含如下内容：

① 实验目的、实验原理等；

② 简述压铸的全过程及压铸原理，并简述铝、镁合金压铸的不同之处；

③ 确定一种压铸件的成型的工艺参数，设计成型模具；

④ 简述压铸技术的最新进展。

实验十八 超声无损检测技术综合实验

一、实验目的

① 了解各种无损检测方法的原理及其适用范围。
② 掌握超声波检测法的基本原理、优点和应用局限性。
③ 能够熟练操作超声无损检测仪器设备进行实验和检测。
④ 掌握超声检测时缺陷信号的辨别和缺陷定位与定量的基本方法。

二、实验原理

无损检测（Non-Destructive Testing，简称 NDT），就是利用声、光、磁和电等特性，在不损害或不影响被检对象使用性能的前提下，检测被检对象中是否存在缺陷或不均匀性，给出缺陷的大小、位置、性质和数量等信息，进而判定被检对象所处技术状态（如合格与否、剩余寿命等）的所有技术手段的总称。无损检测的目的：①确保工件或设备质量。保证设备安全运行，用无损检测来保证产品质量，使之在规定的使用条件下和预期的使用寿命内，产品的部分或整体都不会发生破损，从而防止设备和人身事故。这就是无损检测最重要的目的之一；②改进制造工艺。无损检测不仅要把工件中的缺陷检测出来，而且应该帮助其改进制造工艺。例如，焊接某种压力容器，为了确定焊接规范，可以根据预定的焊接规范制成试样，然后用射线照相检查试样焊缝，随后根据检测结果，修正焊接规范，最后确定能够达到质量要求的焊接规范；③降低制造成本。通过无损检测可以达到降低制造成本的目的。例如，焊接某容器，不是把整个容器焊完后才无损检测，而是在焊接完工前的中间工序先进行无损检测，提前发现不合格的缺陷，及时进行修补。这样就可以避免在容器焊完后，由于出现缺陷而整个容器不合格，从而节约了原材料和工时费，达到降低制造成本的目的。

无损检测技术主要于 20 世纪 50～60 年代开始得到应用，它是在物理学、材料科学、电子学、断裂力学、计算机技术、机械工程、信息技术以及人工智能等学科的基础上发展起来的一门应用工程技术。随着现代工业和科学技术的发展，无损检测技术正日益受到各个工业领域和科学研究部门的重视，不仅在产品质量控制中其不可替代的作用已为众多科技人员和企业界所认同，而且其对运行中设备的在线检测也发挥着重要作用，因而它是对破坏性检测的补充和完善，具有其他方法所不能比拟的优点。与常规破坏性检测相比，无损检测有如下特点：第一，具有非破坏性，因为它在获得检测结果的同时无需损伤被检测对象，不会损害其使用性能。由于检测具有非破坏性，可以在必要时对被检测对象进行 100％的全面检测，这是破坏性检测办不到的；第二，具有全程性，破坏性检测一般只适用于对原材料或部分产品进行检测，而无损检测不仅可对制造用原材料，各中间工艺环节直至最终产成品，甚至正在使用的产品都可进行全程检测，也可对服役中的设备进行检测；第三，具有相容性，这里指各种检测方法的相容性，即同一被测对象可同时或依次采用不同的检测方法，因为无损检测本身不会破坏被测对象，而且还可以重复进行同一检验。

无损检测技术现在已经广泛用于金属材料、非金属材料、复合材料及其制品以及一些电子元器件等的检测。比如，材料、铸锻件和焊缝中缺陷的检查，组合件的内部结构或内部组成情况的检查，材料和机器的计量检测，材质的无损检测，表面处理层的厚度测定和应变测试等。

无损检测技术随着在各应用领域的不断拓展，已经有了很大的发展，一些新的无损检测方法也不断涌现。常用的无损测试技术如下。

1. 超声检测（Ultrasonic Testing，简称 UT）

超声检测的基本原理是：通过超声波与试件相互作用，就反射、透射和散射的波进行研究，对试件进行宏观缺陷检测、几何特性测量、组织结构和力学性能变化的检测和表征，并进而对其特定应用性进行评价的技术。一般是由发射探头向试件发射超声波，由接收探头接收从界面（缺陷或本底）处反射回来的超声波（反射法）或透过试件后的透射波（透射法），以此检测试件部件是否存在缺陷，并对缺陷进行定位、定性与定量。常用的超声检测是脉冲探伤。

超声检测适用于大多数缺陷的检测，但检出容易，定量难，不易发现细小裂纹。另外，由于检测系统存在盲区，故不适合薄板的检测。因此超声检测主要应用于对金属棒材和管材，锻件、铸件和焊缝以及桥梁、房屋建筑等混凝土构建的缺陷检测。

2. 射线检测（Radiographic Testing，简称 RT）

射线检测的基本原理是：利用射线（X 射线、γ 射线或高能射线）在介质中传播时的衰减特性，即当将强度均匀的射线从试件的一面穿入时，由于试件基体与缺陷对射线的衰减特性不同，透过试件后的射线强度将会不均匀，用胶片照相显影后可得到显示试件厚度变化和内部缺陷情况的照片，如用荧光屏代替胶片，可直接观测试件的内部情况从而判断试件表面或内部是否存在缺陷。

射线检测适用于材料内部体积型缺陷，如孔洞、夹杂、未焊透等；对于面积缺陷（如裂纹等）有选择性：即缺陷平面与射线透照方向平行或接近平行时非常适用；而当缺陷平面与射线透照方向垂直时极不敏感，易出现漏检。射线检测主要用于机械兵器、造船、电子、航空航天、石油化工等领域中的铸件、焊缝等的检测。

3. 磁粉检测（Magnetic Particle Testing，简称 MT）

磁粉检测的基本原理是：铁磁性材料和工件被磁化后，由于不连续性的存在，使工件表面和近表面的磁力线发生局部畸变而产生漏磁场，吸附施加在工件表面的磁粉，形成在合适光照下目视可见的磁痕，从而显示出不连续性的位置、形状和大小。

磁力检测适合铁磁性材料的表面缺陷及近表面缺陷的探伤；不适用于非铁磁性材料，如铜、铝、奥氏体钢等。因此磁粉检测主要应用于磁性金属材料铸件、锻件和焊缝的检测等。

4. 渗透检测（Penetrant Testing，简称 PT）

渗透检测的基本原理是：利用毛细管现象和渗透剂对缺陷内壁的浸润作用，使渗透剂进入缺陷中，经去除零件表面多余的渗透剂后，残留缺陷内的渗透剂能吸附显像剂从而形成对比度更高、尺寸放大的缺陷显像，有利于人眼的观测。

渗透检测适用于各种材料表面的开口型缺陷的检测（如裂纹、针孔等）；但不适用多孔型材料，所以渗透检测主要应用于有色金属和黑色金属材料的铸件、锻件、焊接件、粉末冶金件以及陶瓷、塑料和玻璃制品的检测。

5. 涡流检测（Eddy Current Testing，简称 ECT）

涡流检测的基本原理是：将交变磁场靠近导体（被检件）时，由于电磁感应在导体中将感生出密闭的环状电流，此即涡流。该涡流受激励磁场（电流强度、频率）、导体的电导率和磁导率、缺陷（性质、大小、位置等）等许多因素的影响，并反作用于原激发磁场，使其阻抗等特性参数发生改变，从而指示缺陷的存在与否。

涡流检测对导电材料表面和近表面缺陷的检测灵敏度较高，对影响感生涡流特性的各种物理和工艺因素均能实施监测，可在高温、薄壁管、细线、零件内孔表面等其他检测方法不适用的场合实施监测。因此涡流检测主要应用于导电管材、棒材、线材的探伤和材料分选。

6. 声发射检测（Acoustic Emission，简称 AE）

声发射检测的基本原理是：通过接收和分析材料的声发射信号来评定材料的性能或结构完整性。材料中因裂缝扩展、塑性变形或相变等引起应变能快速释放而产生应力波的现象称为声发射。材料在外部因素作用下产生的声发射，被声传感器接收转换成电信号，经放大后送至信号处理器，从而测量出声发射信号的各种特征参数。

声发射法适用于实时动态监控检测，且只显示和记录扩展的缺陷，这意味着与缺陷尺寸无关，而是显示正在扩展的最危险缺陷。这样，应用声发射检验方法时可以对缺陷不按尺寸分类，而按其危险程度分类。声发射检测主要应用于锅炉、压力容器、焊缝等试件中的裂纹检测；隧道、涵洞、桥梁、大坝、边坡、房屋建筑等的在役检（监）测。

7. 红外检测（Infrared Testing，简称 IT）

红外检测的基本原理是：用红外点温仪、红外热像仪等设备，测取目标物体表面的红外辐射能，并将其转变为直观形象的温度场，通过观察该温度场的均匀与否，来推断目标物体表面或内部是否有缺陷。

红外检测适用于检测胶接或焊接件中的脱粘或未焊透部位，固体材料中的裂纹、空洞和夹杂物等缺陷。因此红外检测主要用应于电力设备、石化设备、机械加工过程检测、材料与构件中的缺陷无损检测等。

8. 激光全息检测（Laser Holography Testing，简称 LHT）

激光全息检测是利用激光全息照相来检验物体表面和内部的缺陷。它是将物体表面和内部的缺陷，通过外部加载的方法，使其在相应的物体表面造成局部变形，用激光全息照相来观察和比较这种变形，然后判断出物体内部的缺陷。

激光全息检测主要应用于航空、航天以及军事等领域，对一些常规方法难以检测的零部件进行检测，此外，在石油化工、铁路、机械制造、电力电子等领域也获得了越来越广泛的应用。

本实验主要以超声检测（UT）为研究对象。首先我们要认识超声波，超声波是超声振动在介质中的传播，它的实质是以波动形式在弹性介质中传播的机械振动，超声波被用于无损检测，主要是因为有以下几个特性：

① 超声波在介质中传播时，遇到界面会发生反射；

② 超声波指向性好，频率愈高，指向性愈好；

③ 超声波传播能量大，对各种材料的穿透力较强。

近年来的研究表明，超声波的声速、衰减、阻抗和散射等特性，为超声波的应用提供了丰富的信息，并且成为超声波广泛应用的条件。

在均匀的材料中，缺陷的存在将造成材料的不连续，这种不连续往往又造成声阻抗的不一致，由反射定理可知，超声波在两种不同声阻抗介质的交界面上将会发生反射，利用反射回来的能量大小与交界面两边介质声阻抗的差异，来确定缺陷的大小和方位，这就是通常所说的脉冲反射法或 A 扫描法，所谓 A 扫描显示方式即显示器的横坐标是超声波在被检测材料中的传播时间或者传播距离，纵坐标是超声波反射波的幅值。譬如，在一个钢工件中存在一个缺陷，由于这个缺陷的存在，造成了缺陷和钢材料之间形成了一个不同介质之间的交界面，交界面之间的声阻抗不同，当发射的超声波遇到这个界面之后，就会发生反射，反射回来的能量又被探头接收到，在显示屏幕中横坐标的一定位置就会显示出来一个反射波的波形，横坐标的这个位置就是缺陷在被检测材料中的深度。这个反射波的高度和形状因不同的缺陷而不同，反映了缺陷的性质。此外，除了A扫描法，还有B扫描和C扫描等方法，B扫描可以显示工件内部缺陷的纵截面图形；C扫描可以显示工件内部缺陷的横剖面图形。

超声检测（UT）可以细分为超声波探伤和超声波测厚，以及超声波测晶粒度、测应力等。超声无损检测技术按不同的标准可以分为不同的类别，按其工作原理不同分为：共振法、穿透法、脉冲反射法超声检测；按显示缺陷方式不同分为：A型、B型、C型等超声检测；按选用超声波波型不同分为：纵波法、横波法、表面波法超声检测；按声耦合方式不同分为：直接接触法、液浸法超声检测。其中，脉冲反射法是根据缺陷的回波和底面的回波进行判断，穿透法是根据缺陷的阴影来判断缺陷情况，而共振法是根据被检物产生驻波来判断缺陷情况或者判断板厚。本实验选用超声脉冲反射法对样品进行检测试验，检测原理如图2-27所示，把超声波射入被检物的一面，然后在同一面接收从缺陷处反射回来的回波，根据回波情况来判断缺陷的情况。

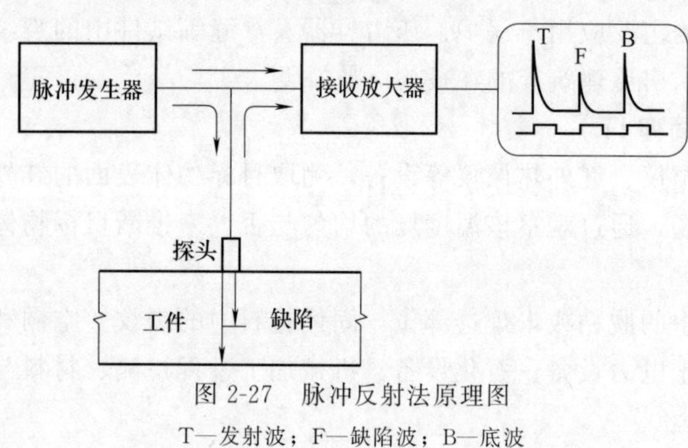

图2-27　脉冲反射法原理图

T—发射波；F—缺陷波；B—底波

在超声波检测中，为了根据回波幅度大小评估缺陷大小，当被检工件尺寸较小，落在超声场的近场区范围时，由于近场区内的声压分布变化不均匀，声压反射无规律，因此需要采用参考对比试块进行比较评定：而在超声场的远场检测时，由于远场中的声压随着距离的增大呈单调下降变化，其回波声压变化是有规律可循的，因此可以采用计算方法［见式(2-3)］或事先绘制好的距离——波幅曲线(称作AVG法或DGS法）来确定检测灵敏度以及评定缺陷的当量大小。

$$\Delta_{dB}=40\lg[(\phi_F/\phi_B)(x_B/x_F)] \tag{2-3}$$

式中，Δ_{dB}为缺陷最大回波超过基准波高的增益值，dB；x_B为工件厚度；x_F为缺陷埋藏深度；ϕ_B为设定检测灵敏度的平底孔直径；ϕ_F为待求缺陷的平底孔当量大小。所谓当量大小，是指缺陷的回波幅度与一定尺寸人工反射体的回波幅度相同，但是缺陷的实际尺寸与标准人工反射体的尺寸并不相同，这是因为缺陷的回波幅度大小受被检工件材料以及缺陷自身性质、大小、形状、分界面取向、表面状态等多种因素的影响，同时还与超声波的自身特性有关，因此引入了“当量（相当的量)”这个概念作为定量衡量缺陷大小的标准。超声波脉冲反射法检测的基本原则是尽可能使超声波束与工件中缺陷的延伸方向垂直或者说与缺陷面垂直，此时能获得最佳反射，缺陷检出率最高。因此，在被检工件上应选择能使超声波束尽量与可能存在的缺陷及其延伸方向垂直的工件表面作为检测面。

超声波探头是超声波探伤仪的重要附件，工程上所用的探头分为直探头和斜探头两种探头又叫作换能器，探伤仪发射出来的是高频电脉冲，利用探头上的压电晶体（常用锆钛酸铅）将电脉冲转换成机械振动——超声波。探头又可以将由工件上接收到的超声波转换成电脉冲，输给接收放大电路，再加于示波管上。多数情况下，检测大厚度的试件时，采用大直径探头较为有利；检测厚度较小的试件时，则采用小直径探头较为合理。应根据具体情况，选择满足检测要求的探头；接触法时，为了实现较好的声耦合，一般要求检测面的表面粗糙度不高于6.3μm，表面平整均匀，无划伤、油垢、污物、氧化皮、油漆等。当在试块上调节检测灵敏度时，要注意补偿试块与工件之间因曲率半径和表面粗糙度不同引起的耦合损失，试件检测时，常用机油、糨糊、甘油等作耦合剂，当试件表面粗糙时也可选用黏度更大的水玻璃作耦合剂。水浸法时，对检测表面的要求低于接触法。

超声检测（UT）是无损检测中应用最为广泛的方法之一，具有适应性强、检测灵敏度高、使用灵活、对人体无害、成本低廉、设备轻巧、可及时得到探伤结果等特点，适合在车间、水下和野外等各种环境下工作，并能对正在运行的装置和设备进行在役检测。就无损探伤而言，超声法适用于各种尺寸的锻件、轧制件、焊缝和某些铸件，无论是钢铁有色金属和非金属都可以采用超声法进行检测，包括各种机械零件、结构件、船体、电站设备、压力和化工容器、锅炉、非金属材料等；就物理性能检测而言，用超声法可以无损检测厚度、材料硬度、淬硬层深度、晶粒度、液位和流量、残余应力和胶接强度等。近年来的研究表明，超声波的声速、衰减、阻抗和散射等特性为超声波的应用提供了丰富的信息，进一步促进了超声波技术在无损检测中的广泛应用，超声无损检测技术的典型应用如下。

① 锻件检测：锻件中的缺陷主要来源于两个方面，一方面，材料铸造过程中形成的缩孔、缩松、夹杂及偏析等；热处理中产生的白点、裂纹和晶粒粗大等。另一方面，锻件的种类和规格繁多，常见的类型有饼盘件、环形件、轴类件和筒形件等。锻件中的缺陷多呈现面积形或长条形的特征。由于超声检测技术对面积形缺陷检测最为有利，因此，锻件是超声检测实际应用的主要对象。根据锻件超声检测的特点，锻件可采用接触法或液浸法进行检测。锻件的组织很细，由此引起的声波衰减和散射影响相对较小。因此，锻件上有时可以应用较高的检测频率（＞10MHz），以满足高分辨力检测的要求，以及实现较小尺寸缺陷检测的目的。

② 铸件检测：铸件具有组织不均匀、组织不致密、表面粗糙和形状复杂等特点，因此常见缺陷有孔洞类（包括缩孔、缩松、疏松、气孔等）、裂纹冷隔类（冷裂、热裂、白带、冷隔和热处理裂纹）、夹杂类以及成分类（如偏析）等。铸件的上述特点，形成了铸件超声检测的特殊性和局限性。检测时一般选用较低的超声频率，如0.5～2.0MHz，因此检测灵敏度也低，杂波干扰严重，缺陷检测要求较低。铸件检测常采用的超声检测方法有直接接触法、液浸法、反射法和底波衰减法。

③ 焊接接头检测：许多金属结构件都采用焊接的方法制造。超声检测是对焊接接头质量进行评价的重要检测手段之一。焊缝形式有对接、搭接、T形接、角接等。焊缝超声检测的常见缺陷有气孔、夹渣、未熔合、未焊透和焊接裂纹等。焊缝探伤一般采用斜射横波接触法，在焊缝两侧进行扫查。探头频率通常为2.5～5.0MHz。发现缺陷后，即可采用三角法对其进行定位计算。仪器灵敏度的调整和探头性能测试应在相应的标准试块或自制试块上进行。

④ 复合材料检测：复合材料是由两种或多种性质不同的材料轧制或黏合在一起制成的。其黏合质量的检测主要有接触式脉冲反射法、脉冲穿透法和共振法。脉冲反射法适用于复合材料是由两层材料复合而成，黏合层中的分层多数与板材表面平行的情况。用纵波检测时，黏合质量好的，产生的界面波会很低，而底波幅度会较高；当黏合不良时，则相反。

⑤ 非金属材料的检测：超声波在非金属材料（木材、混凝土、有机玻璃、陶瓷、橡胶、塑料、砂轮、炸药药饼等）中的衰减一般比在金属中的大，多采用低频率检测，一般为20～200kHz，也有用2.0～5.0MHz的。为了获得较窄的声束，需采用晶片尺寸较大的探头。塑料零件的探测一般采用纵波脉冲反射法；陶瓷材料可用纵波和横波探测；橡胶检测频率较低，可用穿透法检测。

三、实验器材及材料

① 超声无损检测探伤仪；

② 金相制样设备、金相显微镜；

③ 耦合剂（甘油或机油）；

④ 厚度100cm左右的带自然缺陷锻件试样（碳钢或低合金钢均可）；

⑤ 钢尺等。

四、实验方法与步骤

① 连接探头和超声波探伤仪，接通电源，预热至少3min，把仪器设置为正常探伤工作状态，设置好条件参数（探头、检测工件等参数）；

② 把探头平稳耦合在探测面上无缺陷处，测量材料的声速、探头延迟等参数（详见仪器操作手册）；

③ 在仪器的AVG曲线制作界面以大平底为参考尺寸，$\phi1.2$mm为曲线参数，把探头平稳耦合在探测面上无缺陷处，调整增益使B回波高度达到80%FSH，移动闸门套住B回波，按下“记录”按钮，然后按下“完成”按钮，制作出AVG曲线。如果试样上有相近的不同厚度，可在最大厚度方向的探测面上制作出AVG曲线；

④ 正确选择探测面，对于矩形锻件至少应选择x、y、z三个面，对于圆柱形锻件，至少选择一个端面和360°周面，在探伤面上均匀涂抹耦合剂，操作探头进行扫查，注意探头移动间距不大于1/2探头直径，保证覆盖全部探测面，探测中注意在手持探头移动扫查时，眼睛不能离开荧光屏；

⑤ 发现有缺陷回波时，应在相对面探测证实并及时用石笔或记号笔在对应位置做好标记并进行仔细评定；

⑥ 对缺陷进行评定，评定内容包括：

a. 缺陷埋藏深度x。在用闸门套住缺陷最大回波时，可在液晶显示屏上直接读出缺陷埋藏深度和缺陷的平底孔当量大小；

b. 缺陷在探测面上的投影位置。基本上可取直探头中心点对应探测面上的位置；

c. 缺陷定量。记录缺陷最大回波超过基准波高的增益值Δ_{dB}，按照式（2-3）计算缺陷的平底孔当量大小。

⑦ 做好缺陷记录。绘图记录缺陷在探测面上的分布位置、最大缺陷平底孔当量大小。如果有多个缺陷，应记录缺陷数量及各缺陷在探测面上的分布位置、缺陷的平底孔当量大小；

⑧ 根据分析结果，并对被测试件进行解剖对比验证，利用金相观察法检查试样中所含缺陷的情况，建立夹杂物缺陷与频谱、幅值之间的对应关系，提出夹杂物大小的基本判据。

注意事项：

① 将探头连接至探伤仪之前，应先目视检查直探头的保护膜有无裂纹以及因使用磨损导致的高低偏斜（保护膜外圈铜套磨损不均匀）。此外，还应用直尺和塞尺测量探头接触表面的平直度，如果有间隙或者间隙较大，说明探头接触表面的平直度不好，其激发的声场形状参数也然会有变化，此时应更换探头；

② 在实验过程中注意对超声探头的保护，不要摔打。连接或拆卸探头线时，按照螺纹方向扭动，不要直接用力插拔；

③ 实验过程中，防止摔坏仪器和试块，注意自身安全。

五、实验报告要求

实验后完成实验报告，实验报告使用通用格式，并应包含如下内容：

① 实验目的、实验原理等；

② 简述无损检测的几种基本方法及其原理和各自的适用范围；

③ 阐述超声无损检测技术的基本原理及其过程；

④ 详细写出实验的具体操作步骤，实验参数的选择等；

⑤ 描绘超声波检测法的检测结果，标明缺陷的位置，并评定缺陷大小；

⑥ 将超声无损检测法测得的结果与金相观察方法所获得的实验结果进行比对和评判，分析实验中可能存在的问题并提出改进意见。

实验十九 不同参数挤压过程中金属流动及挤压力的测定

一、实验目的

① 掌握挤压变形过程中金属流动规律的测量方法。

② 学会分析轴对称挤压时金属流动区域的特性和产生原因。

③ 分析变形过程挤压力的变化情况，掌握测量挤压时挤压力的测量方法。

④ 学会分析各种工艺因素对金属流动与挤压力的影响。

二、实验原理

挤压（Extrusion，又称挤压成形）是指用冲头或凸模对放置在凹模中的坯料加压，使之产生塑性流动，从而获得相应于模具的型孔或凹凸模形状的制件的一种压力加工方法。挤压按坯料成形温度分有热挤压、冷挤压和温挤压三种：金属坯料处于再结晶温度以上时的挤压为热挤压；在常温下的挤压为冷挤压；高于常温但不超过再结晶温度下的挤压为温挤压。按坯料的塑性流动方向，挤压又可分为：流动方向与加压方向相同的正挤压，流动方向与加压方向相反的反挤压，坯料向正、反两个方向流动的复合挤压。挤压成形材料利用率高，材料的组织和力学性能得到改善，操作简单，生产率高，可制作长杆、深孔、薄壁、异型断面零件，是重要的少、无切削加工工艺。

因为挤压制品的组织性能、表面质量、形状尺寸和模具的设计原则都与挤压力密切相关，而挤压力的变化与金属质点的流动有关。因此，研究金属在挤压时的挤压力的变化规律是非常重要的。在填充阶段，随着挤压轴行程的变化，金属质点呈轴向流动，挤压力逐渐上

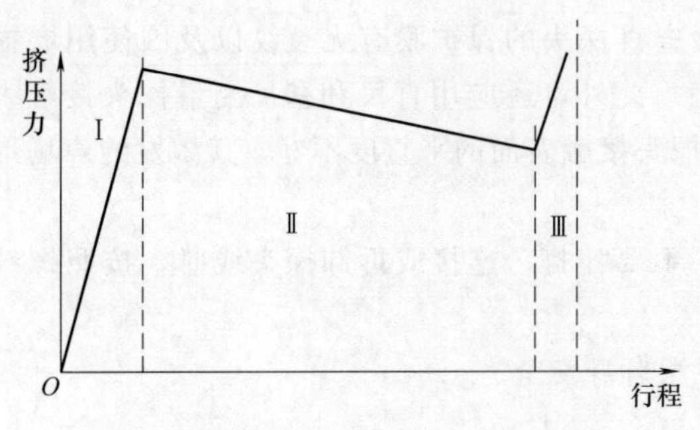

图 2-28 挤压力随着挤压轴行程变化

I—填充；Ⅱ—稳定挤压；Ⅲ—挤压终了

升。当金属填充满挤压筒后，挤压力达到最大值 P_{max}，随着挤压轴行程的进一步变化，挤压进入基本挤压阶段，金属质点呈纵向平稳流动，挤压力逐渐下降，直到进入终了挤压阶段，挤压力开始上升，金属又进入到紊流阶段（图 2-28）。所以，通过对整个挤压过程的研究，可以了解实际金属的流动情况，分析其对金属制品的组织和性能的影响。

研究挤压时金属流动规律的实验方法有很多种：如坐标网格法、观察塑性法、硬度法、光塑性法、金相法、莫尔条纹法等，其中最常用的是坐标网格法，本实验将采用这种方法。多数情况下，金属的塑性变形是不均匀的。若将变形体分割成有限数量的单元体，且单元体可以足够小，则可近似地认为在某一单元体及其附近单元发生的变形是均匀变形，于是借此均匀变形理论来解释不均匀变形过程，即为坐标网格法的理论基础。应用网格法时，网格应尽可能小，但考虑到单晶体的各向异性的影响，一般取 5mm 的边长、1～2mm 的深度。坐标网格法是研究金属塑性变形分布应用最广泛的一种方法，其实质是把模型毛坯制成对分试样，变形前在试样的一个剖分面上刻上坐标网格如图 2-29 所示。变形后根据网格变化计算相应的应变，也可由此得到应变分布。坐标网可划成正方形或圆形，其尺寸根据坯料尺寸及变形程度确定，一般在 2～10mm 之间。图 2-30 为挤压成形后纵剖面的网格变化情况。

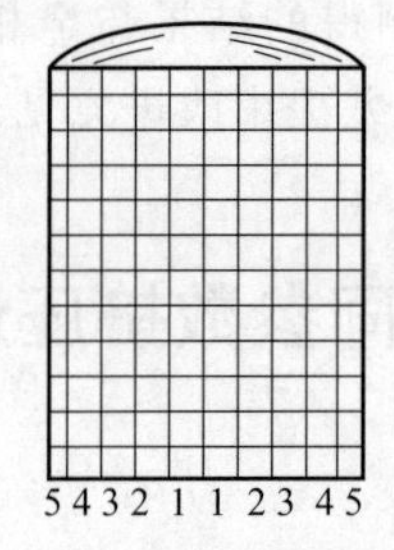

图 2-29 挤压之前剖分面上的坐标网格

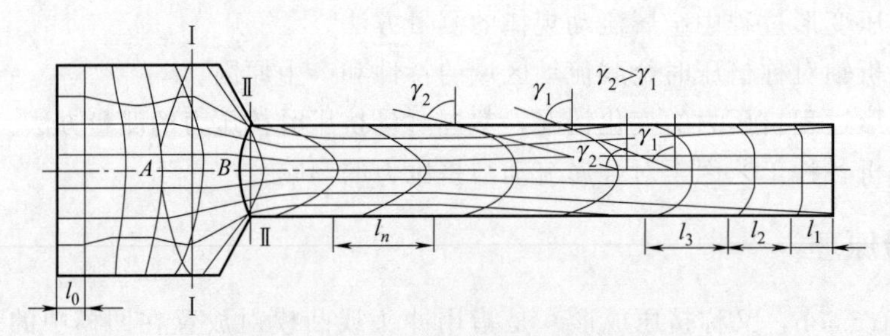

图 2-30 挤压后剖分面上的坐标网格

图 2-31 为金属挤压变形后单元坐标网格的变化。如图 2-31（a）所示，在正方形坐标网格内刻有内切圆。若变形时坐标面上无剪应力，则正方形变成了矩形，内切圆变成了内切椭圆［图 2-31（b）］，椭圆轴的尺寸和方向反映了主变形的大小和方向（即主轴的方向）。若坐标面上作用有剪应力，则正方形变成了平行四边形，内切圆变成了内切椭圆，切点不在椭圆的顶点，如图 2-31（c）所示其中实线框为剪应力较小的情况，虚线框为剪应力较大的情况。椭圆的轴与新的主应力方向重合，只要测出变形后椭圆的尺寸 r_1、r_2，便可按照式（2-4）计算应变 ε_1 和 ε_2，即：

$$\varepsilon_1=\ln\frac{r_1}{r_0},\varepsilon_2=\ln\frac{r_2}{r_0} \tag{2-4}$$

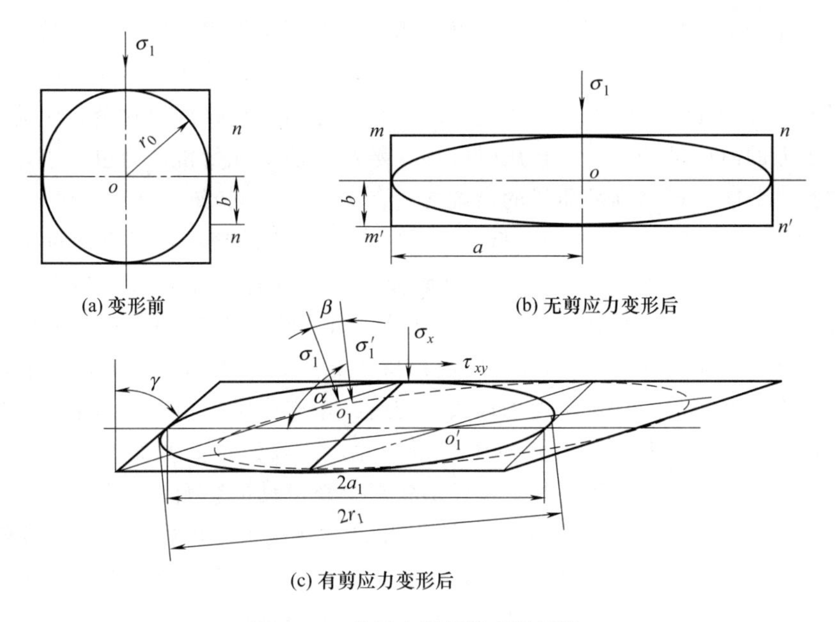

(a) 变形前　(b) 无剪应力变形后

(c) 有剪应力变形后

图 2-31　单元坐标网格变形情况

如果 r_1、r_2 难以测准，则可测量平行四边形的边长 a_1、b_1 和剪切角 γ，然后由式（2-5）、式（2-6）换算出 r_1 和 r_2，即：

$$r_1=\sqrt{\frac{1}{2}\left[a_1^2+\left(\frac{b_1}{\sin\gamma}\right)^2\right]+\frac{1}{2}\sqrt{\left[a_1^2+\left(\frac{b_1}{\sin\gamma}\right)^2\right]^2-4a_1^2b_1^2}} \tag{2-5}$$

$$r_2=\sqrt{\frac{1}{2}\left[a_1^2+\left(\frac{b_1}{\sin\gamma}\right)^2\right]-\frac{1}{2}\sqrt{\left[a_1^2+\left(\frac{b_1}{\sin\gamma}\right)^2\right]^2-4a_1^2b_1^2}} \tag{2-6}$$

依次测量挤压成形后试样纵剖面不同结点位置平行四边形的边长 a_1、b_1 和剪切角 γ，代入上述表达式即可获得金属挤压成形的应变分布图。

在挤压的过程中，影响金属流动和挤压力的因素很多，主要有金属材料的变形抗力、摩擦与润滑、模具结构与形状、变形温度、变形程度、变形速度、锭坯长度以及金属品种等。

① 变形抗力。正挤压过程可以分为开始挤压（也称填充挤压阶段）、基本挤压（也称平流挤压阶段）和终了挤压（也称缩尾挤压阶段或紊流挤压阶段）三个阶段，在开始挤压阶段金属受挤压轴的压力后，首先充满挤压筒与模孔，挤压力呈直线上升趋势；基本挤压阶段筒内锭坯的内部与外部金属之间基本上不发生交错流动，锭坯的外层金属流出模孔后仍在制品的外层而不会流到制品的中心，锭坯任一横断面上的金属质点皆以同一速度或一定的速度差进入变形区压缩锥。靠近挤压垫片和模具角落处的金属不流动，形成难变形区，因而挤压力随着锭坯长度的减小而直线下降；终了挤压阶段，锭坯的外层金属向其中心剧烈流动，同时两个难变形区中的金属也向模孔流动，形成挤压所特有的缺陷“挤压缩尾”，挤压力又重新开始上升。反挤压时，由于锭坯表面与挤压筒壁间不存在摩擦，因此在挤压过程中挤压力保持不变，塑性变形区很小且集中在模孔附近，金属流动较正挤压时的要均匀得多。

② 摩擦与润滑。挤压筒壁的摩擦对挤压金属流动具有非常大的影响。一般来讲，随着摩擦增加，金属流动不均匀程度增加，金属与挤压筒、挤压模表面之间的摩擦阻力增加，从而使挤压力增加；而当挤压筒壁上的摩擦较小时，变形区也很小且集中在模孔附近。所以，

一般情况下，无润滑挤压时，产生很大的摩擦阻力，变形扩展很深，金属流动不均匀；润滑挤压时，摩擦阻力小，变形区在模孔附近，金属流动较均匀；挤压管材时，锭坯中心部分受穿孔针摩擦力和冷却作用，降低了其流动速度，挤压管材时比挤压棒材金属流动要均匀。摩擦阻力是挤压力的组成部分，润滑挤压时摩擦系数小，所消耗的挤压力也较小，因此，提高润滑减小摩擦是节能与提高制品质量的措施之一。

③ 模具结构与形状。a. 挤压模：挤压生产时，最常用的挤压模具有两种类型，平模和锥模。模角增大，挤压时死区高度增大，金属流动间的摩擦作用增大，当模角在 45°～60°时，挤压力最小；当模角增大到 90°时，金属流动最不均匀，挤压力升高，所以，锥模挤压时要比平模挤压时金属流动均匀；b. 挤压筒：挤压宽厚比较大的产品时，由于模口通道狭窄，导致金属流动不均匀，且挤压力也很大，因此，生产中常采用内孔为扁椭圆形的挤压筒代替圆形内孔挤压筒；c. 挤压垫片：对于挤压垫片，一般设计为凹面形状，可适当增加金属的流动均匀性，总体上说挤压垫片工作面形状对金属流动的影响不够明显。

④ 变形速度：冷挤压时，挤压速度对挤压力的影响较小；热挤压时，通常随挤压速度增加，挤压力会增加，那是因为热挤压时，金属在变形过程中产生的硬化可以通过再结晶软化，但这需要充分的时间，当挤压速度较大时，软化来不及进行，导致变形抗力增加，使挤压力增加。随着挤压的继续进行，由于金属来不及冷却，变形区的金属温度甚至可能提高，挤压力则会逐渐降低；如果挤压速度较低，由于筒内金属的冷却，变形抗力会增大，挤压力也可能一直上升，直至有可能超过突破压力 P_{max}。

⑤ 变形程度：随着变形程度增加，锭坯中心层与表层金属的流动速度差增加，金属流动的均匀性下降，挤压力与变形程度呈正比升高，从而导致网格横线变得更为陡峭，由抛物线形转变为一条近似的折线。一般情况下，挤压速度大，加剧金属不均匀流动，金属来不及软化，进而加快了加工硬化，使金属塑性降低。

⑥ 变形温度：对多数金属而言，随着锭坯温度升高，摩擦系数增大，金属流动不均匀。由于不同金属的导热性不同导致变形抗力不同，若导热系数较高，锭坯内外层金属的温差较小，变形抗力则接近一致；若金属导热性低，锭坯断面上温度若分布不均匀，金属的变形抗力则也就不同。挤压筒温度升高，金属流动更趋于均匀，因为挤压筒温度升高，使锭坯内外层温度差减小，挤压时金属内外层变形抗力趋于一致，使得挤压过程中的金属流动均匀。对传热系数低的金属，锭坯径向上的温度分布和硬度分布都很不均匀，其金属流动不均匀程度就更严重。

⑦ 锭坯长度：正向挤压时，锭坯长度对挤压力的大小有一定的影响，因为锭坯与挤压筒壁之间存在着较大的摩擦，锭坯越长，摩擦越大，挤压力相应也就越大。

⑧ 金属品种：不同金属强度不同，在挤压时会因为强度和挤压温度导致挤压力和金属质点的流动情况也不相同。一般而言，强度高的金属比强度低的金属流动均匀，对同一种金属，低温时强度高，其金属流动要比高温时的均匀。

三、实验器材及材料

① 500kN 液压伺服万能材料试验机；

② 挤压专用模具；

③ 游标卡尺、钢尺、锯弓、砂纸和颜料等；

④ ϕ34.5mm×70mm 组合式铅锭；

⑤ 润滑剂：蓖麻油、石墨、机油、滑石粉，清洗锭坯和工具用汽油。

四、实验方法与步骤

① 选取一套剖分好的纯铅试样擦拭干净，测量并记录实际试样尺寸；
② 将试样分开并进行拍照，对原始坐标网格进行计算；
③ 取其中平整光滑的一块，画出中心线，然后画出正方形网格；
④ 用汽油轻轻擦拭干净网格组合面上的油污，然后涂上色彩，描出网格，干燥后使用；
⑤ 将对应铅锭合并后装入挤压专用模具内，并置于实验机工作台面上；
⑥ 实验机工作，对剖分试样进行室温挤压变形，保存力-时间曲线及相关数据；
⑦ 最后对变形后试样进行剪切，对纯铅试样中心剖面的网格进行拍照、计算并分析前后的变化；
⑧ 改变挤压参数，重复上述实验，直至所有实验结束。

五、实验报告要求

实验后完成实验报告，实验报告使用通用格式，并应包含如下内容：
① 实验目的、实验原理等；
② 记录各次实验条件及实验数据，计算相关实验数据；
③ 对比挤压前后照片、并标明坐标点与网格的变化，定性描述室温挤压过程金属流动规律并进行分析与讨论；
④ 对比挤压力曲线图，分析挤压参数改变对挤压力大小的影响；
⑤ 总结实验结果并简述具有的规律性。

实验二十 电火花成形与线切割加工

一、实验目的

① 了解数控线切割、电火花成形的加工原理、特点和应用以及线切割编程方法和技术。
② 了解计算机辅助加工的概念和加工过程。
③ 熟悉数控线切割机床、电火花机床的操作方法。

二、实验原理

1. 电火花成形加工

（1）电火花成形加工的基本原理

早在19世纪，人们就发现电器开关的触头在使用过程中会烧损，电火花加工正是基于这种脉冲放电的蚀除原理。如图2-32所示。放电蚀除的物理过程是电磁学、热力学、流体力学等的综合作用过程，大致可分为电离、放电、热熔、金属抛出和消电离等阶段。

工件1与工具4分别连接脉冲电源的两个输出端。脉冲电源2使工具电极和工件间经常保持一个很小的放电间隙。电极的表面是凹凸不平的，当脉冲电压加到两电极上时，当时条件下某一相对间隙最小处或绝缘强度最低处的工作介质将最先被电离为负离子和正离子而被击穿，形成电通道，电流随即剧增，在该部位产生火花放电，瞬间的高温使工件和工具表面都被蚀除掉一小部分金属，单个脉冲经过上述过程，完成了一次脉冲放电，而在工件表面留下一个带有凸边的小凹坑，这样以很高频率连续不断地重复放电，工具电极不断向工件进给，就可将工具的形状复制在工件上，加工出所需的零件。

（2）基本概念

脉冲电源：电火花加工为瞬间放电的腐蚀加工，需要图 2-33 的脉冲电源形式，t_i 为脉冲宽度，t_0 为脉间宽度，t_p 为脉冲周期，u_i 为空载电压。

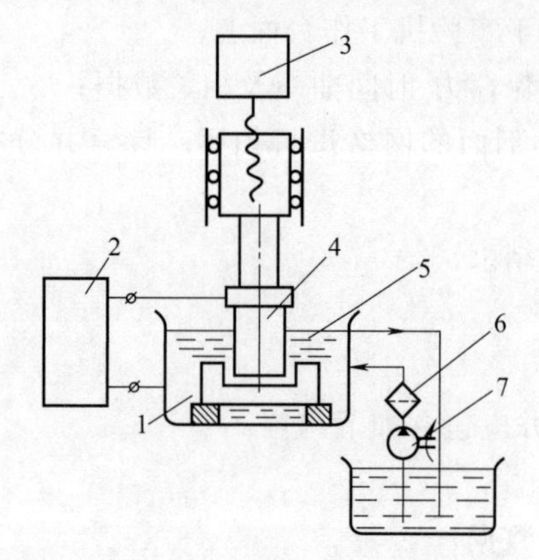

图 2-32 电火花加工原理

1—工件；2—脉冲电源；3—自动进给装置；4—工具；5—工作液；6—过滤器；7—工作液泵

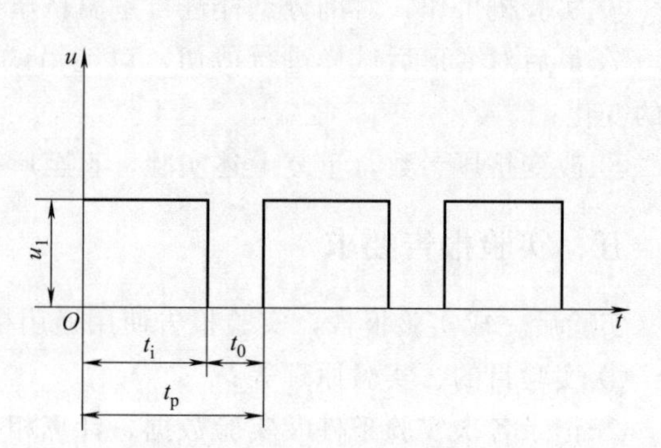

图 2-33 脉冲电源电压波形

正极性加工：工件电极接脉冲电源正极的加工方式。

负极性加工：工件电极接脉冲电源负极的加工方式。

加工速度：单位时间内蚀除金属的质量或体积。

电极相对损耗：工具电极的蚀除速度与工件电极的蚀除速度之比。不同的极性、不同的脉冲速度，电极的相对损耗不同，如图 2-34 所示。正极性加工，相对电极损耗中等，负极性加工，长脉冲时相对电极损耗小，短脉冲时相对电极损耗大。

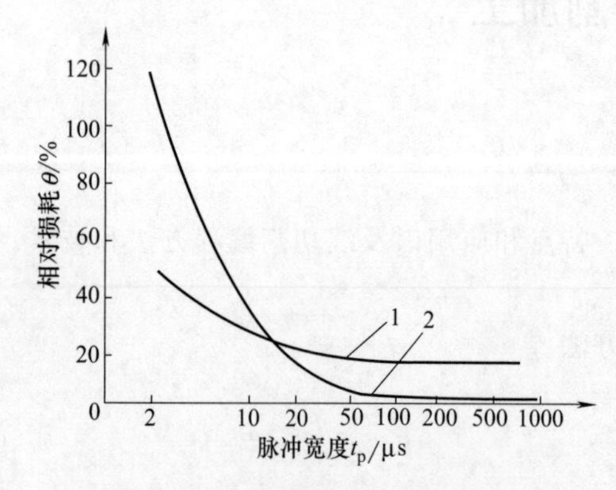

图 2-34 电极相对损耗于极性加工

1—正极性加工；2—负极性加工

（3）放电蚀除的极性效应

在电火花加工过程中，无论是正极或负极，都会受到不同程度的腐蚀，但往往两极的腐蚀速度是不一样的，我们把这种效应叫作极性效应。在生产中，我们通常把工件接脉冲电源正极的加工叫正极性加工，反之叫负极性加工。

产生极性效应的主要原因是：正负两极表面分别受到电子和正离子的轰击，由于电子的质量轻惯性小，容易获得很高的加速度和速度，在击穿放电的初始阶段就有大量的电子奔向正极，并轰击正极表面而蚀除金属。正离子则因质量和惯性大，起动较慢，在击穿发电的初期，大量的正离子尚未来得及到达负极表面，所以传递给负极的能量要远远小于电子传递给正极的能量。在用短脉冲加工时，负离子（电子）很快到达并轰击正极表面蚀除金属，而正离子因速度低尚未到达负极表面，此时，工件应接正极。反之，在长脉冲加工时，工件接负极。

(4) 电火花成形加工电极设计与制造

电极尺寸应小于工件型腔断面尺寸一个放电间隙值。尺寸计算公式为：

$$\alpha = A \pm Kb$$

式中 α——电极水平尺寸；

A——型腔图样尺寸；

$\pm$——按电极的缩放原理选择；

K——与型腔尺寸标注方式相关的系数，直径方向（双边）$K=2$，半径方向（单边）$K=1$；

b——电极单边缩放量（包括平动量）。

$$b = S_L + H_{max} + h_{max}$$

S_L——电火花加工时的单边加工间隙；

H_{max}——前一规准加工时表面微观不平度最大值；

h_{max}——本规准加工时表面微观不平度最大值。

例如，图 2-35 为塑料模凹模、型腔尺寸，设计电极的结构尺寸。选机床平动量为 0.15mm，放电间隙为 0.05mm。

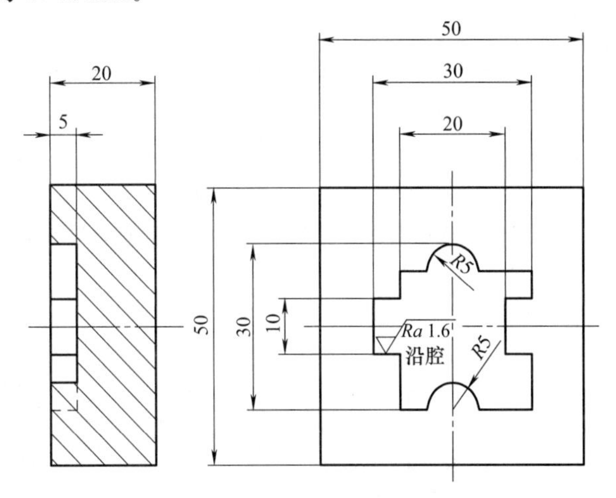

图 2-35 塑料膜凹膜、型腔尺寸

根据电极设计相关知识，电极尺寸如图 2-36 所示。

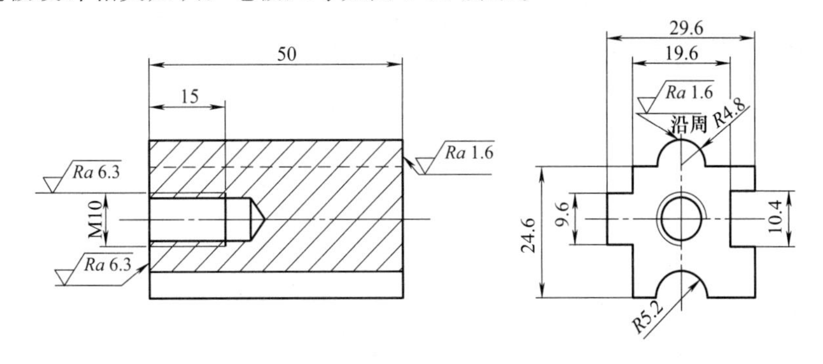

图 2-36 电极尺寸

(5) 电火花成形加工电规准选择

在电火花成形加工中，电规准主要有电流、电压、间隙、脉冲宽度等。粗加工时，选用长脉冲，大电流。精加工时，选用短脉冲，小电流。不同的加工材质，电规准选择也不一样。图2-37是脉冲宽度、电流峰值与表面粗糙度的关系曲线。图2-38为脉冲宽度、电流峰值与单边间隙的关系曲线。平动功能有利于提高加工件的表面粗糙度。

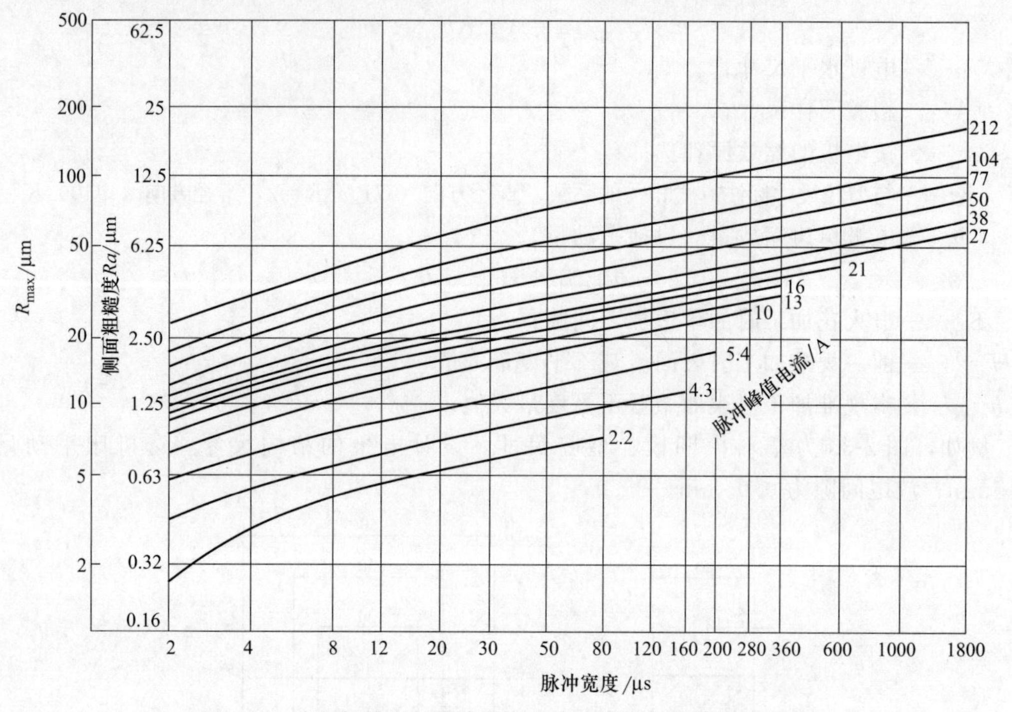

图2-37 表面粗糙度与脉冲宽度和脉冲峰值电流的关系曲线

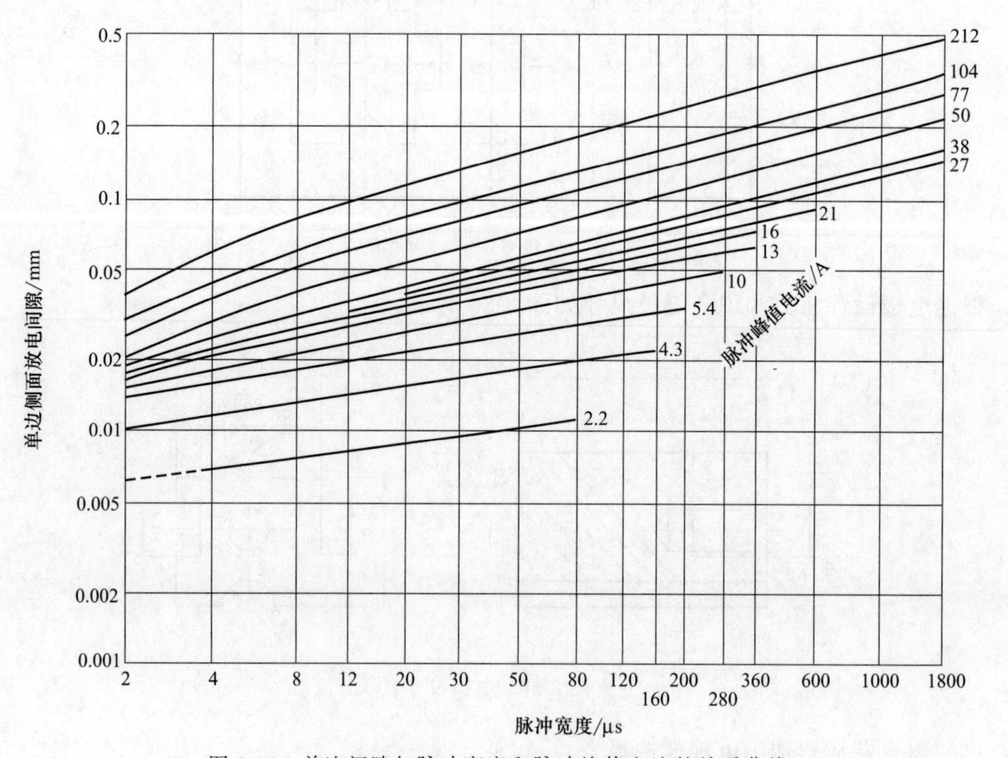

图2-38 单边间隙与脉冲宽度和脉冲峰值电流的关系曲线

2. 线切割加工

（1）线切割加工原理

线切割（也叫电火花线切割）与电火花成形加工原理相同，利用电极间的放电火花，产生高温，使金属熔化进行加工，不同的是这里的工具电极是丝状的。工作原理如图 2-39 所示。

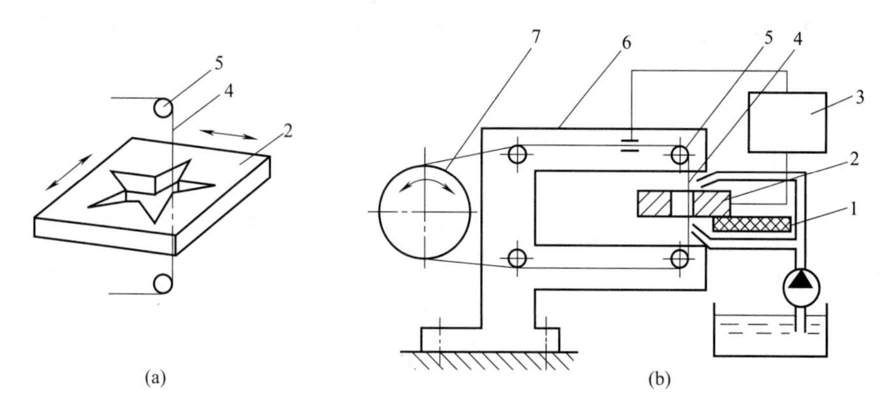

图 2-39 电火花线切割原理

1—绝缘板；2—工件；3—脉冲电源；4—钼丝；5—导向轮；6—支架；7—储丝筒

（2）3B 程序编写

线切割加工程序可用 G 代码编写，也可用 3B 格式编写，目前应用较多的还是 3B 格式，下面介绍 3B 编程方法。

3B 编程格式：BXBYBJGZ

B 为分隔符号。因为 X、Y、J 均为数字，需用分隔符将其分开。

X、Y 为加工要素坐标值，单位为 μm。加工圆弧时，X、Y 为圆弧起点坐标，坐标原点为圆心。加工直线时，X、Y 为直线终点坐标，坐标原点为直线起点。X、Y 可同时放大或缩小。

J 为计数长度，G 为计数方向。加工直线时，以起点为原点，若终点坐标 $X>Y$，则取 $J=X$，G 为 GY，若终点坐标 $X<Y$，则取 $J=Y$，G 为 GX。加工圆弧时，以圆心为坐标原点，若终点坐标 $X>Y$，计数方向取 GY，计数长度为圆弧在 Y 轴上投影总和；终点坐标 $X<Y$，计数方向取 GX，计数长度为整个圆弧在 X 轴上的投影总和。

Z 为加工指令，共 12 种。加工直线时，以起点为坐标原点，若直线在Ⅰ、Ⅱ、Ⅲ、Ⅳ象限，分别记作 L_1、L_2、L_3、L_4。加工圆弧时，以圆心为坐标原点，圆弧起点在Ⅰ、Ⅱ、Ⅲ、Ⅳ象限，若顺时针加工，分别记作 SR_1、SR_2、SR_3、SR_4，若逆时针加工，分别记作 NR_1、NR_2、NR_3、NR_4。

以图 2-36 为例，编写 3B 加工程序。假定线切割坯料的尺寸为宽 32mm 的条料，厚度为 50mm，起点在工件左下角距离边缘 A 处，沿轮廓逆时针切割。分析计算得出各段的尺寸如图 2-40 所示。程序为：

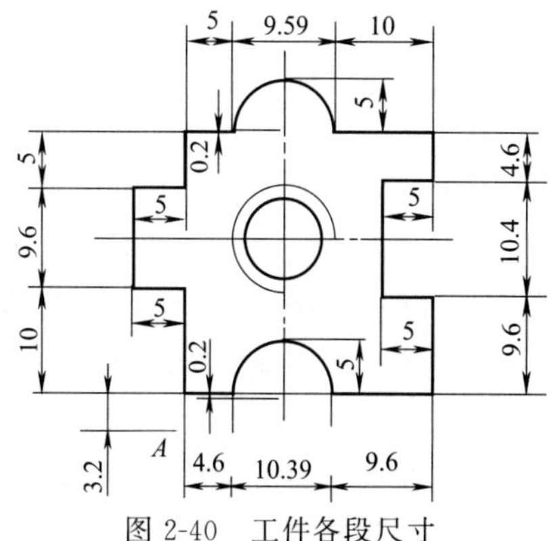

图 2-40 工件各段尺寸

BBB003200GYL2；

BBB004600GXL1；

B5195B20B010000GYSR2；

BBB009600GXL1；

BBB009600GYL2；

BBB005000GYL3；

BBB010400GYL2；

BBB005000GXL1；

BBB004600GYL2；

BBB010000GXL3；

B4795B200B010000GYNR4；

BBB005000GXL3；

BBB005000GYL4；

BBB005000GXL3；

BBB009600GYL4；

BBB005000GXL1；

BBB010000GYL4；

BBB003200GYL4。

三、实验器材及材料

① SF200 型精密电火花成形加工机床；

② DK7740 型线切割机床；

③ 紫铜电极材料，尺寸 ϕ20mm×100mm，调质 45 钢板，尺寸 50mm×100mm×20mm；

④ 手套、面纱、游标卡尺等。

四、实验方法与步骤

1. 线切割加工

① 准备紫铜电极一件，根据资料计算编写 3B 加工程序；

② 将编写好的加工程序认真校核，输入电火花成形加工设备；

③ 选择线切割加工电规准，装夹校正工件，使钼丝处在程序的起点；

④ 开动机床，进行加工，在加工过程中，认真观察加工过程；

⑤ 加工过程分为三个阶段，第一阶段，选用大电流加工；第二阶段，选用中等电流加工；第三阶段，选用小电流加工。每一阶段的加工长度为全长的三分之一，并记录下每一阶段的加工时间和加工电流。

2. 电火花成形加工

① 准备好工件电极和工具电极，起动机床，使机床回到自身原点；

② 装夹校正工件，确定加工原点；

③ 选择加工规准 1，脉冲宽度 200μs，脉冲间隙 50μs，加工电流 10A，加工 15min；

④ 选择加工规准 2，脉冲宽度 5μs，脉冲间隙 10μs，加工电流 1A，加工 15min；

⑤ 选择加工规准 3，脉冲宽度 20μs，脉冲间隙 10μs，加工电流 5A，加工 15min；

⑥ 选择加工规准 4，脉冲宽度 5μs，脉冲间隙 10μs，加工电流 5A，加工 15min；

⑦ 认真观察加工过程，在每一个加工规准的后 5min 加入平动功能；

⑧ 测量并记录每一加工规准的加工零件深度，电极重量差，表面粗糙度等。

加工结束，关闭机床。

五、实验报告要求

实验后完成实验报告，实验报告使用通用格式，并应包含如下内容：

① 实验目的、实验原理等；

② 线切割加工三个不同阶段的表面质量，计算出不同阶段的切割生产效率（单位时间的切割面积）；

③ 不同的电参数对加工质量、加工效率等的影响；

④ 分析比较 4 种不同的电火花成形加工规准蚀除效率，加工质量；

⑤ 分析长脉冲加工和短脉冲加工的极性效应。

实验二十一 ➲ 液态成形综合实验

一、实验目的

① 掌握液体性质、环境条件对成形性的影响。

② 了解液态成形的工艺过程。

③ 掌握液态精密成形的工艺设计特点及工艺过程。

④ 了解液态精密成形的工艺步骤。

⑤ 分析液态精密成形件的质量。

二、实验原理

材料成形是机械零件制造的基本工艺。随着科学技术的发展，材料成形的新技术和新工艺不断出现，但从材料成形原理和应用的数量来看，仍然以液态成形、塑性成形、连接成形和粉末成形为主。因此，了解和掌握液态成形的工艺原理、方法、设计和综合分析，将是本实验的主要任务。

液态成形是材料成形的重要工艺方法之一，其成形性是指导获得良好的外部和内部质量的能力。但成形性受许多因素的影响，如液体本身的性质（熔点、液固两相区的大小和黏度等）、环境（充填温度和压力、模型材料和温度）和零件结构等。在实际生产中各种因素的影响是错综复杂的，必须根据具体情况进行分析，找出其中的主要矛盾并采取相应措施，才能有效地改善液态金属的成形性。一般应尽量选用共晶成分合金，或结晶温度范围小的合金。应尽量提高金属液品质，金属液越纯净，含气体、夹杂物越少，成形性就越好。在金属确定后，还可采取提高浇注温度和充型压力，合理设置浇注系统和改进铸件结构等方面的措施来提高液态金属的成形性。

本实验主要从影响液态金属成形性的几个因素出发，进行成形性的综合实验和液态金属精密成形实验。

1. 液体性质对成形性的影响

液体性质不同，其结晶特性和结晶潜热、比热容、密度、热导率、表面张力等物理性能都不同，从而影响到成形性。结晶温度范围小的金属（纯金属和共晶合金），凝固是由铸件壁表面向中心逐层推进（称逐层凝固方式），凝固层内表面较平滑，对未凝固液态金属的流动阻力小，所以成形性好。而结晶温度范围大的金属，凝固时铸件壁内存在一个较宽的既有液体又有树枝状晶体的两相区（称糊状凝固方式），凝固层内表面粗糙不平，对内部液体的流动阻力较大，所以成形性较差。

2. 环境条件对成形性的影响

浇注温度对液态金属的成形性有决定性的影响。浇注温度越高，成形性就越好。在一定温度范围内，成形性随浇注温度的提高而直线上升，超过某界限后，由于吸气，氧化严重，成形性的提高幅度减小。液态金属在流动方向上所受压力（充型压头）越大，成形性就越好。但金属液的静压头过大或充型速度过高时，不仅发生喷射和飞溅现象，使金属氧化和产生“铁豆”缺陷，而且型腔中气体来不及排出，反压力增加，造成“浇不足”或“冷隔”缺陷。

3. 铸件结构对成形性的影响

浇注系统结构越复杂，流动阻力越大，液态金属成形性就越差。衡量铸件结构的因素是铸件的折算厚度 R（$R=V/S$，其中 V 为铸件体积，S 为散热表面积）和复杂程度，它们决定着铸型型腔的结构特点。如果铸件体积相同，在同样的浇注条件下，R 大的铸件，由于与铸型的接触表面积相对较小，热量散失比较缓慢，则成形性较好。铸件的壁越薄，R 越小，则充型能力越弱。铸件结构复杂，厚薄部分过渡面多，则型腔结构复杂，流动阻力大，成形性差。铸件壁厚相同时，铸型中的垂直壁比水平壁更容易成形。

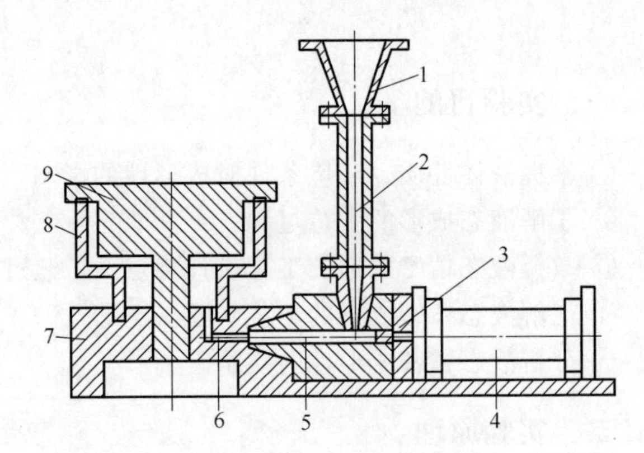

图 2-41　液态成形实验装置

1—浇口杯；2—直浇道；3—压铸活塞；4—汽缸；5—横浇道；6—内浇道；7—底座；8—外型模；9—内芯模

液态成形实验装置如图 2-41 所示，主要有浇口杯、压铸活塞、底座、外型模、内芯模及各种浇道组成。设计的实验所用模型如图 2-42 所示。

金属精密液态成形技术是指将熔融金属在重力场或其他外力场作用下浇入铸型而获得铸件，仅需少量加工或不再加工（又称近净成形技术或净成形技术）就可用作机械构件的成形技术。它是建立在新材料、新能源、信息技术、自动化技术等多学科高新技术成果的基础上，改造了传统的毛坯成形技术，使之由粗糙成形变为优质、高效、高精度、轻量化、低成本、无公害的成形技术。它使成形的机械零件具有精确的外形、高的尺寸精度、低的表面粗糙度。金属精密液态成形技术是先进制造技术中十分重要的组成部分，对提高一个国家的工业竞争力有重大影响，国内外都十分重视其发展。

常用的金属精密液态成形方法有：熔模精密铸造、石膏型精密铸造、陶瓷型精密铸造、消失模铸造、金属型铸造、压力铸造、低压铸造、差压铸造、真空吸铸、调压铸造、挤压铸造、离心铸造、壳型铸造、连续铸造、半固态铸造、喷射成形技术、石墨型铸造、电渣熔铸和电磁铸造等。

采用精密液态成形技术生产铸件，具有以下优越性。

① 尺寸精确高，表面粗糙度值低，铸件更接近零件最终尺寸，从而易于实现少切削或无切削加工。

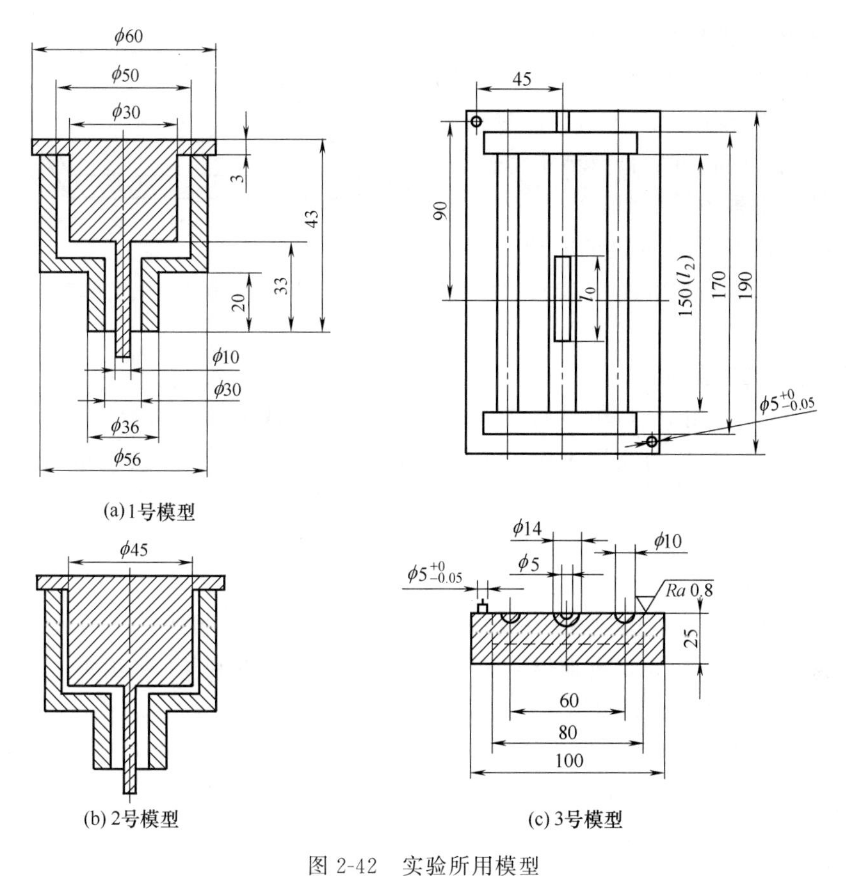

图 2-42 实验所用模型

② 铸件内部质量好，力学性能高，铸件壁厚可以减薄。

③ 降低金属消耗和铸件废品率。

④ 简化铸造工序（除熔模铸造外），便于实现生产过程的机械化、自动化。

⑤ 改善劳动条件，提高生产率。

三、实验器材及材料

① 液态成形装置一套；

② 200W 和 500W 电炉，涂料搅拌机；

③ 低倍放大镜、金相显微镜、制样装置、游标卡尺等；

④ 5kW 电阻坩埚炉、5kW 烘箱和 3kW 箱式电阻炉，脱蜡箱；

⑤ 熔点分别为 50℃的共晶蜡料（$w_{石蜡}=15\%$，$w_{硬脂酸}=75\%$）和 60℃的亚共晶蜡料（$w_{石蜡}=75\%$，$w_{硬脂酸}=15\%$）若干，水玻璃涂料若干，硅石粉和硅砂若干，铝硅合金。

四、实验方法与步骤

1. 液体性质对成形性的影响

选择平板模（图 2-43），在重力充型的条件下，将共晶蜡料和亚共晶蜡料分别加热 60℃和 70℃后，浇入浇口杯中。待冷却至 20℃时，从模中取出蜡样，观察外观和图 2-43 中 *A*—*A* 截面的质量，并填入实验报告中。

2. 环境条件对成形性的影响

选择 2 号模型［图 2-42（b）］，共晶蜡料，过热度 10℃。分别在重力、压力、过热到 60℃、过热到 80℃、常温和 30℃的模型中浇注，将所得结果填入实验报告中。

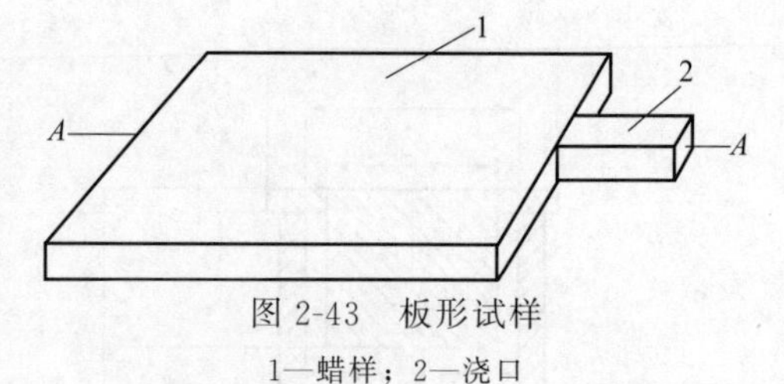

图 2-43 板形试样

1—蜡样；2—浇口

3. 零件结构对液态成形性的影响

选择 1、2、3 号模型（图 2-42），将熔点为 50℃的共晶蜡料加热至 60℃，在重力下浇注，并将所得结果填入实验报告中。

4. 液态精密成形实验

每组 2～3 人，先用 CAD 软件将 1、2 号模型中的零件图设计为液态精密成形工艺图。再在综合实验机上，用压力充型压制 3 种不同结构的蜡模，并组装上浇注系统。然后，分别进行浸涂料（在 $m_{水玻璃}:m_{硅石粉}=1:1.1$ 的涂料中来回翻转 3～5 次），均匀地撒一层 0.0373～0.0436mm（300～320 目）的中粗砂。第五、六层用 0.15mm（100 目）的硅砂，第七层用 0.3mm（50～60 目）的粗硅砂。

结壳后，放入 95℃的脱蜡水槽中脱蜡。脱蜡后取出倒置，去水，干后放入箱式电阻炉中加热至 120℃，保温 0.5h，再加热至 800℃，保温 2h，降温到 400℃出炉，用砂箱套好并埋入砂中。将坩埚炉中 700℃的铝合金液浇入型壳空腔中。

冷却后，打开砂箱，取出铝合金铸件，分析外观及内部质量，并填写到实验报告中。

五、实验报告要求

实验后完成实验报告，实验报告使用通用格式，并应包含如下内容：

① 实验目的、实验原理等；

② 简述液态成形的工艺过程；

③ 阐述液态精密成形的工艺设计特点及工艺过程；

④ 详细写出液态精密成形实验的工艺步骤；

⑤ 实验记录各实验条件下的液态成形件的尺寸及质量；

⑥ 记录液态精密成形铝合金铸件外观及质量，分析影响铸件质量的主要因素。

实验二十二 金属薄板的成形极限实验

一、实验目的

① 了解板料成形极限图的含义及作用。

② 熟悉胀形实验整个过程以及相关原理。

③ 能够分析影响金属板料成形极限的因素。

④ 能够利用网格法通过胀形实验绘制金属薄板成形极限图。

二、实验原理

成形极限是板材领域中重要的性能指标和工艺参数，反映了板材在塑性失稳前所能取得的最大变形程度。传统的各种板料成形性能指标或成形极限，多是根据试样的某些总体尺寸变化到一定程度（如破裂）来确定，但有时这种总体成形性能指标或成形极限并不能反映板料上某一局部危险区的变形情况。20 世纪 60 年代中期，Keeler 和 Goodwin 等人提出的成形极限图，为定量研究板料的局部成形性能建立了基础。成形极限图（Forming Limit Diagrams），也称成形极限曲线（ Forming Limit Curves），常用 FLD 或 FLC 表示，如图 2-44 所示，它表示金属薄板在不同应变路径下，在板平面内的 e_1 和 e_2（工程应变）或 ε_1 和 ε_2（真实应变）联合作用下，某局部区域发生减薄时，可以获得的极限应变量，即预缩出现瞬间的应变值。板平面内的两个主应变的任意组合，只要落在成形极限图中的成形极限曲线之上如图 2-44 右上部分的Ⅲ区，薄板变形时就会发生破裂，反之则是安全的。成形极限图是金属薄板成形性能最为简便和直观的判断和评定方法，是对板材成形性能的一种定量描述，是解决板材冲压问题的一种非常有效的工具，同时也是一种判断冲压工艺成败的重要依据。

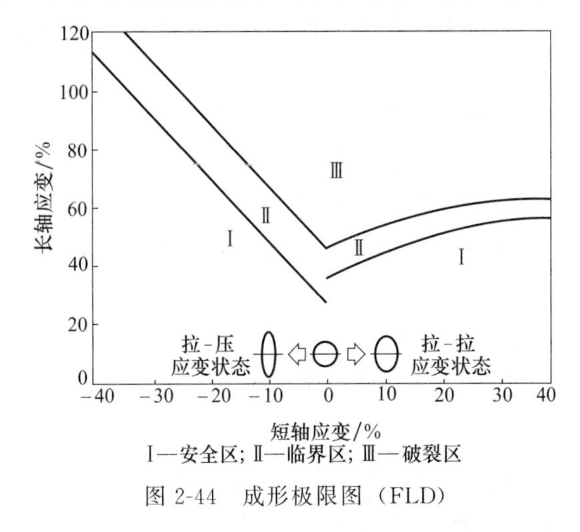

图 2-44 成形极限图（FLD）

FLD 对金属板材成形具有重要的工程意义。具体应用有以下几个方面。

① 判断成形极限。将 FLD 与网格法结合起来，可用来分析解决一些生产实际问题。首先通过实验方法获得所用板材 FLD，再将绘制好网格的板料毛坯成形后，测出临近破坏线的集中应变，并与之前得到的成形极限图进行比较。从这些实测应变值在 FLD 的位置，就可以判断该冲压成形过程是否能够保证稳定生产，从不同方向应变数值的比值，还可得出成形后制件上不同区域不同变形方式的信息。

② 调整各种有影响的因素提高冲压件成形质量。在实际生产中可调整的因素有：坯料尺寸、润滑条件、模具圆角、压边力等。调整这些影响因素时，要特别注意危险点应变的成形极限图位置，在其左半部还是右半部，对影响因素的调整是不同的。比如，零件的危险点位于图 2-44 中的右半部，为了增加安全性，就要减小 ε_1 或增大 ε_2，都兼顾更好。减小 ε_1 应降低椭圆长轴方向上的变形阻力，可以采取在该方向上减小毛坯尺寸、增大圆角半径、改善润滑、减小压边力等方法实现；而为了增大 ε_2，则需增加椭圆短轴方向的变形阻力，方法是在短轴方向上增大毛坯尺寸、减小模具圆角、增大压边力等。如果危险点落在图 2-44 中的左半部，同理，可以对应调整影响因素使得板料应变点位于成形极限曲线以下合适的位置，最后使零件的整体成形质量较好，材料也得到充分利用。

③ 判断变形的安全裕度。将零件应变分布情况与同种材料的成形极限图进行比较，可以看出零件变形的安全裕度，有可能破裂的位置，为进一步的改进措施提供依据。比如应变

点在成形极限曲线附近，说明成形零件时废品率会很高，安全裕度小，这时可选用冲压性能更好的材料替代原来的材料；反过来，如果应变点在成形极限曲线下方很远的位置，说明安全裕度大，可以选用冲压性能稍微差价格又便宜的材料。

④ FLD在数值模拟领域的应用。随着计算机硬件与软件的发展，越来越多的数值模拟技术应用在工业生产中。FLD结合数值模拟技术可以帮助设计人员在产品设计阶段，根据计算判断板材成形各个阶段、各个区域破裂可能性的大小，从而评价其冲压成形的工艺性，并对风险较高的部位加以修改，从而大大降低产品开发的风险和成本，节省开发时间并提高设计质量。

影响FLD的因素有很多，不同材料有不同的FLD，例如高强钢板FLD的应变水平比低碳钢低得多；板料的厚度和硬化指数 n 值较大时，成形极限图的应变水平较高；圆形网格增大，则成形极限曲线往下移；润滑条件好，则成形极限曲线往上移；厚板的成形极限曲线将比薄板的往上移；另外，平行于轧制方向的试样，其成形极限曲线将比垂直于轧制方向的往上移。

利用实验测定成形极限图时，通常采用刚性凸模胀形试验法。首先，应在试样一侧表面印制标准的圆网格（图2-45），网格圆可用照相制版法、光刻法或者电腐蚀法（腐蚀深度约为0.001～0.002mm）复制在板料表面。然后将印有网格的试样分别置于凹模与压边圈之间，利用压边力压紧拉深筋以外的试样材料，试样中部在凸模力作用下产生胀形变形并形成凸包，如图2-46所示，其表面上的网格圆发生畸变，如图2-47所示，当凸包上某个局部产生颈缩或破裂时停止试验。测量颈缩区（或颈缩区附近）或破裂区附近的网格圆长轴和短轴尺寸，由此计算金属薄板允许的局部表面极限主应变值（e_1 和 e_2）或（ε_1 和 ε_2）。

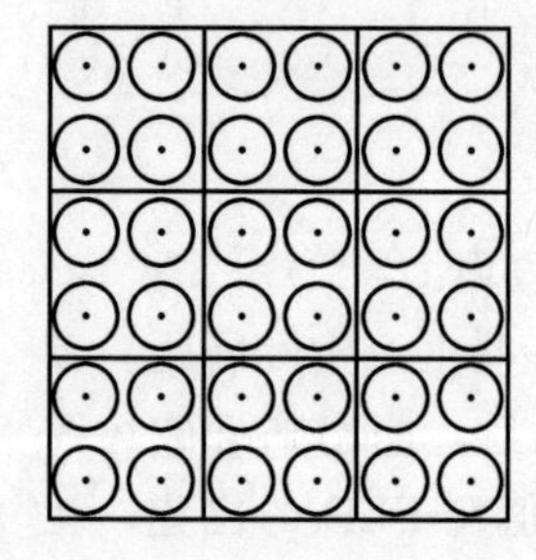
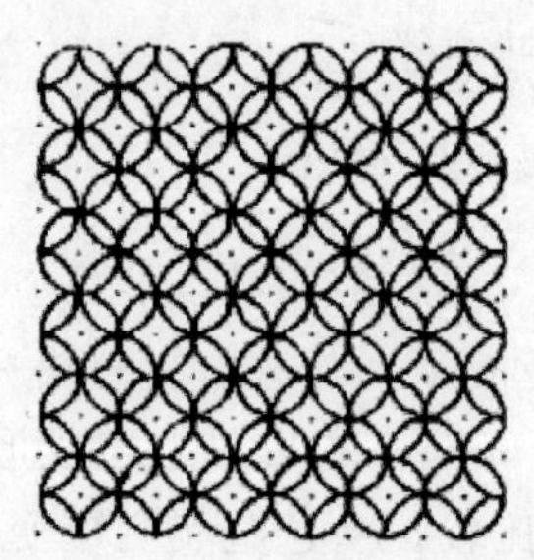
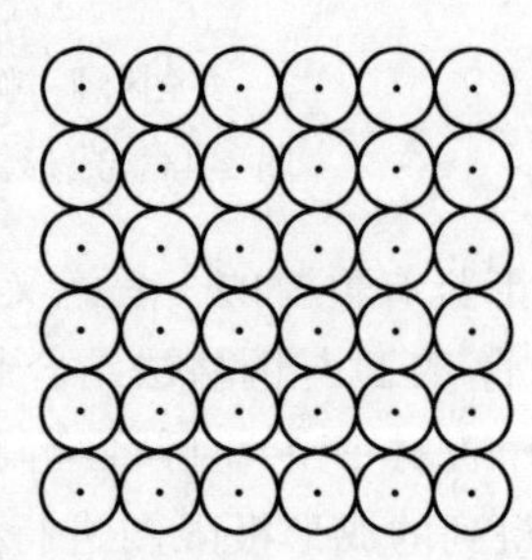
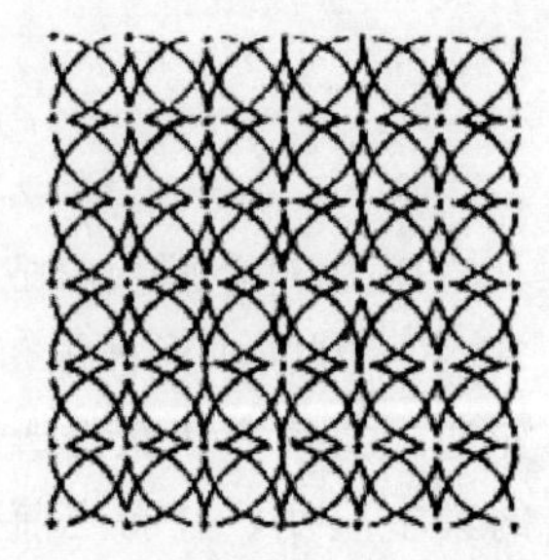

图2-45　网格圆图案

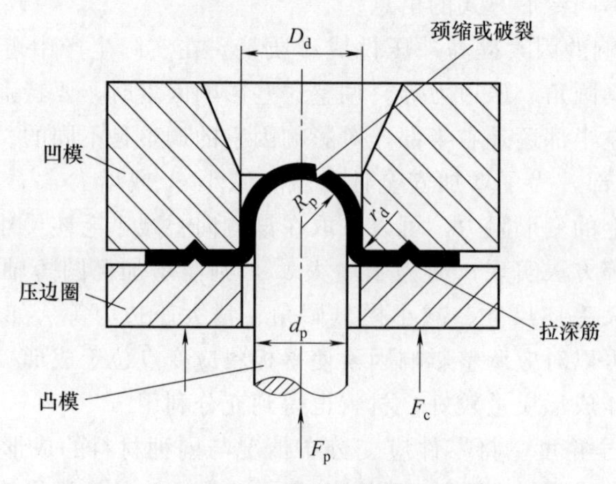

图2-46　刚性凸模胀形试验

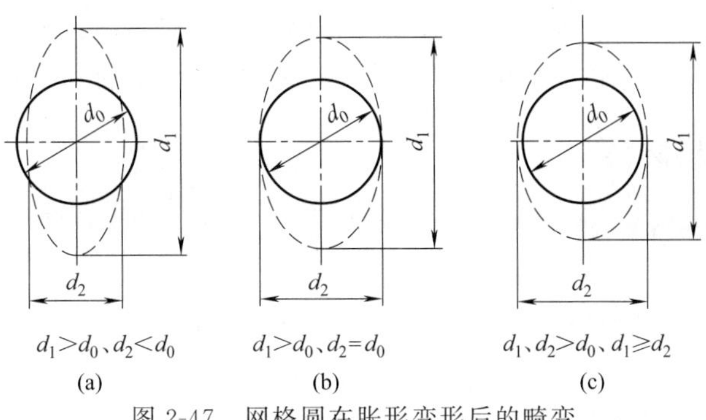

图 2-47　网格圆在胀形变形后的畸变

使用下述两种方法可以获得不同应变路径下的表面极限主应变量。

① 改变试样与凸模接触面间润滑条件。主要用来测定成形极限图的右半部分（双拉变形区，即 $e_1>0$、$e_2\geqslant 0$ 或 $\varepsilon_1>0$、$\varepsilon_2\geqslant 0$），如果在试样与凸模之间加衬合适厚度的橡胶（或橡皮）薄垫，可以比较方便地获得接近于等双拉应变状态（$e_1=e_2$ 或 $\varepsilon_1=\varepsilon_2$）下的表面极限应变量。通常，不同的润滑条件选择得越多，试验确定的成形极限图越可靠。

② 改变试样的宽度。主要用来测定成形极限图的左半部分（拉-压变形区，即 $e_1>0$、$e_2\leqslant 0$ 或 $\varepsilon_1>0$、$\varepsilon_2\leqslant 0$），如果试样宽度选择得合适，可以获得接近于单向拉伸应变状态（$e_1=-2e_2$ 或 $\varepsilon_1=-2\varepsilon_2$）和平面应变状态（$e_2=0$ 或 $\varepsilon_2=0$）下的表面极限应变量，通常，试样的宽度规格越多，试验确定的成形极限图越可靠。

注意：当试样长宽尺寸接近时，极限应变量也有可能位于成形极限图的右半部双拉变形区内。

用于测量和计算表面极限应变量的网格圆称为临界网格圆。确定试样上的一点的表面极限应变量时，原则上应通过测量颈缩区临界网格圆的直径变化进行计算，但是实际上一般将位于颈缩区但未破坏的网格圆、紧靠颈缩或裂纹的网格圆、与颈缩或裂纹横贯其中部之网格圆相邻的网格圆作为临界网格圆。临界网格圆的个数不宜选择过多（通常可取三个），并应尽可能相邻或靠近，且彼此之间相应的测量误差值不大于 10%。

试样表面上网格圆畸变后的形状如图 2-47 所示，畸变后网格圆的长轴记作 d_1，短轴记作 d_2，并将 d_1 和 d_2 近似视为试样平面内一点上的两个主应变方向。测量临界网格圆的长、短轴 d_1 和 d_2 时，可以使用读数显微镜、测量显微镜、投影仪或专门设计的测量工具、检测装置等。

根据测量结果，按下列公式计算试样的表面极限应变：

$$\left.\begin{aligned} e_1&=\frac{d_1-d_0}{d_0}\times 100\% \\ e_2&=\frac{d_2-d_0}{d_0}\times 100\% \end{aligned}\right\}$$

$$\left.\begin{aligned} \varepsilon_1&=\ln\frac{d_1}{d_0}=\ln(1+e_1) \\ \varepsilon_2&=\ln\frac{d_2}{d_0}=\ln(1+e_2) \end{aligned}\right\}$$

完成试样表面极限应变的计算后，即可进行成形极限图（FLD）的绘制。以表面应变 e_2（或 ε_2）为横坐标、表面应变 e_1（或 ε_1）为纵坐标，建立表面应变坐标系。将试验测定的表面极限应变量（e_1，e_2）或（ε_1，ε_2）标绘在表面应变坐标系中。根据表面极限应变量在坐标系中的分布特征，将它们连成适当的曲线或构成条带形区域，即成形极限曲线（FLC）。

三、实验器材及材料

① 试验伺服液压机；

② 成形极限成套模具、电化学腐蚀装置；

③ 低碳钢和铝合金板材试样（长 180mm，宽 160mm、120mm、80mm、40mm，厚 1.2mm）；

④ 润滑油、丙酮（清洗液）、橡胶（或橡皮）薄垫；

⑤ 游标卡尺、工程比例尺。

四、实验方法与步骤

① 取试件清理干净，选一表面利用电化学腐蚀法制取网格圆；

② 清洗模具、实验装置，检查试验设备及润滑；

③ 安装成形极限实验模具，并进行设备调试；

④ 进行预实验；

⑤ 实验前放置试样时，应将试样上制有网格圆的一面贴靠凹模，对不带网格圆的一面进行润滑；

⑥ 启动运行，开始胀形变形，实验过程中应保证将试样压紧，直至试样上发生局部紧缩或破裂为止；

⑦ 对于同一尺寸规格和相同润滑方式的试样进行 3 次以上有效重复实验；

⑧ 测量记录临界网格圆的长、短轴尺寸，并计算表面极限应变量；

⑨ 更换摩擦条件和不同宽度试样，重复⑤～⑧步骤进行实验；

⑩ 汇总数据，绘制成形极限图。

五、实验报告要求

实验后完成实验报告，实验报告使用通用格式，并应包含如下内容：

① 实验目的、实验原理等；

② 记录各次实验条件及实验数据；

③ 阐述金属薄板成形极限图测量实验的整个过程；

④ 分析金属薄板成形极限测定的各影响因素；

⑤ 举例说明成形极限图的应用；

⑥ 简单叙述实验所得到的体会。

实验二十三 金属板料应变测试分析综合实验

一、实验目的

① 了解应变测试分析各种方法及其特点。

② 掌握各应变测试分析方法的原理。
③ 能够熟练操作网格应变测试分析系统的设备并进行相关实验。
④ 能够熟练粘贴应变片并对金属板料的形变进行测量。
⑤ 能够根据实验数据对金属板料的塑性变形进行应变分析。

二、实验原理

板料成形是一种非常重要的材料加工技术，在航空、航天、船舶、汽车等国民经济部门被广泛应用。金属板料在成形过程中会发生受力和变形，为了更好地了解板料的变形过程以及对危险部位的最大应力应变进行分析，通常要运用实验手段进行应变测量。对于金属板料来讲，目前常用的应变测试技术有电阻应变测试技术及网格应变测试技术两种，不同的测试技术有其特有的性质，其工作原理和应用范围不同，下面就不同应变测试技术的工作原理以及应用范围进行分析。

1. 网格应变测试技术

网格应变测试技术是一套网格应变测量分析系统，它是以工业近景摄影测量为核心技术，高精度计算多幅照片中每个小网格的位置，然后利用摄影测量的方法，根据不同角度照片的数据计算出每个网格的空间坐标。系统采用的应变分析方法，是在网格节点三维重建的基础上，根据相邻三个节点间的位置关系来计算某一个节点处的主应变的。在得到网格的三维数据之后，就可以计算网格中各结点处的应变。为简化计算，将网格中任意三个节点所围成的区域近似看作成一个平面，那么可根据三点间区域的变形前后尺寸的变化及三个节点在变形前后坐标的变化来确定应变。设在变形前后三点 O、A、B 的组成的区域及它们的位置变化如图 2-48 所示。

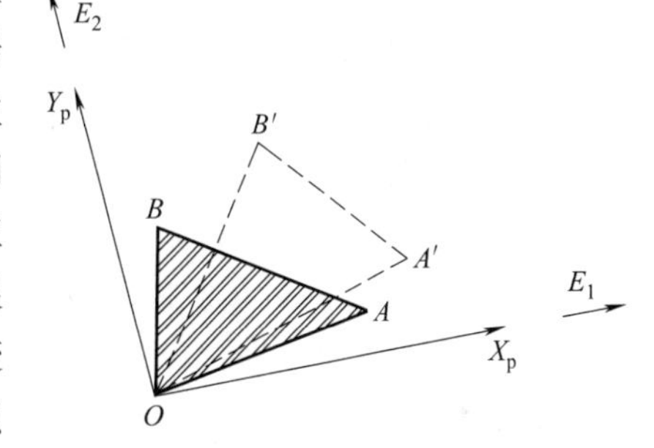

图 2-48 应变计算示意图

OX_p 和 OY_p 是两个主应变方向，并建立坐标系。E_1 和 E_2 分别为两个主应变。根据应变的定义：

$$E=\frac{L_f-L_0}{L_0}$$

式中，L_0 与 L_f 是零件变形前后，主应变方向上的长度。可以用矩阵的形式将 A、B 两点的位置表示为：

$$X_p=\begin{bmatrix} x_A & x_B \\ y_A & y_B \end{bmatrix}$$

变形后的 A、B 两点的坐标 X'_p 与变形前的坐标 X_p 间的关系可表示为：

$$X'_p=\boldsymbol{E}X_p$$

$$\boldsymbol{E}=\begin{bmatrix} 1+\boldsymbol{E}_1 & 0 \\ 0 & 1+\boldsymbol{E}_2 \end{bmatrix}$$

但往往主应变方向是未知的，零件表面的一点 S，只能知道其在网格坐标系中的坐标。设主应变坐标系与网格坐标系之间的夹角为 θ，则主应变坐标系与网格坐标系的关系可表示为：

$$X_p = \boldsymbol{R} X_g$$

式中，X_g 为点 S 在网格坐标系中的横坐标，$\boldsymbol{R}$ 为旋转矩阵，表示为：

$$\boldsymbol{R} = \begin{bmatrix} \cos\theta & \sin\theta \\ -\cos\theta & \cos\theta \end{bmatrix}$$

网格应变测量分析系统通过制作的网格，可以定义零件变形后的形状。通过计算各网格间的距离变化，可以获得零件的变形和应变。利用这些数据，计算出零件的应变分布，热点区域和板材的厚度变化（假定体积不变）。一般情况下，网格应变测量分析系统由测量硬件和软件系统两部分组成。

高精度应变测量，并可同时处理 100000 个以上点的数据。作为应变计算基准长度的网格间距通常为 1～6mm，网格类型包括分离圆网格、邻接圆网格和棋盘方格等。如果在蚀刻时选用合适的母板则可以生成所需的其他间距值。应变分布和厚度变化结果以色温图的方式显示出来，通过旋转等操作，可以更好地理解测量结果和成形过程。

采用高分辨率单反数码相机或带有工业 CCD 相机的测量头，从不同的摄站和角度获取图片，导入相应的分析软件系统即可自动解算三维坐标及应变，不需要额外的操作。测量速度快，精度高。应用范围广泛，比如：

① 板料应变测量、成形极限计算；

② 通过快速的三维板料变形分析提高模具计算机数值模拟系统的效率和准确性；

③ 测量临界变形部位，解决复杂的成形问题，优化冲压工艺，冲压模具检验，对仿真模拟计算的结果进行验证和优化；

④ 增强用户对产品开发阶段板料成形过程的了解，验证现有的成形仿真软件的计算结果，以及优化和监控生产过程。

因此，网格应变测量分析系统具有以下特点：

① 获得金属板料表面局部变形的三维应变数据；

② 测量结果用彩色应变云图显示；

③ 工业近景摄影测量核心技术；

④ 可对大尺寸金属板料成形零件的应变进行测量；

⑤ 快速、简单、自动、高精度的相机标定；

⑥ 操作简单、携带方便；

⑦ 自动计算成形极限图；

⑧ 测量结果精度高，测量信息丰富。

2. 电阻应变测试技术

实验应力分析各种方法中，最广泛使用的是电阻应变测试技术，它是采用电阻应变计（又称电阻应变片）作为传感元件将构件表面应变转化为电阻变化，然后用电阻应变仪把电阻变化转换成电压或电流变化，经放大并测量这种变化再用其他仪器记录，由所测应变换算出应力等。

电阻应变片的工作原理，是基于金属导体的应变效应，即金属导体在外力作用下发生机械变形时，其电阻值随着它所受机械变形（伸长或缩短）的变化而发生变化的现象，如图 2-49 所示。由欧姆定理可知，金属丝的电阻与其材料的电阻率及其几何尺寸（长度和截面积）有关，而金属丝在承受机械变形的过程中，这三者都要发生变化，因而引起金属丝的电阻变化。取长度为 L、直径为 D、截面积为 A、电阻率为 ρ 的金属丝，则其电阻 R 为：

$$R=\rho\frac{L}{A}$$

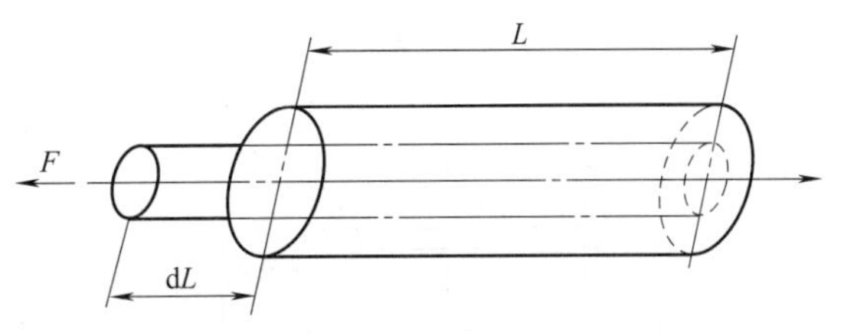

图 2-49 金属导体的电阻应变效应

当金属丝受拉而伸长 ΔL 时，则电阻的变化率为：

$$\frac{dR}{R}=\frac{d\rho}{\rho}+\frac{dL}{L}-\frac{dA}{A}$$

其中，$\frac{dA}{A}=\frac{\frac{\pi}{4}D^2-\frac{\pi}{4}(D-\Delta D)^2}{\frac{\pi}{4}D^2}$，略去 ΔD^2 项，则：$\frac{dA}{A}=2\frac{\Delta D}{D}=2\varepsilon'=-2\mu\varepsilon$

式中，ε' 为电阻丝的横向应变。由材料力学可知，在一定范围内 $\varepsilon'=-2\mu\varepsilon$，可以得到：

$$\frac{dR}{R}=\frac{d\rho}{\rho}+\varepsilon+2\mu\varepsilon=\frac{d\rho}{\rho}+(1+2\mu)\varepsilon$$

令 $K=\frac{d\rho}{\rho}+(1+2\mu)$，则 $\frac{dR}{R}=K\varepsilon$。

式中，μ 为电阻丝材料的泊松比；K 为电阻应变片的灵敏系数。

K 与两个因数有关，一个是电阻丝材料的泊松比，由电阻丝几何尺寸改变引起，当选定材料后，泊松比为常数；另一个是电阻丝发生单位应变引起的电阻率的改变，对大多数电阻丝而言也是一个常量。因此可以认为 K 是一个常数。由此可见，应变片的电阻变化率与应变值呈线性关系。由于横向效应的影响，应变片的灵敏系数 K 恒小于同一材料金属丝的灵敏度系数 K_S。灵敏度系数是通过抽样测定得到的，一般每批产品中按一定比例（一般为5%）的应变片测定灵敏系数 K 值，再取其平均值作为这批产品的灵敏系数，这就是产品包装盒上注明的“标称灵敏系数”。

用应变片测量应变或应力时，是将应变片粘贴于被测对象上，在外力作用下，被测对象表面发生微小形变，粘贴在其表面上的应变片亦随其发生相同的变化，因而应变片的电阻也发生相应的变化，如用仪器测出应变片的电阻值变化 dR，则根据公式可得到被测对象的应变值 ε，而如果此时的变形在弹性变形范围内，则可以根据应力-应变关系得到应力值 σ。

因此，电阻应变测试技术的特点：

① 灵敏度（$1\mu\varepsilon$）和准确度（约1%～3%）高，数据稳定可靠；

② 尺寸小、重量轻，测试技术简单，可以应用于静、动态测量；

③ 便于多点测量，易于集中，测量数据便于记录，且能远距离传输；

④ 主要针对变形量不大，且变形较为均匀的板料成形进行测量，对于应力集中部位的测量不够准确；

⑤ 一般只能测量板料表面应变，难于显示其内部应变；

⑥ 输出信号较小，动态测量时，接线往往需要采取屏蔽措施以防止干扰。

测量时，将应变片用专用胶水牢固地粘贴在研究对象表面，组成桥路，反映测点的应变量大小。电阻应变片（简称应变片）是由很细的电阻丝绕成栅状［图 2-50（a）］或用很薄的金属箔腐蚀成栅状［图 2-50（b）］，并用胶水粘贴固定在两层绝缘薄片中制成。应变片种类繁多、形式多样，但基本构造大体相同。

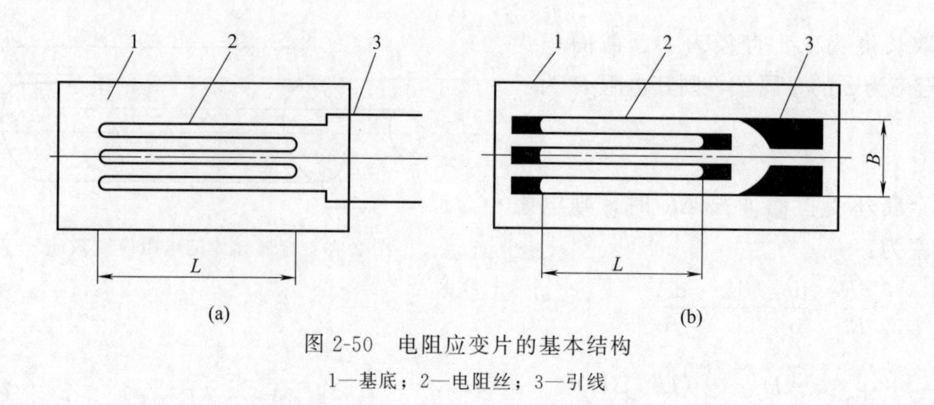

图 2-50　电阻应变片的基本结构

1—基底；2—电阻丝；3—引线

丝绕式应变片的结构如图 2-50（a）所示，它以直径为 0.025mm 左右、高电阻率的合金电阻丝 2，绕成形如栅栏的敏感栅。敏感栅为应变片的敏感元件，敏感栅黏结在基底 1 上，基底除能固定敏感栅外，还有绝缘作用，敏感栅上面粘贴有覆盖层，敏感栅电阻丝两端焊接引线 3，用以和外接导线相连。

电阻应变片的材料如下。

① 敏感栅材料：制造应变片时，对敏感栅材料的要求：a. 灵敏系数和电阻率要尽可能高而稳定，电阻变化率与机械应变之间应具有良好而宽广的线性关系，即要求 K 在很大范围内为常数；b. 电阻温度系数小，电阻-温度间的线性关系和重复性好；c. 机械强度高，碾压及焊接性能好，与其他金属之间接触热电势小；d. 抗氧化、耐腐蚀性能强，无明显机械滞后。敏感栅常用的材料有康铜、镍铬合金、铁铬铝合金、铁镍铬合金、贵金属（铂、铂钨合金等）材料等。

② 应变片基底材料：应变片基底材料有纸和聚合物两大类，纸基逐渐被胶基取代，因胶基性能各方面都好于纸基。胶基是由环氧树脂、酚醛树脂和聚酰亚胺等制成胶膜，厚约 0.03～0.05mm。基底材料性能有如下要求：a. 机械强度好，挠性好；b. 粘贴性能好；c. 绝缘性能好；d. 热稳定性和抗湿性好；e. 无滞后和蠕变。

③ 引线材料：康铜丝敏感栅应变片，引线采用直径为 0.05～0.18mm 的银铜丝，采用点焊焊接。其他类型敏感栅多采用直径与上述相同的铬镍、铁铬铝金属丝作为引线，与敏感栅点焊相接。

应变片的主要工作参数：

① 应变片的尺寸。顺着应变片轴向敏感栅两端转向处之间的距离称为标距 L，电阻丝式一般为 5～180mm，箔式的一般为 0.3～180mm。敏感栅的横向尺寸称为栅宽，以 B 表示。小栅长的应变片对制造要求高，对粘贴的要求亦高，且应变片的蠕变、滞后及横向效应也大。因此应尽量选要栅长大一些的片子，应变片的栅宽也以小一些的为好。

② 应变片的电阻值。应变片的电阻值指应变片没有安装且不受力的情况下，在室温时测定的电阻值。应变片的标准名义电阻值通常为 60Ω、120Ω、350Ω、500Ω、1000Ω 五种。用得最多的为 120Ω 和 350Ω 两种。应变片在相同的工作电流下，电阻值愈大，允许的工作电压亦愈大，可提高测量灵敏度。

③ 机械滞后。对已安装的应变片，在恒定的温度环境下，加载和卸载过程中同一载荷下指示应变的最大差数，称为机械滞后。造成此现象的原因很多，如应变片本身特性不好；试件本身的材质不好；胶黏剂选择不当；固化不良；黏结技术不佳，部分脱落和黏结层太厚等。在测量过程中，为了减小应变片的机械滞后给测量结果带来的误差，可对新粘贴应变片的试件反复加、卸载 3～5 次。

④ 热滞后。对已安装的应变片试件可自由膨胀而并不受外力作用，在室温与极限工作温度之间增加或减少温度，同一温度下指示应变的差数，称为热滞后。这主要由黏结层的残余应力、干燥程度、固化速度和屈服点变化等引起。应变片粘贴后进行“二次固化处理”可使热滞后值减小。

⑤ 零点漂移。对已安装的应变片，在温度恒定、试件不受力的条件下，指示应变随时间的变化称为零点漂移（简称零漂）。这是由应变片的绝缘电阻过低及通过电流而产生热量等原因造成。

⑥ 蠕变。对已安装的应变片，在温度恒定并承受恒定的机械应变时，指示应变随时间的变化称为蠕变。这主要是由胶层引起，如胶黏剂种类选择不当、黏结层较厚或固化不充分及在胶黏剂接近软化温度下进行测量等。

⑦ 应变极限。温度不变时使试件的应变逐渐加大，应变片的指示应变与真实应变的相对误差（非线性误差）小于规定值（一般为10%）情况下，所能达到的最大应变值为该应变片的应变极限。

⑧ 绝缘电阻。应变片引线和安装应变片的试件之间的电阻值称为绝缘电阻。此值常作为应变片黏结层固化程度和是否受潮的标志。绝缘电阻下降会带来零漂和测量误差，尤其是不稳定绝缘电阻会导致测试失败。

⑨ 疲劳寿命。对已安装的应变片在一定的交变机械应变幅值下，可连续工作而不致产生疲劳损坏的循环次数，称为疲劳寿命。疲劳寿命的循环次数与动载荷的特性及大小有密切的关系。一般情况下循环次数可达$10^6 \sim 10^7$。

⑩ 最大工作电流。允许通过应变片而不影响其工作特性的最大电流值，称为最大工作电流。该电流和外界条件有关，一般为几十毫安，箔式应变片有的可达500mA。流过应变片的电流过大，会使应变片发热引起较大的零漂，甚至将应变片烧毁。静态测量时，为提高测量精度，流过应变片的电流要小一些；短期动测时，为增大输出功率，电流可大一些。

电阻应变片的粘贴在应变测量时，胶黏剂所形成的胶层起着非常重要的作用，应准确无误地将试件或弹性元件的应变传递到应变片的敏感栅上去。

对胶黏剂有如下要求：①有一定的黏结强度；②能准确传递应变；③蠕变小；④机械滞后小；⑤耐疲劳性能好、韧性好；⑥长期稳定性好；⑦具有足够的稳定性能；⑧对弹性元件和应变片不产生化学腐蚀作用；⑨有适当的贮存期；⑩有较大的使用温度范围。

选用胶黏剂时要根据应变片的工作条件、工作温度、潮湿程度、有无化学腐蚀、稳定性要求，加温加压、固化的可能性，粘贴时间长短要求等因素考虑，并注意胶黏剂的种类是否与应变片基底材料相适应。

电阻应变测试法的基本测量电路是电桥。测量电桥由电阻应变片作为桥臂，作用是将电阻应变片的电阻变化转化为电压或电流信号。在测量时，将电阻应变片粘贴在被测板料上，组成电桥，并利用电桥的特性获得应变的数值。

直流单臂电桥的原理性电路如图2-51所示。它是由四个电阻R_a、R_b、R_0、R_X联成一个四边形回路，这四个电阻称作电桥的四个“臂”。在这个四边形回路的一条对角线的顶点间接入直流工作电源，另一条对角线的顶点间接入检流计，这个支路一般称作“桥”。适当地调节R_0值，可使C、D两点电位相同，检流计中无电流流过，这时称电桥达到了平衡。在电桥平衡时有：

$R_a I_a = R_b I_b$，$R_0 I_0 = R_X I_X$，且$I_a = I_X$，$I_b = I_0$，则可以整理得到：

$$R_X=\frac{R_a}{R_b}R_0$$

为了计算方便，通常把 R_a/R_b 的比值选作成 $10n$（$n=0$，±1，±2，…）。令 $C=R_a/R_b$，则：$R_X=CR_0$，可见电桥平衡时，由已知的 R_a、R_b（或 C）及 R_0 值便可算出 R_X。人们常把 R_a、R_b 称作比例臂，C 为比例臂的倍率：R_0 称作比较臂；R_X 称作待测臂。

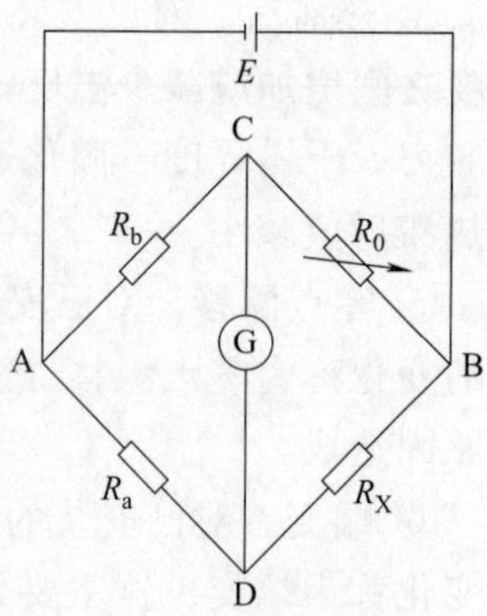

图 2-51　直流单臂电桥的原理性电路

三、实验器材及材料

① 1000kN 伺服液压机；

② 拉胀成形专用模具、均匀变形模；

③ GMASYSTEM 测量软件、单反相机；

④ 专用网格印制仪、数字式电阻应变仪；

⑤ 电阻应变片、接线端子；

⑥ 悬臂梁、砝码、温度补偿块等；

⑦ 数字万用电表、测量导线、划针、镊子、电烙铁、剪刀等；

⑧ 砂纸、丙酮、药棉等清洗器材，502 胶、防潮剂、玻璃纸及胶带；

⑨ 镁合金、铝合金板材。

四、实验方法与步骤

1. 网格应变测试步骤

① 先按照板材成形过程，将镁合金板料利用拉胀成形专用模具在 1000kN 伺服液压机上进行拉胀成形。

② 对成形的零件进行拍照：

a. 用笔在变形零件待测量的区域上做标记，推荐使用四个标记点把要测量的区域包围起来，可以使在拍照片和处理图片时更快地确定测量区域。

b. 把零件放置在工作台上，同时将标准块放在零件待测量区域旁边，标准块要尽量接近待测量区域。

c. 使用以下方法拍摄两张以上图片：

(a) 标准块和测量区域要尽可能得大；

(b) 测量区域和标准块的至少两个面必须在所有的图片中都出现；

(c) 必须使用三脚架进行拍摄；

(d) 曝光焦点在测量区域，而不是标准块；

(e) 从不同位置拍摄照片：拍一张照片后，挪动相机位置（与原来的位置成 30°左右角度）再拍一张。

d. 在拍照时，一定要使标准块至少两个完整的面出现在照片中；在两次拍摄中，试件和标准块位置都不能动，只能移动相机位置；拍摄的区域大小最大为 20×20 个网格，最小为 2×2 个网格。

③ 系统设置：单击菜单：【文件】－>【属性设置】，出现如图 2-52 所示对话框。

a. 在材料厚度文本框里，填入所拍摄零件的厚度，这里的尺寸均以毫米（mm）为单位。

b. 在网格尺寸框里，填入未变形前网格的大小。对于圆网格来说，这个尺寸是指相邻两个圆心的距离；对于直线网格而言，则是相邻两个交点的距离。

c. 在网格类型一栏选择所用网格形状。目前支持的网格类型包括分离圆网格、邻接圆网格和棋盘方格。

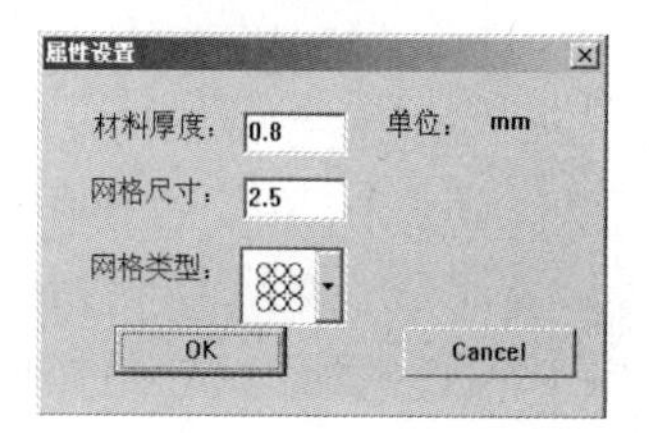

图 2-52 属性设置

④ 打开图片：将相机里的图片导入到计算机里，然后运行 GMASYSTEM 程序，点击菜单【文件】－>【打开】（或者单击工具条按钮），出现打开文件对话框，选择所拍摄的图片，点击打开即可。

⑤ 系统标定：GMASYSTEM 有两种标定方法，分别是自动标定和人工手动标定，使用时推荐先使用自动标定进行标定，如果自动标定失败，那么再使用手动标定。

⑥ 确定测量区域并编辑图片，点击图像编辑工具栏上的按钮，或单击菜单【编辑】－>【选择区域】。点击图像编辑工具栏上的按钮，或单击菜单【编辑】－>【二值化】。

⑦ 映射网格，点击图像编辑工具栏上的按钮，或单击菜单【编辑】－>【映射网格】。计算机会自动映射网格模式，用鼠标左键选择网格上的两点作为基点，对所有图片进行网格映射和基点选择，不同图片上的基点必须相同，且一一对应。

⑧ 完成测量：点击图像编辑工具栏上的按钮，或单击菜单【编辑】－>【应变计算】，则测量结束，如果操作无误，结果会自动显示在屏幕上。

2. 应变片应变测试步骤

① 实验将悬臂梁通过伺服液压机通过三点弯曲方式受压，梁所受载荷由计算机控制并读数，在指定截面上按设计要求贴上电阻应变片，施加载荷后，由数字式电阻应变仪读出各个应变片测量的应变值。

② 根据悬臂梁尺寸及力学性能指标初步计算试验的许可载荷，并确定初步载荷 P_0 和最终载荷 P_n，单位为 N。

③ 测点表面处理和测点定位：为了使应变片牢固地粘贴在悬臂梁表面，需对测点表面进行处理。测点表面处理是在测点范围内的试件表面上，用机械方法，粗砂纸打磨，除去氧化层、锈斑、涂层、油垢，使其平整光洁。再用细砂纸沿应变片轴线方向成 45°打磨，以保证应变片受力均匀。然后，用脱脂棉球蘸丙酮或酒精沿同一方向清洗贴片处，直至棉球上看不见污迹为止。悬臂梁表面处理的面积应大于电阻应变片的面积。测点定位，用划针或铅笔在测点处划出纵横中心线，纵线方向应与应变方向一致。

④ 应变片粘贴。应变片粘贴，即将电阻应变片准确可靠地粘贴在试件的测点上。分别在悬臂梁预贴应变片处及电阻应变片底面涂上一薄层胶水（如 502 瞬时胶），将应变片准确地贴在预定的划线部位上，垫上玻璃纸，以防胶水糊在手指上；然后用拇指沿一方向轻轻滚压，挤去多余胶水和胶层的气泡；用手指按住应变片 1～2min，待胶水初步固化后，即可松手。粘贴好的应变片应位置准确；胶层薄而均匀，密实而无气泡。

⑤ 导线焊接与固定。导线是将应变片的感受信息传递给测试仪表的过渡线，其一端与应变片的引出线相连接，另一端与电阻应变仪相连接。应变片的引出线很细，且引出线与应变片电阻丝的连接强度较低，很易被拉断。所以，导线与应变片之间通过接线端子连接，接线端子粘贴在测量导线及应变片端头，不应有间距。将应变片引出线焊接到接线端子的一端，然后将接线端子的另一端与导线焊接。所有连接必须用锡焊焊接，以保证测试线路导电性能的质量，焊点要小而牢固，防止烧坏应变片或虚焊。引线至测量仪器间的导线规格、长

度应一致，排列要整齐，分段固定，导线采用胶带固定。

⑥ 熟悉伺服液压机及数字式电阻应变仪的使用和操作。先设置试验的负荷定载值稍大于最终载荷 P_n 值，以便使材料不因误操作而造成损坏。启动伺服液压机预加载荷到 P_0 值，按实验内容要求，先进行单臂测量，测量应变沿梁高度的分布规律。待仪器输出较为稳定后，将应变仪调零，开始测量并记录相应的初始应变值 ε_0，然后将载荷加至 P_n 值并测量出对应最终载荷时的应变仪读数 ε_n，求出两次读数差值 $\Delta\varepsilon=\varepsilon_n-\varepsilon_0$。重复加、卸载 2～3 次，每次 $\Delta\varepsilon$ 相对误差不超过 5%视为有效。

⑦ 重复上述①～⑥内容进行各种组桥方式的测量（半桥测量、对臂测量、全桥测量）。

⑧ 完成全部实验内容，实验数据经教师检查合格后，卸掉载荷、关闭电源、拆下引线、整理好实验装置，将所用工具放回原处后结束实验。

五、实验报告要求

实验后完成实验报告，实验报告使用通用格式，并应包含如下内容：

① 实验目的、实验原理等。

② 简述各应变测试基本方法及其原理和各自的适用范围。

③ 根据实验实际操作，详细写出实验内容及实验步骤。

④ 截图得到网格应变云图的最终结果，并重点分析应变较大区域。

⑤ 根据 n 值以及板材厚度 t 值绘制理论成形极限图并投影测量数据到成形极限图上。

⑥ 分析板料的塑性变形情况，并提出恰当的改进措施。

⑦ 详细记录各类应变片获得的数据并以表格方式列出。

⑧ 所测截面各点的应力值计算：根据测量结果 $\varepsilon_{测}$ 以及应变修正公式得出各点的实际应变值 $\varepsilon_{实}$，它们的计算公式为：$\varepsilon_{实}=\frac{K_{仪}}{K_{应}}\varepsilon_{测}=\mu\varepsilon$，式中，$\mu=1\times10^{-6}$。

按照胡克定律公式，根据实际应变值计算各点的实测应力值：$\sigma_{实}=E\varepsilon_{实}$。

⑨ 计算各种组桥方式的桥臂系数 B_i：

$$B_i=\frac{\varepsilon_i}{\bar{\varepsilon}_{测}}$$

式中，B_i 为不同组桥方式下的桥臂系数；ε_i 为不同组桥方式下的应变仪测量的应变值；$\bar{\varepsilon}_{测}$ 为参与组桥电阻片单臂测量值的平均值。

⑩ 根据 ΔP 及悬臂梁的几何尺寸，计算理论应力值 $\sigma_{理}$，然后再计算最大应力的实验值与理论值的相对误差，并分析产生误差的原因。

$$\delta=\frac{\sigma_{理}-\sigma_{实}}{\sigma_{理}}\times100\%$$

实验二十四 金属材料成形虚拟仿真实验

一、实验目的

① 了解冲压成形及压力铸造成型生产工艺过程。

② 掌握冲压成形及压力铸造成型工艺参数的设计原理。

③ 掌握冲压以及压铸模具的结构、各部件装配关系及拆装顺序、模具动作原理。

④ 使学生根据液压机、压铸机的动作原理及结构组成，模拟对设备的操作。

⑤ 了解生产现场安全防护及个人保护，掌握产品检测基本方法。

二、实验原理

1. 虚拟仿真实验

虚拟仿真实验可以实施某些现实条件下无法完成的实验。传统实验受实际物理环境和场所设备条件的限制无法进行，如大型冲压（汽车覆盖件冲压）和铸造温度场预测、大型模具拆装与加工等实验，该类实验在高温或高压或吨位较大等特定环境下进行，运行成本非常高，且一些实验现象难以观察，而虚拟仿真实验可以模拟理想环境，或在人为设定的物理参数下运行，是传统实验的有力补充。虚拟实验教学能将课堂所讲授的理论知识与实践相结合，将专业基础课程、专业课程等各门课程的独立实验内容有机地结合在一起，提高学生的动手能力、分析问题和解决问题的能力，对整个实验有系统的认识，帮助学生在实践中认知理论，提高设计能力、动手能力，开拓思维。

虚拟仿真实验系统平台基于 B/S 结构，根据用户已有服务器所运行的操作系统和工作环境，采用 ASP. NET 技术、3D 建模技术、虚拟现实技术、Web 网络技术和数据库管理技术等进行构建。系统的三维场景浏览、交互及功能发布采用目前流行的 3D 虚拟现实引擎——Unity3D 4.7 进行开发。系统前台页面展示部分采用 HTML、CSS 相结合的形式进行开发，浏览器中 3D 场景展示与交互使用 Unity Web Player Plugin 插件的形式实现，3D 虚拟场景与页面通信采用 JavaScript 脚本的形式实现。

2. 汽车覆盖件冲压成形工艺

汽车覆盖件冲压成形工艺相对一般零件的冲压工艺更复杂，所需要考虑的问题也更多，一般需要多道冲压工序才能完成。常用的主要冲压工序有：落料、拉深、校形、修边、切断、翻边、冲孔等。其中最关键的工序是拉深工序，在拉深工序中，毛坯变形复杂，其成形性质已不是简单的拉深成形，而是拉深与胀形同时存在的复合成形。然而，拉深成形受到多方面因素的影响，仅按覆盖件零件本身的形状尺寸设计工艺不能实现拉深成形，必须在此基础上进行工艺补充形成合理的压料面形状，选择合理的拉深方向、合理的毛坯形状和尺寸、冲压工艺参数等。因为工艺补充量、压料面形状的确定、冲压方向的选择直接关系到拉深件的质量，甚至关系到冲压拉深成形的成败，可以称为是汽车覆盖件冲压成形的核心技术，标志着冲压成形工艺设计的水平。如果拉深件设计不好或冲压工艺设计不合理，就会在拉深过程中出现冲压件的破裂、起皱、折叠、面畸变等质量问题。在制定冲压工艺流程时，要根据具体冲压零件的各项质量要求来考虑工序的安排，以最合理的工序分工保证零件质量，如把最优先保证的质量项的相关工序安排到最后一道工序。同时必须考虑到复合工序在模具设计时实现的可能性与难易程度。

① 覆盖件的结构特征。从总体上来说，汽车覆盖件的总体结构特点，决定了其冲压成形过程中的变形特点，但实际上，由于其结构复杂，难以从整体上进行变形特点分析。因此，为能够比较科学地分析判断汽车覆盖件的变形特点，生产出高质量的冲压件，必须以现有的冲压成形理论为基础，对这类零件的结构组成进行分析，把一个汽车覆盖件的形状看成是由若干个“基本形状”（或其一部分）组成的。这些“基本形状”有：直壁轴对称形状（包括变异的直壁椭圆形状）、曲面轴对称形状、圆锥体形状及盒形形状等。而每种基本形状

都可分解成由法兰形状、轮廓形状、侧壁形状、底部形状组成，因为这些基本形状的零件冲压变形特点、主要冲压工艺参数的确定已经基本可以定量化计算，各种因素对冲压成形的影响已基本明确。通过对基本形状的零件冲压变形特点的分析，并考虑各基本形状之间的相互影响，就能够分析出覆盖件的主要变形特点，判断出各部位的变形难点。

② 覆盖件拉深。a. 汽车覆盖件冲压成形时，内部的毛坯不是同时贴模，而是随着冲压过程的进行而逐步贴模。这种逐步贴模过程，使毛坯保持塑性变形所需的成形力不断变化；毛坯各部位板面内的主应力方向与大小、板平面内两主应力之比等受力情况不断变化；毛坯（特别是内部毛坯）产生变形的主应变方向与大小、板平面内两主应变之比等变形情况也随之不断地变化；即毛坯在整个冲压过程中的变形路径不是一成不变的，而是变路径的。b. 成形工序多。覆盖件的冲压工序一般要 4～6 道工序，多的有 10 多道工序。要获得一个合格的覆盖件，通常要经过下料、拉深、修边（或有冲孔）、翻边（或有冲孔）、冲孔等工序才能完成。拉深、修边和翻边是最基本的三道工序。c. 覆盖件拉深往往不是单纯的拉深，而是拉深、胀形、弯曲等的复合成形。不论形状如何复杂，常采用一次拉深成形。d. 由于覆盖件多为非轴对称、非回转体的复杂曲面形状零件，拉深时变形不均匀，主要成形障碍是起皱和拉裂。为此，常采用加工艺补充面和拉深筋等控制变形的措施。e. 对大型覆盖件拉深，需要较大和较稳定的压边力。所以，广泛采用双动压力机。f. 材料多采用如 08 钢等冲压性能好的钢板，且要求钢板表面质量好、尺寸精度高。g. 制定覆盖件的拉深工艺和设计模具时，要以覆盖件图样和主模型为依据。

③ 覆盖件的成形分类。由于汽车覆盖件的形状多样性和成形复杂性，对汽车覆盖件冲压成形进行科学分类就显得十分重要。汽车覆盖件的冲压成形以变形材料不发生破裂为前提，一个覆盖件成形时，各部位材料的变形方式和大小不尽相同，但通过试验方法定量地找出局部变形最大的部位，并确定出此部位材料的变形特点，归属哪种变形方式，对应于哪些主要成形参数，其参数值范围多大，这样在冲压成形工艺设计和选材时，只要注意满足变形最大部位的成形参数要求，就可以有效地防止废品产生。同时，有了不同成形方式所要求的成形参数指标大小和范围，薄板冶金生产者就能够有目的地采取相应的冶金工艺措施，保证材料的某一、二个成形参数指标达到要求，从而能实现材料的对路供应，使材料的变形潜力得到最大程度的发挥，而又无须一味地要求材料的各项力学性能都达到最高级别。汽车覆盖件的冲压成形分类以零件上易破裂或起皱部位材料的主要变形方式为依据，并根据成形零件的外形特征、变形量大小、变形特点以及对材料性能的不同要求，可将汽车覆盖件冲压成形分为五类：深拉深成形类、胀形拉深成形类、浅拉深成形类、弯曲成形类和翻边成形类。

④ 覆盖件的主要成形障碍及其防止措施。由于覆盖件形状复杂，多为非轴对称、非回转体的复杂曲面形状零件，因而决定了覆盖件拉深时的变形不均匀，所以拉深时的起皱和开裂是主要成形障碍。另外覆盖件成形时，同一零件上往往兼有多种变形性质，例如直边部分属弯曲变形，周边的圆角部分为拉深，内凹弯边属翻边，内部窗框以及凸、凹形状的窝和埂则为拉胀成形。不同部位上产生起皱的原因及防治方法也各不相同。同时，由于各部分变形的相互牵制，覆盖件成形时材料被拉裂的倾向更为严重。

3. 低压铸造工艺

低压铸造是使液体金属在压力作用下充填型腔，以形成铸件的一种方法。由于所用的压力较低，所以叫作低压铸造。其工艺过程如下：在装有合金液的密封容器（如坩埚）中，通入干燥的压缩空气，作用在保持一定浇注温度的金属液面上，造成密封容器内与铸型型腔的压力差，使金属液在气体压力的作用下，沿升液管上升，通过浇口平稳地进入型腔，并适当增大压力并保持坩埚内液面上的气体压力，使型腔内的金属液在较高压力作用下结晶凝固。然后解除液面上的气体压力，使开液管中未凝固的金属液依靠自重流回坩埚中，再开型并取出铸件。至此，一个完整的低压浇注工艺完成，如图 2-53 所示。

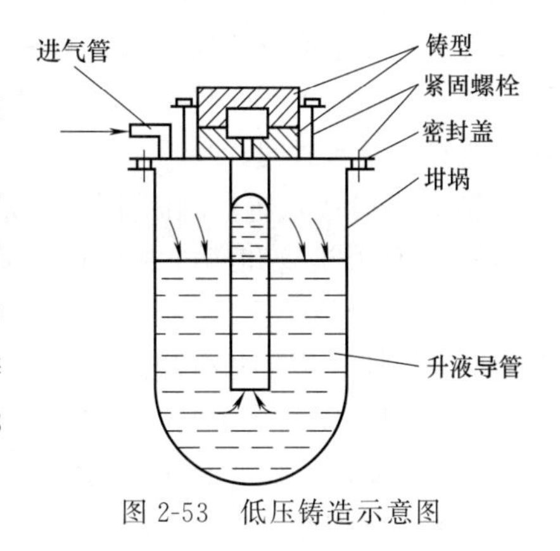

图 2-53 低压铸造示意图

（1）低压铸造独特的优点

① 低压铸造的浇注工艺参数可在工艺范围内任意设置调整，可保证液体金属充型平稳，减少或避免金属液在充型时的翻腾、冲击、飞溅现象，从而减少了氧化渣的形成，避免或减少铸件的缺陷，提高了铸件质量；

② 金属液在压力作用下充型，可以提高金属液的流动性，铸件成形性好，有利于形成轮廓清晰、表面光洁的铸件，对于大型薄壁铸件的成形更为有利；

③ 铸件在压力作用下结晶凝固，并能得到充分的补缩，故铸件组织致密，力学性能高；

④ 提高了金属液的工艺收得率，一般情况下不需要冒口，使金属液的收得率大大提高，收得率一般可达 90%；

⑤ 劳动条件好，生产效率高，易实现机械化和自动化，这也是低压铸造的突出优点；

⑥ 低压铸造对合金牌号的适用范围较宽，基本上可用于各种铸造合金。不仅用于铸造有色合金，而且可用于铸铁、铸钢。特别是对于易氧化的有色合金，更能显示它的优越性能，即能有效地防止金属液在浇注过程中产生氧化夹渣；

⑦ 低压铸造对铸型材料没有特殊要求，凡可作为铸型的各种材料，都可以用作低压铸造的铸型材料。与重力铸造和特种铸造应用的铸型基本相同，如砂型（黏土砂、水玻璃砂、树脂砂等）、壳型、金属型、石墨型、熔模精铸壳型、陶瓷型等都可应用。总之，低压铸造对铸型材料要求没有严格限制。

（2）低压铸造工艺

低压铸造的工艺规范包括升液、充型、增压、保压结晶、卸压、冷却延时，以及铸型温度、浇注温度、铸型的涂料等。

① 升液压力和升液速度：升液压力是指当金属液面上升到浇口所需要的压力。金属液在升液管内的上升速度即为升液速度，升液应平稳，以有利于型腔内气体的排出，同时也可使金属液在进入浇口时不致产生喷溅。

② 充型压力和充型速度：充型压力是指使金属液充型上升到铸型顶部所需的压力。在充型阶段，金属液面上的升压速度就是充型速度。

③ 增压和增压速度：金属液充满型腔后，再继续增压，使铸件的结晶凝固在一定大小的压力作用下进行，这时的压力叫结晶压力或保压压力。结晶压力越大，补缩效果越好，最后获得的铸件组织也愈致密。但通过结晶增大压力来提高铸件质量，不是任何情况下都能采用的。

④ 保压时间：型腔压力增至结晶压力后，并在结晶压力下保持一段时间，直到铸件完全凝固所需要的时间叫保压时间。如果保压时间不够，铸件未完全凝固就卸压，型腔中的金

属液将会全部或部分流回坩埚，造成铸件“放空”报废；如果保压时间过久，则浇口残留过长，这不仅降低工艺收得率，而且还会造成浇口“冻结”，使铸件出型困难，故生产中必须选择适宜的保压时间。

⑤ 卸压阶段：铸件凝固完毕（或浇口处已经凝固），即可卸除坩埚内液面上的压力（又称排气），使升液管和浇口中尚未凝固的金属液依靠重力落回坩埚中。

⑥ 延时冷却阶段：卸压后，为使铸件得到一定的凝固强度，防止开型、脱模取件时发生变形和损坏，须延时冷却。

⑦ 铸型温度及浇注温度：低压铸造可采用各种铸型，非金属型的工作温度一般都为室温，无特殊要求，而对金属型的工作温度就有一定的要求。如低压铸造铝合金时，金属型的工作温度一般控制在200～250℃，浇注薄壁复杂件时，可高达300～350℃。关于合金的浇注温度，实践证明，在保证铸件成型的前提下，应该是愈低愈好。

⑧ 涂料：如用金属型低压铸造时，为了提高其寿命及铸件质量，必须刷涂料；涂料应均匀，涂料厚度要根据铸件表面光洁度及铸件结构来决定。

三、实验器材及材料

① 高性能计算机或工作站；

② 汽车车身覆盖件冲压生产线虚拟仿真软件；

③ 低压铸造虚拟仿真软件。

四、实验方法与步骤

1. 汽车覆盖件冲压生产工艺仿真模拟

虚拟生产之前需对冲件材料、冲件结构等进行分析，设计合理的冲压模具结构，并进行CAD分析，验证制定的工艺结构方案的合理性。冲压虚拟仿真生产流程操作，各工位具体交互操作如下：

（1） 虚拟模具结构拆装

通过虚拟冲压模具拆装，掌握模具的工作原理、结构组成、模具零部件的功能、零部件间的相互配合关系以及模具零件的结构特点、材料及热处理要求等。虚拟模具结构拆装主要步骤要求如下。

① 场景体验：进入逼真的三维虚拟车间环境，车间拥有虚拟冲压模具、车间设备、行车等，感受真实的生产氛围。

② 模具结构认知：查看相关的模具知识，了解真实的模具设计实例，包括三维详细设计、二维工程图等。

③ 拆装实训：根据系统引导，自主完成交互拆卸操作全过程，鼠标点击相关零件进行拆卸动作，如图2-54、图2-55所示。

④ 智能考核。学生进行模具拆装部分考试，成绩自动保存到教师机。

（2）虚拟冲压模具安装

虚拟冲压模具、冲压机与冲压件实际生产所用模具及冲压机一致，虚拟冲压模具安装与实际前盖冲压件生产模具安装一致。根据冲压机操作规程，通过人机交互完成冲压模的虚拟安装，具体交互操作如下。

① 鼠标点击吊钩，吊装模具，使模具逐渐移动到冲压机，慢慢落入安装位置，如图2-56

所示。

② 慢慢移动模具位置，与冲压机中心对准。

③ 鼠标点击冲压机操作面板上“合模按钮”，冲压机动模板移动夹紧冲压模。

④ 鼠标点击压板固定模具到冲压机模板上，拧紧螺帽。

⑤ 调试好锁模力及开模行程距离，空运行模具松紧。

⑥ 随时检查模具压板螺帽是否松动，将顶出活动部位上好润滑油。

⑦ 接好模具与冲压机的冷却系统相关连接，检查水路运行情况。

⑧ 智能上机考核。学生进行模具安装部分考核，成绩自动保存到教师机。

通过虚拟冲压模具安装使学生掌握冲压模具与冲压机的匹配关系，了解冲压模具安装调试技术。

图 2-54 拆除上模镶块

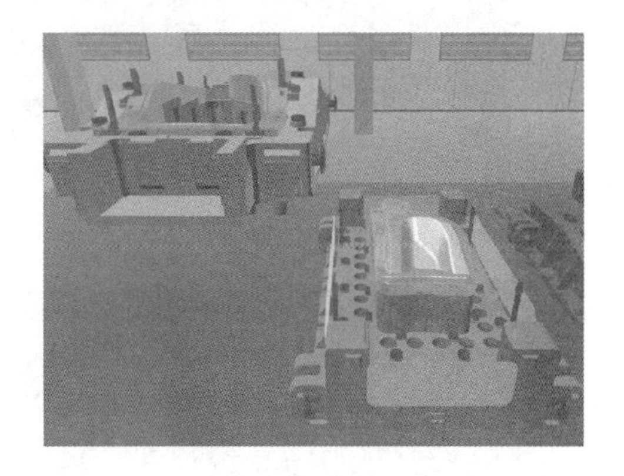

图 2-55 拆除压边圈

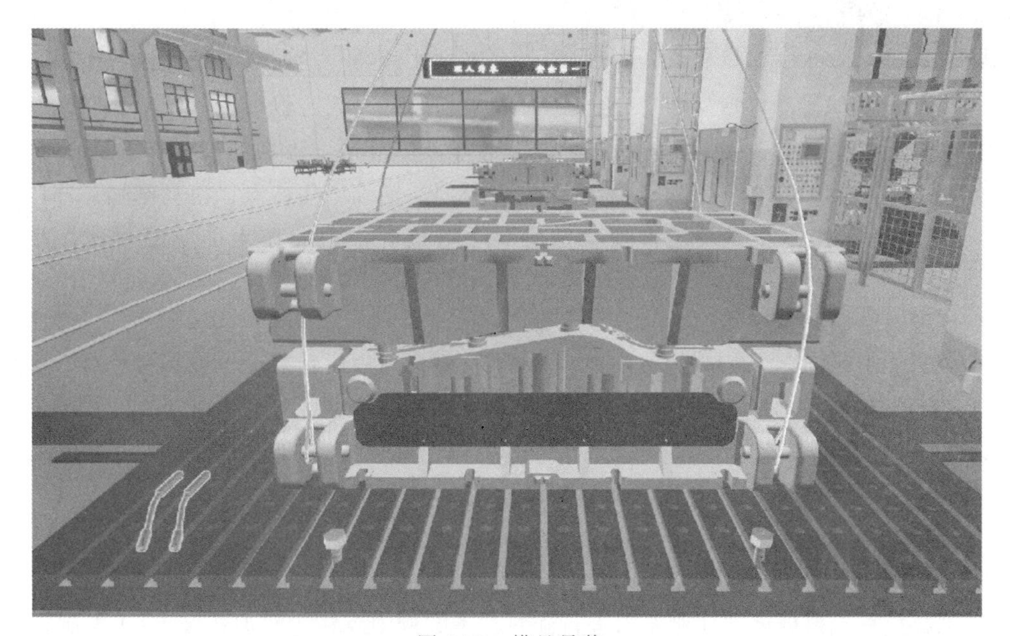

图 2-56 模具吊装

（3）虚拟冲压成形

冲压模安装调试好以后接下来就是冲压成形生产。通过对冲压机操作过程仿真，模拟成形、修边冲孔、翻边等工艺参数设置，合模、成形、开模、冲件顶出、取件等几个主要动作过程，模拟冲压机在冲压成形时的各种操作过程，如图 2-57 所示。

图 2-57　虚拟冲压

图 2-58　操作检验产品

(4) 虚拟检测

① 形位公差检测。运用虚拟专用检具，测量冲件相关孔的位置尺寸、几何尺寸、形状尺寸，经过数学运算求出其位置误差、尺寸误差、形状误差，如图 2-58 所示。

② 智能上机考核。学生进行检测部分考核，成绩自动保存到教师机。

(5) 完成实验报告

虚拟冲压模具拆装、虚拟冲压模具安装、虚拟冲压成形、虚拟检测等生产环节完成以后，填写实验报告。实验报告要求：对前盖冲件材料、冲件结构特点、模具结构、冲压生产原理、工艺流程、操作步骤及生产安全注意事项等撰写虚拟冲压生产实验报告，并在线上传。

2. 低压铸造虚拟生产

低压铸造虚拟生产，主要包括虚拟合金熔炼、模具结构认知、虚拟模具预处理、虚拟低压铸造成型等环节。虚拟生产之前需对铸件材料、铸件结构等进行分析，设计合理的低压铸造模具结构，并进行模流分析，验证制定的工艺结构方案的合理性。低压铸造虚拟仿真生产流程操作步骤有 20 多步，各工位具体交互操作如下：

(1) 虚拟合金熔炼

交互操作步骤如下。

① 配料计算：根据铸件性能要求进行配料。本案例中新料与回炉料按 1∶1 配制。

② 鼠标点击高亮的回炉料，称取相同重量的回炉料与新料按 1∶1 称重配料，然后将料放入推车中，由推车转运到熔炼炉。

③ 鼠标点击高亮的电梯门，将推车从电梯中推出。点击推车，将推车推到熔炼炉门前，点击熔炼炉门，打开炉门，将材料添加到熔炼炉中。点击炉门，使其关闭。

④ 鼠标点击熔炼炉控制面板上的仪表，可以观察熔炼炉的实时温度。点击设置铝液熔炼温度，输入 760，回车，熔炼炉开始升温。

⑤ 当金属熔化后，鼠标点击监视按钮，点击炉门打开炉门，点击盛有除渣剂的勺子，将除渣剂撒一薄层覆盖在金属液表面（除渣剂加入量约为金属液重量的 0.1%～0.3%）上，待反应充分后，点击除渣器，进行出炉前扒渣，然后点击高亮的炉门，使其关闭。

⑥ 熔炼好的合金液体倾倒入浇包中。鼠标点击勺子，取合金液体浇注检验样件，将浇注好的样件拿去做成分分析。

⑦ 鼠标点击浇包手轮，调整浇包吊杆角度，以便于叉车运输，将浇包运至精炼机处。

⑧ 鼠标点击浇包手轮，调整浇包吊杆到合适位置。

⑨ 在精炼机操作面板，鼠标点击精炼时间，设置精炼时间 6min；点击转子转速，设置工作转子速度 600r/min。精炼时旋转的转子将喷吹进入铝水中的惰性气体（氩气或氮气）破碎成大量的弥散气泡，并使其分散在铝液中，吸收熔液中的氢及氧化夹渣，并随气泡上升而被带出熔液表面，使熔液得以净化。氩气和氮气都可以用来对铝液进行除气。惰性气体纯度须在 99.95%以上。

⑩ 铝液静置 5min。鼠标点击除渣工具，去除浮渣，取出带有浮渣的工具。

⑪ 鼠标点击浇包手轮，调节浇包吊杆角度，通过叉车使浇包转运到低压铸造机定量炉前，将熔炼好的合金液体倒入定量炉中，交付低压铸造使用。合金熔炼安全注意事项：a. 添加的炉料必须干燥。合金液温度高，当液体内部混入气体、水分时，剧烈膨胀可能造成爆炸；b. 注意防火。合金液体的飞溅、喷射可能造成火灾。

⑫ 智能考核。学生进行合金熔炼部分考试。

实验时根据要求，按照虚拟仿真实验系统实际操作合金熔炼，实验场景包括配料、装炉、熔化、扒渣/搅拌、浇注检验样件、精炼、扒渣、静置、交付低压铸造生产等虚拟工作场景。点击铝锭和废料，分别称量等比例的铝锭和废料，如图 2-59 所示；设置熔炼温度，如图 2-60 所示；交互操作添加除渣剂；交互操作除渣；精炼时间设置如图 2-61 所示。通过虚拟合金熔炼实训使学生掌握炉料配比及各种炉料的准备；掌握常用铝合金的牌号及相关性能；了解合金熔炼工艺过程。

图 2-59　虚拟车间场景

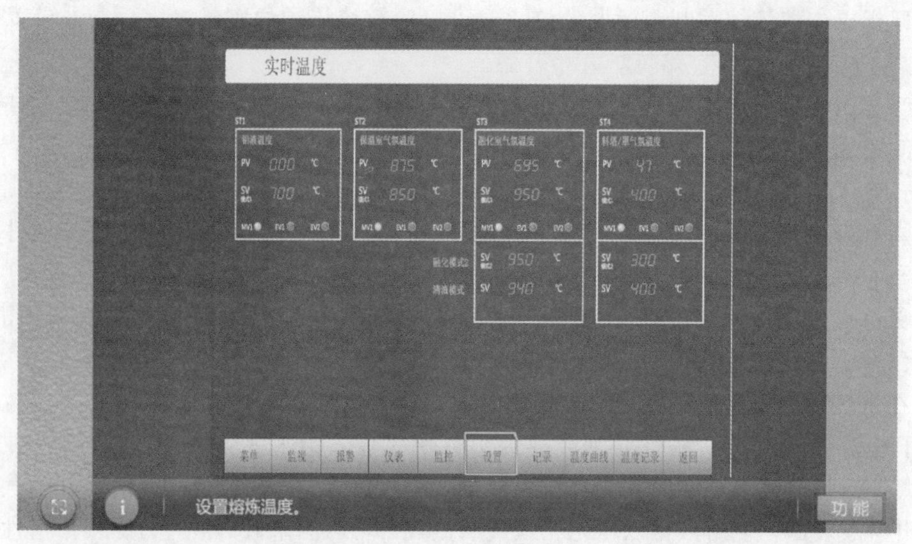

图 2-60　交互设置熔炼温度

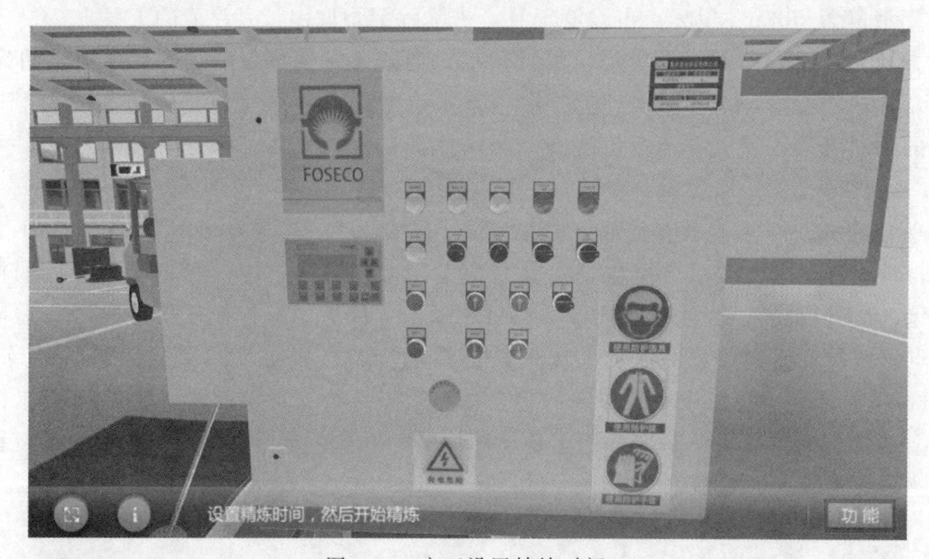

图 2-61　交互设置精炼时间

（2）虚拟模具结构认知

通过虚拟低压铸造模具认知，掌握模具的工作原理、结构组成、模具零部件的功能、零部件间的相互配合关系以及模具零件的结构特点、材料及热处理要求等。虚拟模具结构拆装主要步骤要求如下。

① 场景体验：进入逼真的三维虚拟车间环境，车间拥有虚拟低压铸造模具、车间设备、行车等，感受真实的生产氛围。

② 模具结构认知：查看相关的模具知识，了解真实的模具设计实例，包括三维详细设计、二维工程图等。部分模具零件如图 2-62 所示。

③ 智能考核：学生进行模具认知部分考试。

（3）虚拟低压铸造模具预处理

虚拟低压铸造模具、低压铸造机与轮毂低压铸造件为实际生产所用模具及低压铸造机一

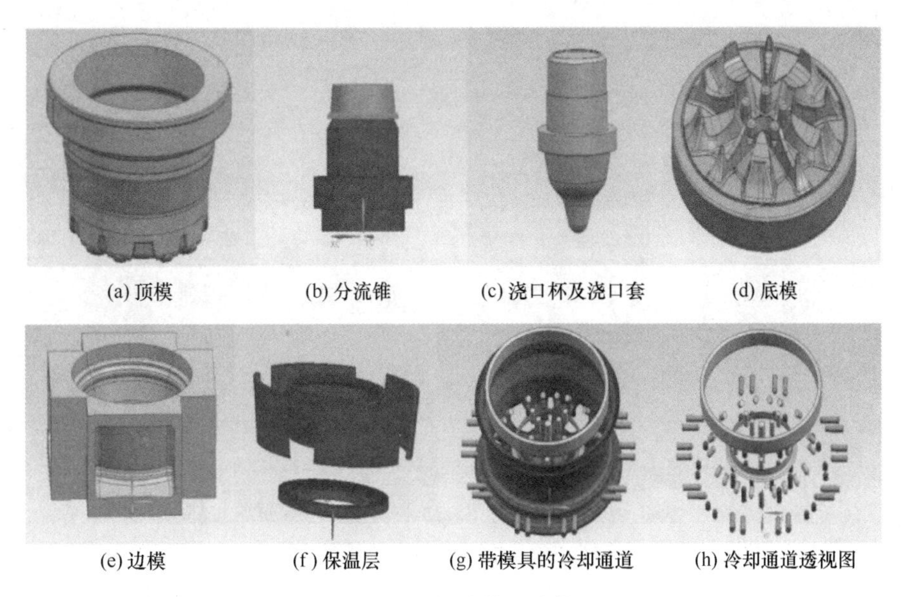

(a) 顶模　(b) 分流锥　(c) 浇口杯及浇口套　(d) 底模

(e) 边模　(f) 保温层　(g) 带模具的冷却通道　(h) 冷却通道透视图

图 2-62　部分模具零件

致，虚拟低压铸造模具预处理过程与实际低压铸造件生产模具预处理一致。具体交互操作如下。

① 模具预热处理：

a. 鼠标点击喷火枪，移至升液管，打开喷火开关，开始加热升液管。喷火枪使用完后放回原存储位置。b. 鼠标点击喷火枪，移至顶模，打开喷火开关，开始加热顶模。喷火枪使用完后放回原存储位置。其他部分预热方法，同上。

② 模具表面喷涂料。进行模具涂料喷涂前，要先学习了解模具涂料相关知识。鼠标点击喷涂枪，移至顶模，打开喷涂枪开关，开始喷涂顶模。喷涂枪使用完后放回原存储位置。

（4）虚拟低压铸造成型

低压铸造模具预处理后，进行安装调试，接下来就是低压铸造成型生产。虚拟低压铸造成型以实际低压铸造机为原型进行构建，通过对低压铸造机操作过程仿真，模拟工艺参数设置、合模、充型、保压、开模、铸件顶出、取件等几个主要动作过程，主要操作步骤如下。

① 低压铸造机结构认知：选择不同的低压铸造机零部分件，动态标注各零件名称、作用。查阅相关知识点，掌握低压铸造动作原理、低压铸造机选型原则。

② 低压铸造成型：包括合模、充型、保压、冷却、开模、铸件顶出、取件等操作的虚拟仿真；低压铸造成型工艺参数设置的虚拟仿真。轮毂低压铸造生产交互操作过程如下。

a. 鼠标点击低压铸造机操作面板，首先打开开机电源，然后设置相关工艺参数，工艺参数设置过程中，可以查阅相关知识点，如图 2-63 所示。

b. 接下来完成低压铸造成型设备相关操作。鼠标点击操作面板合模，机床实现顶模、底模、边模合模动作。

c. 点击操作面板充型按钮，低压铸造机保温箱内液面在压力作用下，升液管内的液面开始上升，使金属液逐渐充填模具型腔。

d. 点击操作面板冷却保压按钮，模具冷却系统开始充入压缩空气，实现模具冷却，同时型腔内铸件实现冷却凝固。

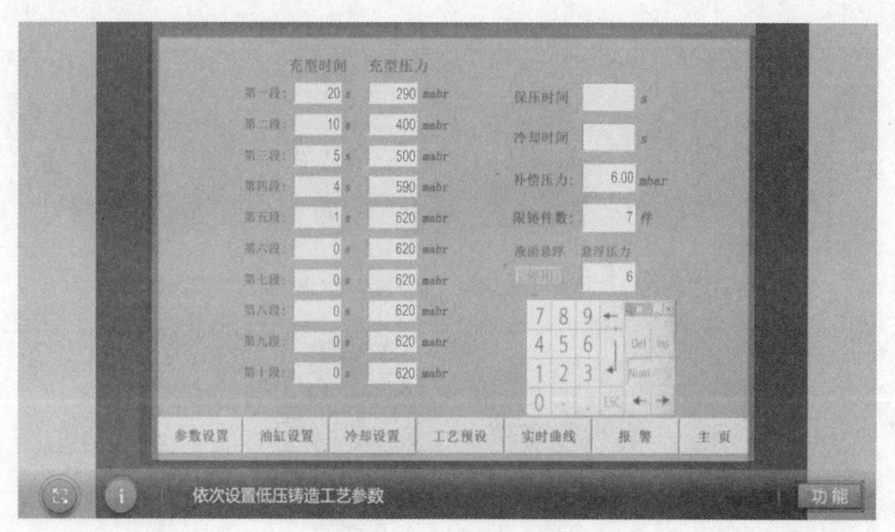

图 2-63 交互设置工艺参数

e. 鼠标点击操作面板开模按钮，顶模、边模分别向上、向外运动，模具打开。

f. 鼠标点击操作面板顶出按钮，在低压铸造机推出机构的作用下模具推出机构动作，顶出铸件，托盘运动接住铸件，并向外移出。

g. 鼠标点击操作面板取出按钮，机械手运动取出铸件，并放置于货架上。

③ 智能上机考核。学生进行低压铸造成型部分考核。通过虚拟低压铸造成型实验使学生进一步了解低压铸造动作原理及结构，并掌握低压铸造机正确操作方法与步骤，掌握低压铸造工艺参数设置，掌握铸件常见缺陷分析。

（5）铸件检测及缺陷分析

进行轮毂气密性检测，利用金相显微镜等手段检测铸件内部缺陷，记录实验现象并分析。

五、实验报告要求

实验后完成实验报告，实验报告直接在虚拟仿真实验系统平台上提交，应包含如下内容：

① 实验目的、实验原理等；

② 简述冲压成形及压铸成形工艺过程；

③ 详细阐述各虚拟仿真实验的操作步骤；

④ 实验记录各实验过程中的参数设置及实验数据；

⑤ 从工艺角度分析可能会致使产品产生哪些缺陷，以及优化的措施。

第三部分

创新设计型实验

实验二十五 DEFORM 软件在金属塑性成形中的应用

一、实验目的

① 了解传统的体积成形工艺设计与成形分析的方法，掌握体积成形产品的成形难点和工艺设计要素。

② DEFORM 成形软件把体积成形的理论和数值模拟结合起来，学会利用计算机辅助进行成形工艺分析。

③ 学会从模拟分析的后处理结果中分析、预测体积成形中的变形或开裂等缺陷。

④ 了解如何针对不同的模拟分析结果和可能出现的不同缺陷对现有的工艺方案进行优化设计和有效的改进。

二、实验原理

1. DEFORM 模拟分析软件介绍

DEFORM 为世界公认的用于模拟和分析材料体积成形过程的大型权威软件，可模拟和分析自由锻、模锻、挤压、拉拔、轧制、摆辗、平锻、饼接、辗锻等多种塑性成形工艺过程；进行模具应力、弹性变形和破损分析；模拟和分析冷、温、热塑性成形问题；模拟和分析多工序塑性成形问题；适用于刚性、塑性及弹性金属材料，粉末烧结体材料，玻璃及聚合物材料等的成形过程，确保模具设计与制造的可靠性。

(1) DEFORM-2D（二维）

适用于各种常见的 UNIX 工作站平台（HP、SGI、SUN、DEC、IBM）和 Windows-NT 微机平台。可以分析平面应变和轴对称等二维模型。它包含了最新的有限元分析技术，既适用于生产设计，又方便科学研究。

(2) DEFORM-3D（三维）

适用于各种常见的 UNIX 工作站平台（HP、SGI、SUN、DEC、IBM）和 Windows-NT 微机平台。可以分析复杂的三维材料流动模型。用它来分析那些不能简化为二维模型的问题尤为理想。

(3) DEFORM-PC（微机版）

适用于运行 Windows 95、98 和 NT 的微机平台。可以分析平面应变问题和轴对称问题，适用于有限元技术刚起步的中小企业。

(4) DEFORM-Pro (Pro 版)

适用于运行 Windows 95、98 和 NT 的微机平台。比 DEFORM-PC 功能强大，它包含了 DEFORM-2D 的绝大部分功能。

(5) DEFORM-HT (热处理)

附加在 DEFORM-2D 和 DEFORM-3D 之上。除了成形分析之外，DEFORM-HT 还能分析热处理过程，包括：硬度、晶相组织分布、扭曲、残余应力、含碳量等。

2. DEFORM 功能

(1) 成形分析

冷、温、热锻的成形和热传导耦合分析（DEFORM 所有产品）；丰富的材料数据库，包括各种钢、铝合金、钛合金和超合金（DEFORM 所有产品）；用户自定义材料数据库允许用户自行输入材料数据库中没有的材料（DEFORM 所有产品）。提供材料流动、模具充填、成形载荷、模具应力、纤维流向、缺陷形成和韧性破裂等信息（DEFORM 所有产品）。

刚性、弹性和热黏塑性材料模型，特别适用于大变形成形分析（DEFORM 所有产品）；弹塑性材料模型适用于分析残余应力和回弹问题（DEFORM-Pro、2D、3D）；烧结体材料模型适用于分析粉末冶金成形（DEFORM-Pro、2D、3D）；完整的成形设备模型可以分析液压成形、锤上成形、螺旋压力成形和机械压力成形（DEFORM 所有产品）；用户自定义子函数允许用户定义自己的材料模型、压力模型、破裂准则和其他函数（DEFORM-2D，3D）；网格划线（DEFORM-2D、PC、Pro）和质点跟踪（DEFORM 所有产品）可以分析材料内部的流动信息及各种场量分布温度、应变、应力、损伤及其他场变量等值线的绘制，使后处理简单明了（DEFORM 所有产品）；自我接触条件及完美的网格再划分使得在成形过程中即便形成了缺陷，模拟也可以进行到底（DEFORM-2D、Pro）变形体模型允许分析多个成形工件或耦合分析模具应力（DEFORM-2D、Pro、3D）；基于损伤因子的裂纹萌生及扩展模型可以分析剪切、冲裁和机加工过程（DEFORM-2D）。

(2) 热处理

模拟正火、退火、淬火、回火、渗碳等工艺过程；预测硬度、晶粒组织成分、扭曲和含碳量；专门的材料模型用于蠕变、相变、硬度和扩散；可以输入顶端淬火数据来预测最终产品的硬度分布；可以分析各种材料晶相，每种晶相都有自己的弹性、塑性、热和硬度属性。

混合材料的特性取决于热处理模拟中每步各种金属相的百分比。

3. 体积成形技术

在外力作用下金属材料通过塑性变形，获得具有一定形状、尺寸和力学性能的零件或毛坯的加工方法。金属塑性成形在工业生产中称为压力加工，分为：自由锻、模锻、挤压、拉拔、轧制等。它们的成形方式如图 3-1 所示。

体积成形技术的特点：

① 改善金属的组织、提高力学性能。金属材料经压力加工后，其组织、性能都得到改善和提高，塑性加工能消除金属铸锭内部的气孔、缩孔和树枝状晶等缺陷，并由于金属的塑性变形和再结晶，可使粗大晶粒细化，得到致密的金属组织，从而提高金属的力学性能。在零件设计时，若正确选用零件的受力方向与纤维组织方向，可以提高零件的抗冲击性能。

② 材料的利用率高。金属塑性成形主要是靠金属的体积重新分配，而不需要切除金属，因而材料利用率高。

③ 较高的生产率。塑性成形加工一般是利用压力机和模具进行成形加工的，生产效率

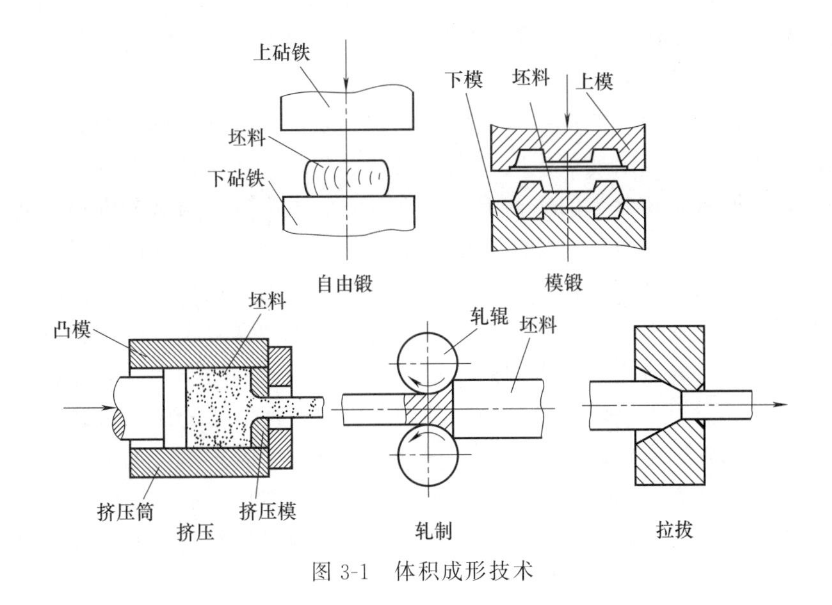

图 3-1 体积成形技术

高。例如，利用多工位冷镦工艺加工内六角螺钉，比用棒料切削加工工效提高约 400 倍以上。

④ 毛坯或零件的精度较高。应用先进的技术和设备，可实现少切削或无切削加工。例如，精密锻造的伞齿轮齿形部分可不经切削加工直接使用，复杂曲面形状的叶片精密锻造后只需磨削便可达到所需精度。材料：钢和非铁金属可以在冷态或热态下压力加工。用途：承受冲击或交变应力的重要零件（如机床主轴、齿轮、曲轴、连杆等），都应采用锻件毛坯加工。所以压力加工在机械制造、军工、航空、轻工、家用电器等行业得到广泛应用。例如，飞机上的塑性成形零件的质量分数占 85%；汽车，拖拉机上的锻件质量分数约占 60%～80%。缺点：不能加工脆性材料（如铸铁）和形状特别复杂（特别是内腔形状复杂）或体积特别大的零件或毛坯。

以下以自由锻为例说明锻造成形的工艺过程。自由锻造是利用冲击力或压力使金属材料在上下两个砧铁或锤头与砧铁之间产生变形，从而获得所需形状、尺寸和力学性能的锻件的成形过程。

自由锻成形的过程特征，成形过程中坯料的整体或局部发生塑性成形，金属坯料在水平方向可自由流动，不受限制。自由锻要求被成形材料（黑色金属或有色金属）在成形温度下具有良好的塑性。自由锻锻件的形状取决于操作者的技术水平，但锻件质量不受限制。

自由锻可使用多种锻压设备（如空气锤、蒸汽锤、电液锤、机械压力机和液压机等），锻造工具简单且通用性大，操作方便。但是，自由锻存在生产率低、金属损耗大和劳动条件较差等缺点。经自由锻成形所获得的锻件，精度和表面品质差，故自由锻适用于形状简单的单件小批量毛坯成形，特别是重、大型锻件的生产。自由锻成形过程如图 3-2 所示。

零件图 → 绘制锻件图 → [计算坯料质量和尺寸、下料 / 确定工序、加热温度、设备等] → 加热坯料、锻打 → 检验 → 锻件

图 3-2 自由锻成形过程

4. 体积成形模拟分析的原理

将锻坯作为变形体，金属成形过程就是一个由变化的温度场和微观组织场耦合的变形过程。这一过程可由一组微分方程来描述。这组微分方程包括：应力平衡方程，描述应变-位

移/应变率-速度关系的几何方程，描述材料应力-应变、应变率、温度、微观组织关系的本构方程。描述微观组织变化与温度、应力、应变、应变率及其他类型微观组织变化关系的微观组织演化方程，以及变形体的一组力学和热学边界条件和包括初始微观组织在内的初始条件。金属成形工艺过程的有限元模拟实质上就是在已知工件坯料几何形状、边界条件、初始条件及工件材料的所有一切参数的条件下用有限元方法求解这一组微分方程。通常以变形体的节点速度和温度为求解变量。考虑成形过程中的某一时刻、当变形体的速度场和温度场解出以后，通过积分可以得到变形体的位移场及变形体现时的各点坐标。据此由几何方程可进一步计算出变形体的应变率，再用材料的本构方程由初始微观组织、温度、应变、应变率计算出应力，用微观组织的演化方程由初始微观组织、应变、应变率和应力计算出现时的微观组织变化。由边界的应力可以求得模具所受到的压力以及所需要的压力机载荷。如果计算中将模具和锻件坯料都算作变形体，则模具的温度和变形可同时求得。如果在计算中加进去材料的破坏准则，在计算应力和应变时可以用破坏准则去判断现时的应力应变是否达到了破坏的程度以及发生何种破坏。对于模锻，在合模后由工件的坐标和模具的位置可以知道是否有模具未充满和折叠缺陷。可见，锻造工艺有限元模拟分为两步：①用户输入要模拟的对象：工件模具的几何信息材料参数初始状态和边界条件；②模拟软件根据所输入的数据求解微分方程组，计算出所需要的各种物理量，并将这些计算结果输出给用户。这就是说锻造工艺模拟可以在不做任何试验的情况下就能使技术人员知道他所设计的工艺、模具和锻件坯料是否合理，如果不合理，可以修改设计重新输入数据再模拟一次直到设计满意为止。对于传统的弹塑性/刚塑性本构关系，通常采用简单应力状态试验（拉伸、压缩、扭转等）来测试其中的材料参数。使用这种方法的基本要求是试样内应力、应变和温度均匀。不均匀性越大测出的材料参数误差越大。在高温条件下当考虑微观组织变化时，要做到试样内微观组织完全均匀是很困难的，但是由于微观组织变化与宏观变形之间的非线性关系，微观组织空间分布的很小的差异会引起宏观应力应变的很大差别，同样宏观变形的不均匀性也会引起微观组织更大的不均匀。因为这种情况下试样的变形已不是简单应力状态，而应看作为一个复杂结构了。因此我们面对的问题是如何从一个复杂结构变形的试验结果反算出材料的本构参数。对于线性材料已有人建立了一种逆有限元法，但对于物理非线性和几何非线性很强的高温锻造过程，这种方法便无能为力了。最近我国学者提出了一种试验与有限元相结合的分步迭代法。这种方法的收敛判据是有限元计算结果与试验结果之差小于某个小的常数。这种方法是首先用传统的方法由试验结果计算出材料参数的初始值。然后代入有限元程序中模拟试验过程，并根据计算结果与试验结果之差去修正这些参数。与普通的数值法代法相比，由于各参数对试验结果各物理量的影响关系十分复杂，因此修正公式要复杂得多。目前这种迭代方法的理论研究工作正在进行之中。

关于接触边界的处理和计算方法，与一般的结构分析相比，锻造工艺模拟的特点是：工件与模具的接触边界是随时间变化的。这种接触边界的处理和计算涉及摩擦机理、接触与脱离搜索方法及判断准则、法向接触力计算方法等几个方面。虽然目前这些问题已有了不少解决方法并已用于各种金属成形模拟的软件中，但是由于金属成形模具形状的复杂性，现有方法还有很多需要改进之处，所以至今接触问题算法仍然是当前金属成形模拟领域的研究热点之一。

例如在三维模拟软件中，通常模具表面的几何形状用很多平面网格逼近，这种方法虽然接触判断计算简单，但是因模具形状描述越精确要求网格越密，因此接触搜索所需要的计算机时也就越多。对于复杂形状的工件，工件的有限元网格和模具网格都很多时，在零件成形的后期，甚至出现处理接触边界的机时超过每一个时间步长所需总机时的一半。为此提出用参数曲面来逼近模具表面，例如 MARC 公司的 AUTOFORGE 软件使用的是 B 样条曲面。北京机电所正在进行的研究工作中是用自然曲面和 B 样条曲面共同描述模具表面。这种描述方法，不仅减少了描述模具表面的网格数，缩减了接触搜索的时间，并且使法线连续变化消除了接触锁住现象。在搜索技术方面，近年来也提出了如全局搜索、局域搜索等很多新的方法。摩擦接触力算法也有罚函数法、拉格朗日乘子法等多种算法。在摩擦机理研究方面，很多人设计了专用装置对不同条件下的金属成形的摩擦规律进行了大量的实验研究，发现实际情况与库仑摩擦定律有明显差别并对库仑定律提出了分段描述的修正方法。

关于网格生成和重划分算法，有限元的自身特点决定了变形体网格的质量对计算精度影响很大，因此在金属成形模拟的整个过程中应保持网格质量不至于太差。但是由于锻件形状的多样性和复杂性，以及金属成形的大变形特征，研究工件初始网格生成和变形过程中对畸变过大的网格进行重新划分的方法就成了金属成形有限元模拟领域的另一个研究热点，尤其是对于三维体积成形模拟问题，这一问题的研究更显得重要，其难度也就更大。当前大多数体积成形模拟软件都使用四面体单元，这种单元的特点是网格发生和重划算法比较简单，对复杂形状边界表面协调性好，但是计算精度低。因此使用六面体网格是人们的努力目标，为此国际上对此问题进行了多年的研究，但至今还是尚未成熟。目前存在多种六面体网格生成算法，如立方体填充法，由四面体网格到六面体网格的单元转换法，以及由实体表面向实体内部逐层生成法。填充法能实现自动化且效率高，但边界上的单元质量差。单元转换法也可实现自动化，缺点也是网格质量差。第三种方法生成的网格质量最好，但是因为要与复杂边界已生成的网格协调，因此内部各网格的点与点、面与面关系非常复杂，实现这种方法难度很大。

对塑性成形工序进行力学分析和确定工序变形力，以作为合理选用成形设备、正确设计模具和制订工艺规程的主要理论依据。除了实验方法外，工程上一般还采用一些近似的方法来求解变形力，如主应力法等。

(1) 主应力法的基本原理

通过对应力状态做一些近似假设，建立以主应力表示的简化平衡方程和塑性条件，使求解过程大大简化。其基本假设为：

① 把问题简化为平面问题或轴对称问题，对于形状复杂的变形体，可以把它划分为若干部分，每一部分分别按平面问题或轴对称问题处理。

② 根据变形时金属流动的方向，沿变形体整个（或部分）截面切取一个包含接触面在内的基元体，且设作用于该基元体上的正应力与一个坐标无关并为均匀分布的主应力，接触面上的摩擦力用库仑摩擦条件或常摩擦条件表示。根据基元体的静力学平衡条件，得到一个简化的应力平衡微分方程。

③ 应用塑性条件时，假设接触面上的正应力为主应力，即忽略摩擦力对塑性条件的影响，从而使塑性条件大大简化。

将经过简化的平衡微分方程和塑性条件联立求解，并利用边界条件确定积分常数求得接触面上的应力分布，进而求得变形力。

(2) 圆柱体镦粗变形力计算

在均匀变形假设条件下，圆柱体在压缩过程中不会出现鼓形，因此，圆柱体镦粗属于轴对称问题，宜采用圆柱坐标（r，θ，z）。如图 3-3 所示，设 h 为圆柱体的高度，R 为半径，σ_r 为径向正应力，σ_θ 为子截面上的正应力，τ_f 为接触表面上的摩擦切应力。从变形体中切取一高度为 h、厚度为 $\mathrm{d}r$、中心角为 $\mathrm{d}\theta$ 的单元体。

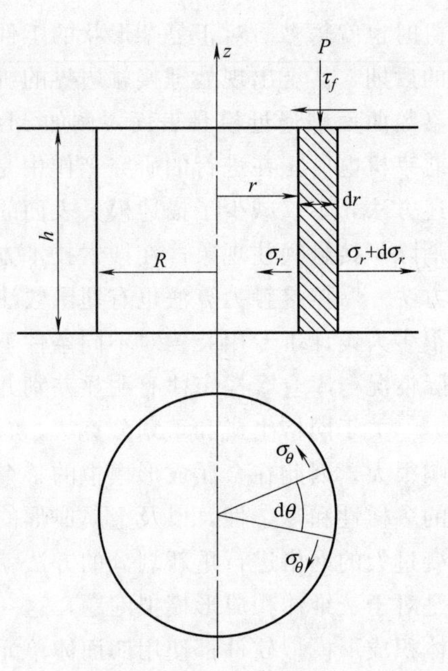

图 3-3　镦粗圆柱体及单元体上的应力分量

沿径向列出单元体的静力平衡方程

$$(\sigma_r+\mathrm{d}\sigma_r)(r+\mathrm{d}r)h\,\mathrm{d}\theta-\sigma_r rh\,\mathrm{d}\theta-2\tau_f r\,\mathrm{d}r\,\mathrm{d}\theta-2\sigma_\theta h\,\mathrm{d}r\sin\frac{\mathrm{d}\theta}{2}=0$$

忽略高次微量，并且有 $\sin\frac{\mathrm{d}\theta}{2}\approx\frac{\mathrm{d}\theta}{2}$，整理后可得

$$\frac{\mathrm{d}\sigma_r}{\mathrm{d}r}-\frac{2\tau_f}{h}+\frac{\sigma_r-\sigma_\theta}{r}=0 \tag{3-1}$$

为了求解式（3-1），需要确定 σ_r 与 σ_θ 之间的关系。在均匀变形条件下，圆柱体压缩时产生的径向应变为

$$\mathrm{d}\varepsilon_r=\frac{\mathrm{d}r}{r}$$

周向应变为

$$\mathrm{d}\varepsilon_\theta=\frac{2\pi(r+\mathrm{d}r)-2\pi r}{2\pi r}=\frac{\mathrm{d}r}{r}$$

即 $\mathrm{d}\varepsilon_r=\mathrm{d}\varepsilon_\theta$，由应力应变关系式可得 $\sigma_r=\sigma_\theta$，代入式（3-1），可得

$$\frac{\mathrm{d}\sigma_r}{\mathrm{d}r}-\frac{2\tau_f}{h}=0 \tag{3-2}$$

假设接触表面上的摩擦切应力服从库仑摩擦定律 $\tau_f=\mu p$，则有

$$\frac{\mathrm{d}\sigma_r}{\mathrm{d}r}-\frac{2\mu p}{h}=0 \tag{3-3}$$

式中，p 为工具作用在圆柱体上的单位压力。

在式（3-3）中包含有 r 方向上的应力 σ_r 和工具作用在圆柱体 z 方向上的单位压力 p，与变形力有关的是 p。为了消除 σ_r，需要引入屈服准则式（3-4）：

$$\sigma_r-\sigma_z=\pm\beta\sigma_s \tag{3-4}$$

由于 $\sigma_r=\sigma_\theta$，式（3-4）中 $\beta=1$。σ_z 为压缩应力，同样有 $p=-\sigma_z$，代入式（3-4），可得

$$\sigma_r-\sigma_z=\sigma_r+p=\sigma_s \tag{3-5}$$

因 σ_z 实际上不是主应力，式（3-5）为近似屈服准则。对式（3-5）微分后得

$$\mathrm{d}\sigma_r=-\mathrm{d}p \tag{3-6}$$

将式（3-6）代入式（3-3），可得

$$\frac{\mathrm{d}p}{\mathrm{d}r}+\frac{2\mu p}{h}=0 \tag{3-7}$$

将式（3-7）积分后，可得

$$p=C\mathrm{e}^{-\frac{2\mu}{h}r} \tag{3-8}$$

应力边界条件为：当 $r=R$ 时，$\sigma_r=0$，由屈服准则式（3-5）可知

$$p|_{r=R}=\sigma_s \tag{3-9}$$

将式（3-9）代入式（3-8），可得

$$C=\sigma_s e^{\frac{2\mu}{h}R} \tag{3-10}$$

将式（3-10）再代入式（3-8），可得

$$p=\sigma_s e^{\frac{2\mu}{h}(R-r)} \tag{3-11}$$

变形力为

$$P=\int_0^R 2\pi rp\,dr=\int_0^R \sigma_s e^{\frac{2\mu}{h}(R-r)} 2\pi r\,dr=\frac{\pi\sigma_s h^2}{2\mu^2}\left[e^{\frac{2\mu}{h}R}-\left(1+\frac{2\mu}{h}R\right)\right] \tag{3-12}$$

平均压力为

$$\overline{p}=\frac{P}{\pi R^2}=\frac{\sigma_s h^2}{2R^2\mu^2}\left[e^{\frac{2\mu}{h}R}-\left(1+\frac{2\mu}{h}R\right)\right] \tag{3-13}$$

三、实验器材及材料

① 高性能计算机或者工作站，打印机；

② UG 或者 CATIA 三维建模软件，DEFORM 软件；

③ 锻造零件产品二维图等。

四、实验方法与步骤

（1）三维造型与模具设计

① 对指定的二维产品图，使用 UG NX 或者 CATIA 造型软件进行造型；

② 建立坯料的三维模型面；

③ 从三维模型中，分离出产品的中性面以及坯料的中性面；

④ 根据产品模型，进行模具设计，确定模具结构，并且根据模具结构将模具的工作部分进行三维造型；

⑤ 将造型好的凸模、凹模分离出与工件接触的工作表面；

⑥ 将所有得到的模型转换成 stl 标准格式文件，导出存在同一文件目录下，并且取好相应的文件名（Block_Billet. stl，Block_BottomDie. stl，Block_TopDie. stl）。

（2）网格划分与前处理

① 打开 DEFORM，新建一个 problem 文件，文件名取 DEFORM_1. key，如图 3-4 所示。

② 打开前处理界面，在 New Simulation 菜单下“Insert Object”插入“Workpiece，BottomDiel，TopDie”分别导入 Block_Billet. stl，Block_BottomDie. stl，Block_TopDie. stl，如图 3-5 所示。

③ 选择“Object Type”，Workpiece 工件为 Plastic（塑性），Die 模具为 Rigid（刚性），如图 3-6 所示。

④ 检查几何体及其边界情况，如图 3-7 所示。

⑤ 对工件和模具进行网格划分，并对网格进行检查，如图 3-8 所示。

⑥ 选择工件和模具的材料，如图 3-9 所示。

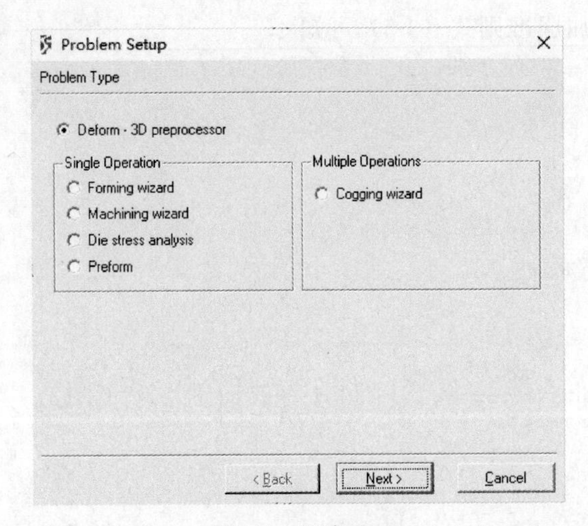

图 3-4　新建项目

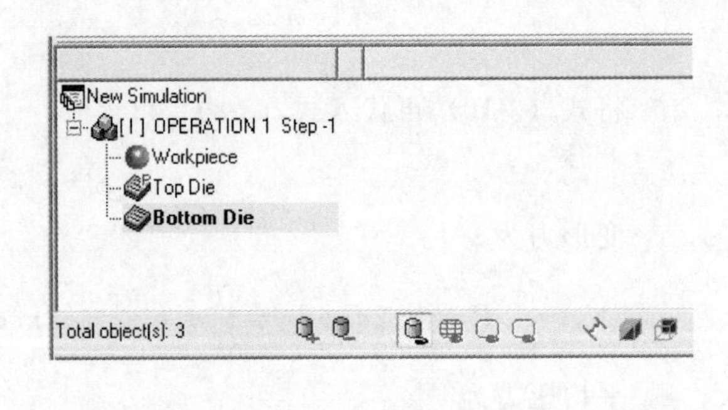

图 3-5　添加 Workpiece、BottomDie、TopDie

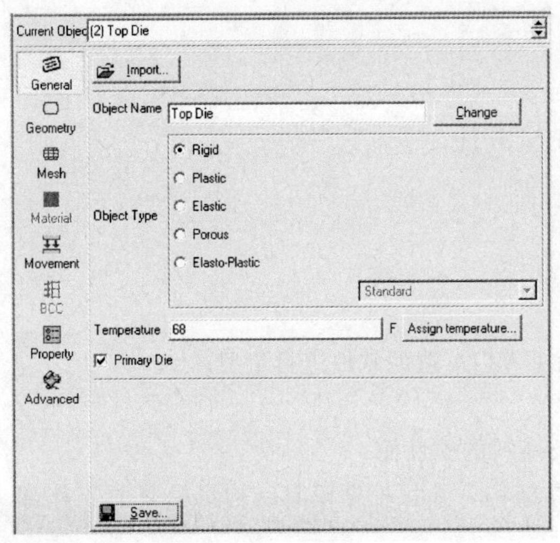

图 3-6　设置物体类型

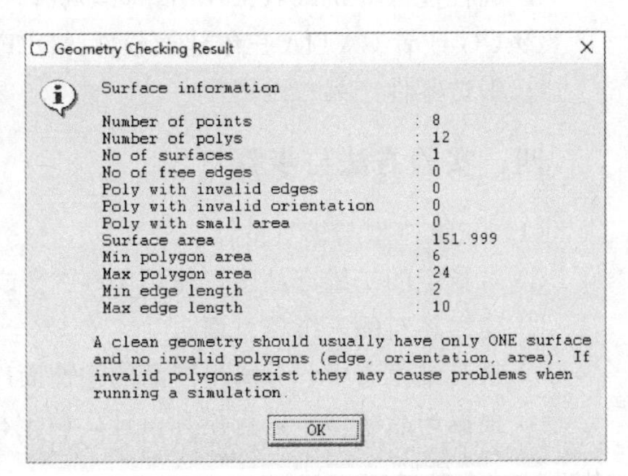

图 3-7　检查几何体及其边界

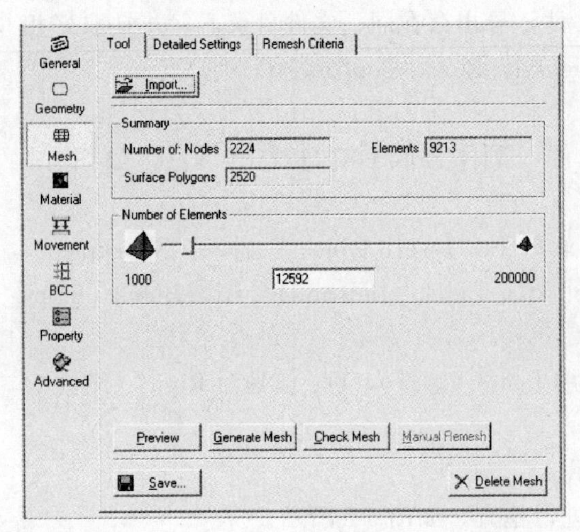

图 3-8　网格划分

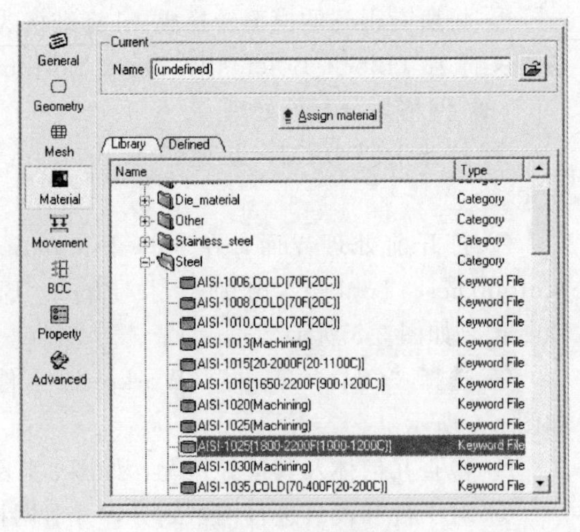

图 3-9　设置材料

⑦ 选择工件和模具的运动速度、运动的方向，如图 3-10 所示。

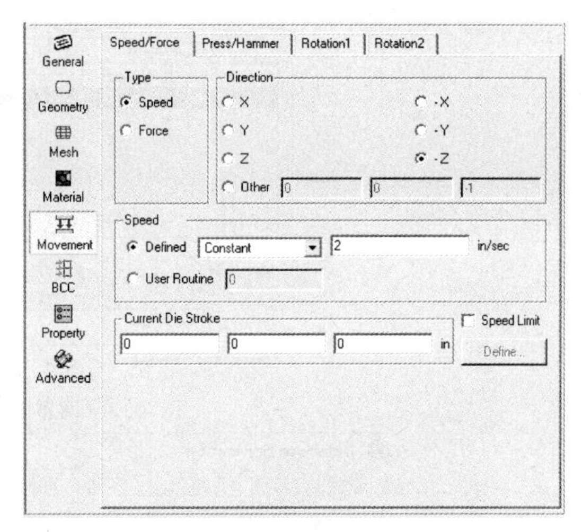

图 3-10 设置模具运动方向及速度

⑧ 进入“Simulation Control”设置单位和类型，选择要模拟的加工种类，如图 3-11 所示。

⑨ 设置模拟的步长、加工的条件，设置主目标和次目标，如图 3-12 所示。

⑩ 设置工件与模具之间的摩擦系数、传热条件，如图 3-13 所示。

⑪ 生成并检查数据库“Database Generation”存为“DEFORM _ 1. DB”，如图 3-14 所示。

(3) 进入“Running Simulations”进行模拟操作、注意模拟过程中出现的缺陷，如图 3-15 所示。

(4) 进入“Post-Processor”数据后处理，对前两步的数据分析结果进行归纳整理，以及图形输出，如图 3-16 所示。

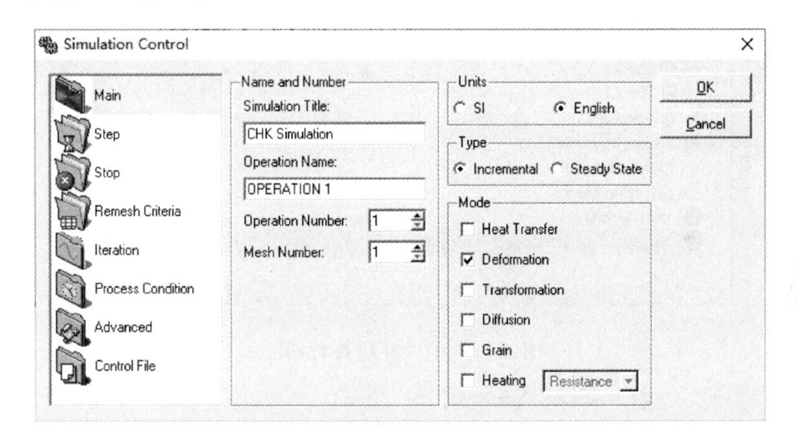

图 3-11 设置单位、类型和加工种类

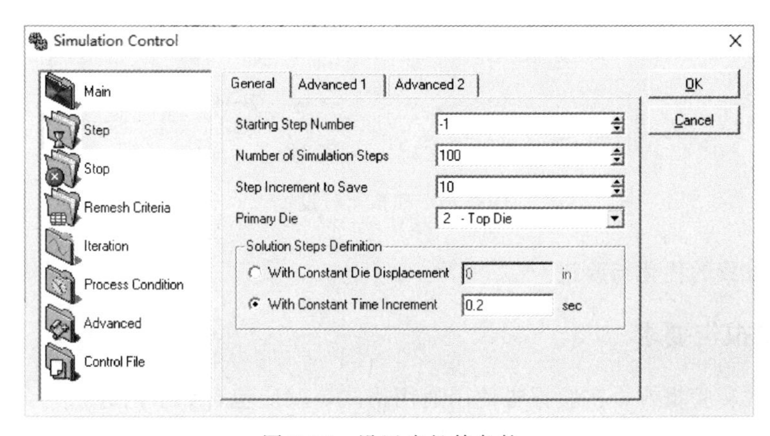

图 3-12 设置步长等条件

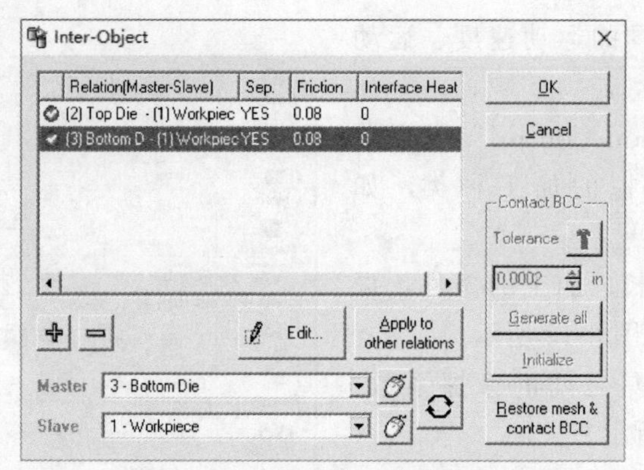

图 3-13 设置摩擦、传热条件

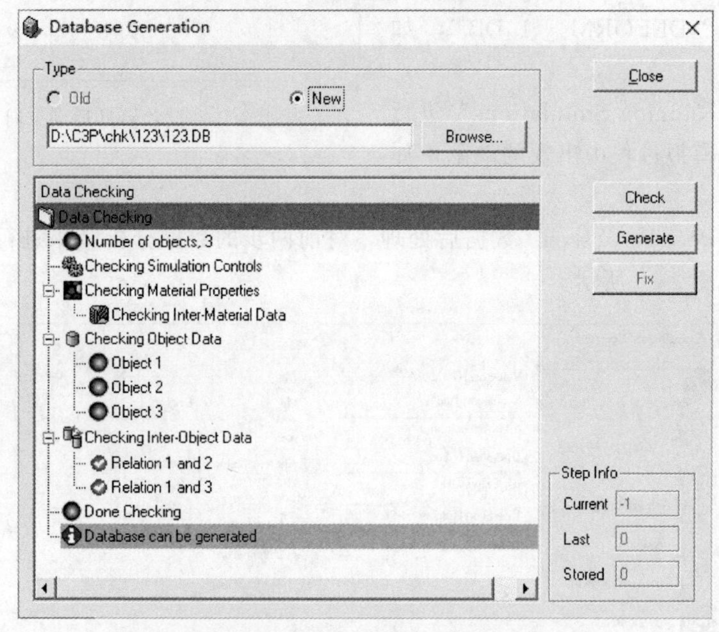

图 3-14 生成并检查数据库

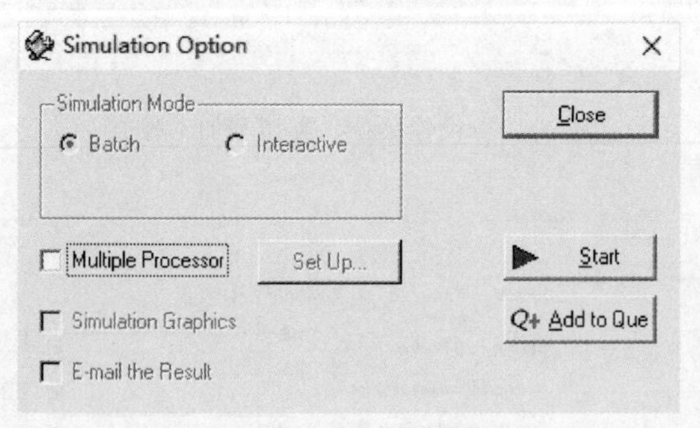

图 3-15 模拟运行设置

（5）工艺方案的优化与改进。

五、实验报告要求

实验后完成实验报告，实验报告使用通用格式，并应包含如下内容：
① 实验目的、实验原理等；

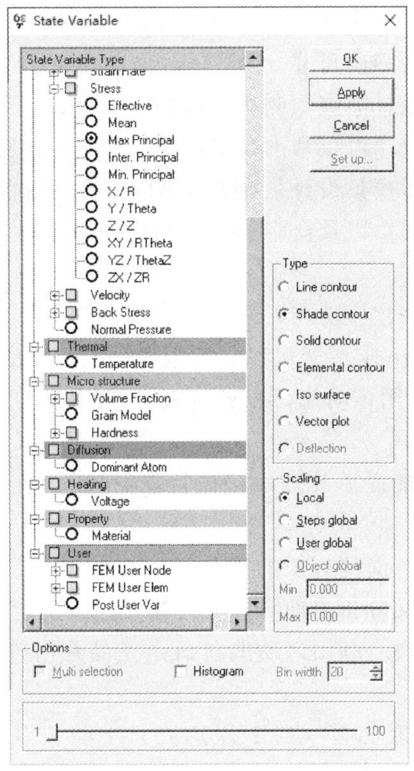

图 3-16 后处理状态参数

② 列表填写实验数据；
③ 打印曲线，得出实验结果；
④ 分析不同工况条件对体积成形效果影响；
⑤ 结合模拟结果对体积成形工艺过程进行分析，找出工艺应改进的方面；
⑥ 讨论本实验方法有什么优缺点。

实验二十六 Dynaform 软件在金属板料成形中的应用

一、实验目的

① 了解传统的工艺设计与成形分析的方法，掌握冲压成形产品的成形难点和工艺设计要素。

② 通过 Dynaform 板料成形软件把板料成形的理论和数值模拟结合起来，学会利用计算机辅助进行成形工艺分析。

③ 会从模拟分析的后处理结果中预测、分析冲压件成形中的起皱、破裂、回弹等缺陷。

④ 了解如何针对不同的模拟分析结果和可能出现的不同缺陷对现有的工艺方案进行优化设计和有效的改进。

二、实验原理

1. Dynaform 模拟分析软件介绍

Dynaform 是 ETA 开发的用于板料成形模拟的软件包。针对板料冲压的工艺特点，开发了方便高效的前后处理器，极大地缩短了模型准备的周期。求解器采用 LS-DYNA，基于增量法有限元理论，分析结果准确可靠。eta/DYNAFORM 可以模拟预压边、拉延、翻边、弯曲、多工步成形等工艺过程，能够预测板料起皱、拉裂、回弹、压痕、料厚变化、拉延筋布置及压力机吨位等工艺参数。可以帮助模具设计人员显著地减少模具开发设计时间、试模周期和费用，是板料冲压成形模具设计的理想 CAE 工具。目前，eta/DYNAFORM 已在世界各大汽车、航空、钢铁公司，以及众多的大学和科研单位中得到了广泛的应用。

主要功能：

① AD 功能及接口完整的建模功能，并提供标准的 IGES/VDA 接口。

② 优化下料形状 One-step 求解器可以方便地通过凹模得出合理的落料尺寸。

③ Quick-setup 功能。利用该功能可以通过板料、凹模、压边圈及拉延筋的定义快速完成标准的拉延模拟。

④ 模具自动网格划分为捕捉模具外形特征特殊设计的网格自动划分功能，可节省网格划分所需的时间。

⑤ 工件定义及自动定位。简捷方便的工件定义以及工件的自动定位功能。

⑥ 模具动作预览。在提交分析之前可以允许用户检查所定义的模具动作是否正确。

⑦ DFE——模面设计模块。利用该功能可以由产品几何外形通过工艺补充计算得到模具及压边圈尺寸。

⑧ 拉延筋定义。通过拾取凹模（或下压边圈）上的节点（线）生成拉延筋（多种截面），并可由 DBFP 子程序预报拉延筋力。

⑨ 先进的板料网格生成器。可以允许三角形、四边形网格混合划分，并可方便进行网格修剪。

2. 板料模拟分析的原理

薄板冲压成型过程包含了多个复杂的物理过程，我们可将薄板冲压成型过程抽象成这样一个力学过程，它包含四种特性不同的运动物体，如图 3-17 所示，其中物体 1 为上模，物体 2 为压板，物体 3 为板料，物体 4 为下模。在这四种物体中，板料为弹塑性变形体，其余三种均可作为刚体看待，但三种刚体的运动特性各不相同。上模作为对板料加载的主动体其运动状态主要由压力机控制，按一定的频率做上下往复冲压运动。压板在压边力作用下基本固定不动，但当压边力不够时工件可能在压边处产生起皱，从而使压板做小幅度的上升运动和轻微的转动，同样当压板处板料厚度减小时，压板可能做轻微的下降运动。由此可见，压板的运动严格说来与板料的变形状态有关。下模通常是固定不动的。基于上面的分析可假设上模和下模的运动是给定的，压板上的压板力也看作是给定的，并且压板只做刚体运动。

要求出板料的弹塑性变形过程，就必须求解作用在板料上的各种外力。从受力分析可知，作用于板料上的外力主要有三个来源，如图 3-18 所示，其中 F_1 为压板对板料的作用力；F_2 为上模对板料的作用力；F_3 为下模对板料的作用力。上述作用力中又包括法向接触力和切向摩擦力，其中切向摩擦力又与法向接触力以及两接触表面间的摩擦系数有关。除了上面提到的接触力和摩擦力外，板料还受到重力的作用，但由于重力与作用在板料上的接触力和摩擦力相比小得多，对于小零件可忽略不计。对于汽车覆盖件这类大零件，重力作用应予考虑。

从上述分析可知板料的弹塑性变形是由于接触力和摩擦力所引起的，而这两种力又与两接触表面的相对运动有关。因此，要计算出作用在板料上的接触力与摩擦力还必须掌握模具和压板的运动情况。上面已假设上模和下模的运动都是给定的，而压板只做刚体运动。这样一来，只需求出压板在压板力和板料对压板的反力综合作用下的刚体运动即可。应当指出，压板的刚体运动与板料的弹塑性变形是相互耦合的，因此必须同时求解。压板的刚体运动通过运用刚体动力学理论即可求得，而板料的弹塑性变形则需采用有限元方法求解。

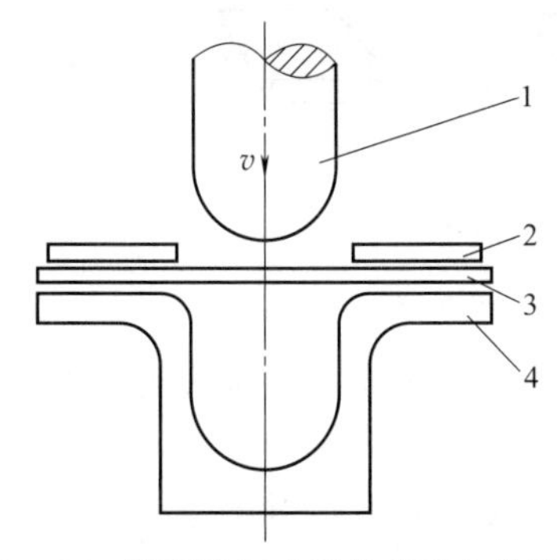

图 3-17 薄板冲压成型的典型力学模型

1—上模（动模）；2—压板；3—板料；4—下模（定模）

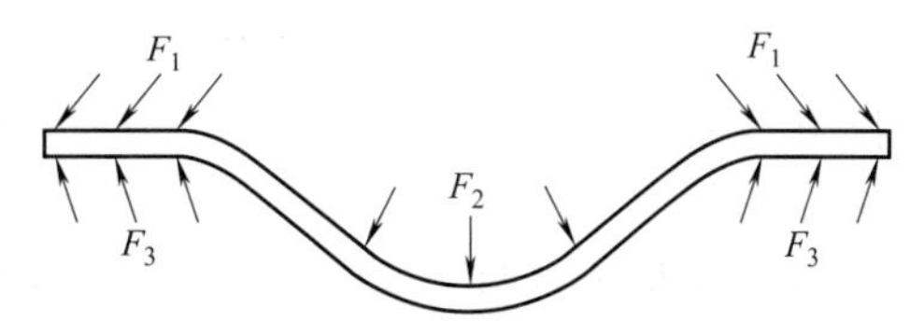

图 3-18 作用在板料上的外力（重力未计入）

F_1—压板对板料的作用力；F_2—上模对板料的作用力；F_3—下模对板料的作用力

板料的弹塑性变形过程全部求出后就可通过后处理软件将变形过程进行图形显示，显示的内容可包括：①变形网格图；②渲染变形图；③应力应变分布云图或等值线图；④厚度分布云图或等值线图；⑤局部或节点位移、速度、加速度变化曲线；⑥摩擦力分布图等。

3. 板料成形性能分析

冲压件成形的可能性分析是一项艰苦细致的工作。由于覆盖形状十分复杂，其成形可能性计算没有固定的方法。下面仅介绍几种最基本的分析方法。

（1）用基本冲压工序的计算方法进行类比分析

冲压件的形状不论多么复杂，都可以将它分割成若干部分，然后将每个部分的成形单独和冲压的基本工序进行类比，然后找出成形最困难的部分，进行类似的工艺计算，看其是否能一次成形。

基本的冲压工序有圆筒件拉伸、凸缘圆筒件拉伸、盒形件拉伸、局部成形、弯曲成形、翻边成形、胀形等。它们都可以作为分析冲压件相似部位的基础，用各种不同方法进行近似估算。由于冲压件上的各部位是连在一起的，相互牵连和制约，故不要把变形性质不同的部分孤立地看待，要考虑不同部位的相互影响，才不会造成失误。

（2）变形特点分析

冲压件的成形工序，大都可以认为是一种平面应力状态下进行的，垂直板料方向的应力一般为零，或者数值很小，可以忽略不计。因此板料的变形方式，基本上可以分为以下两大类。

① 以拉伸为主的变形方式。在以拉伸为主的变形方式下，板料的成形主要依靠板料纤维的伸长和厚度的变薄来实现的。拉应力成分越多，数值越大，板料纤维和厚度变薄越严重。因此，在这种变形方式下，板料过度变薄甚至拉断，成为变形的主要障碍。

② 以压缩为主的变形方式。在以压缩为主的变形方式下，板料的成形主要依靠板料纤维的缩短和厚度的增加来实现的。压应力成分越多，数值越大，板料纤维的压缩和厚度增加越严重。因此，在这种变形方式下，板料的失稳和起皱应成为变形的主要障碍。

任何冲压件的成形，都是拉伸和压缩两种变形方式的组合，或以拉伸为主，或以压缩为主。由于板料在拉伸或压缩的过程中，具有失稳起皱和变薄拉破的危险，因此工艺上必须明确，板料在一定变形方式下极限变形能力究竟有多大，该工件能否一次成形。

如果从变形区应力应变状态的特点来看，概括起来，变形的主应力状态有如下四种类型，如图 3-19 所示。

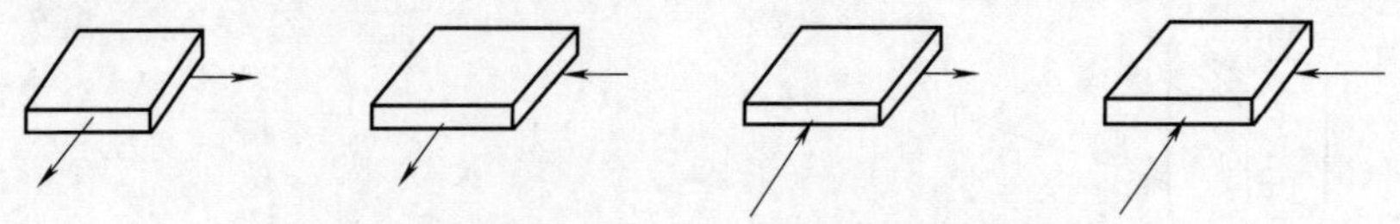

图 3-19 平面应力状态下的主应力状态图

拉-拉。变形区内两个主应力均为拉应力。

拉-压。变形区内两个主应力，一个为拉应力，另一个为压应力，但拉应力的绝对值大于压应力。

压-拉。变形区内两个主应力，一个为压应力，另一个为拉应力，但压应力的绝对值大于拉应力。

压-压。变形区内两个主应力均为压应力。

同应力状态相对应，应变状态有如下四种类型，如图 3-20 所示。

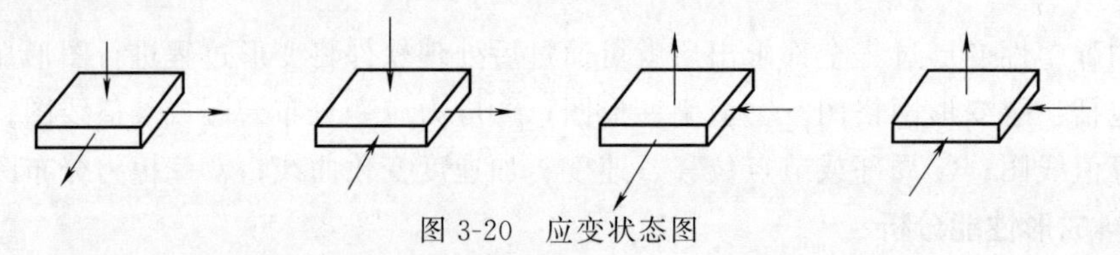

图 3-20 应变状态图

拉-拉。板面内两个主应变均为拉应变，厚度方向变薄严重。

拉-压。板内两个主应变，一个为拉应变，另一个为压应变，但拉应变绝对值大于压应变，厚度方向变薄。

压-拉。板内两个主应变，一个为压应变，另一个为拉应变，但压应变绝对值大于拉应变，厚度方向变厚。

压-压。板内两个主应变均为压应变，厚度方向变厚严重。

一般情况下，板料成形时变形区应力状态图与应变状态图的对应关系如图 3-21 所示。图中的拉-拉与压-压主应力状态图都可能对应两种主应变状态图，其余则一一对应。

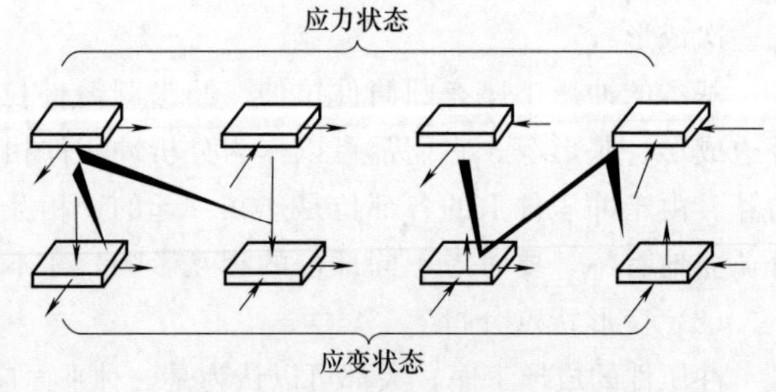

图 3-21 应力与应变状态的对应关系

由此，我们可以概括地认识到板料的一般变形规律与成型性能。总的说来，板料能否顺利成型，首先取决于传力区的承载能力，即传力区是否有足够的抗拉强度。其次根据变形方式，分析变形区变形的主要障碍。在以拉伸为主的变形方式下，变形区均匀变形的程度将决定其变形程度的大小。如果变形不均匀，或只集中某一局部变形，就会因集中应变而出现颈缩，变形不能继续进行。对此，工艺上往往采取增加凹模圆角半径或改善润滑的方法使其变形均匀化。在以压缩为主的变形方式下，变形区的抗失稳起皱能力将决定其变形程度的大小。对此，工艺上采取适当增加压料力的办法，以提高压料面的质量。降低凹模和压料圈的压料面表面粗糙度，增加摩擦等措施，可以改善变形条件。

根据上述方法，对冲压件局部形状予以判断分析，可以粗略地掌握冲压件的变形特点。但不可不否认，由于形状的边界条件不同，这种判断往往是不够确切的。因此，判断工件是否能够成形，最好的办法还是参考以前加工过的工件，用类似的方法进行判断，如果应用坐标网格应变分析法，将试验数据和工件尺寸形状对照分析，可以得出更有价值的结果。

三、实验器材及材料

① 高性能计算机或工作站；

② Dynaform 板料分析软件、UG NX 或 CATIA 三维造型软件；

③ 拉深零件产品二维图纸等。

四、实验方法与步骤

1. 三维造型与模具设计

① 对指定的二维产品图，使用 UG NX 或 CATIA 造型软件进行造型；

② 建立坯料的三维模型面；

③ 从三维模型中，分离出产品的中性面以及坯料的中性面；

④ 根据产品模型，进行模具设计，确定模具结构；并且根据模具结构将模具的工作部分进行三维造型；

⑤ 将造型好的凸模、凹模、压边圈等分离出与工件接触的工作表面；

⑥ 将所有得到的模型转换成 iges 标准格式文件，导出存在同一文件目录下，并且取好相应的文件名。

2. 模型网格划分与前处理

(1) 打开 Dynaform

新建一个数据库文件，文件名取 shiyan. db。

(2) 在 Analysis Setup 里面设置初始参数

单位 (Unit)、模具安装模式 (Draw Type)、接触形式 (Contact Type)、冲程方向 (Stroke Direction)、坯料厚度 (Blank Thickness) 等相关的重要参数，如图 3-22 所示。

(3) 取几何模型数据到数据库中

选择导入 iges 文件，把凸模、凹模、压边圈、板料等 iges 文件导入到数据库中，如图 3-23 所示。

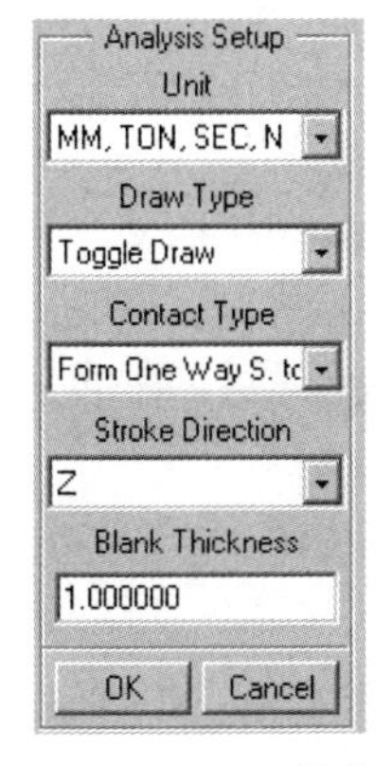

图 3-22　设置初始参数

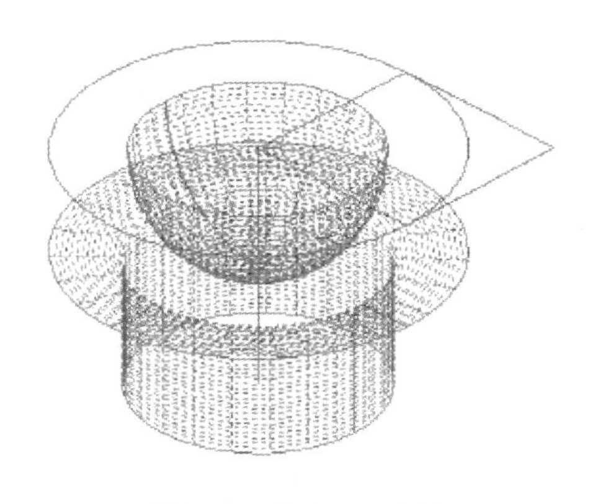

图 3-23　导入 iges 文件

（4）模型网格化

① 凸模表面网格化。

a. 首先新建一个新的实体叫 PUNCH。

b. 在 PRE-PROCESS/ELEMENTS 选项卡中选择 SURFACE MESH 图标：。

c. 确定 CONNECTED TOOL MESH 选项是打开的，并关闭 MESH IN ORIGINAL PART 选项。MIN SIZE 为 1.5 ，CHORDAL 为 0.3，其他使用默认值。

d. 选择 SELECT SURFACE。选择表面和从下拉式菜单中选择 END SELECT。回到 CONTROL WINDOW 选择 APPLY，生成网格表面，如图 3-24 所示。

e. 在显示区域中检查网格的质量。在检查之后，点击 YES 接受，或点击 NO 拒绝。凸模表面已经生成。接着是金属模表面。

② 凹模表面网格化。以凸模表面网格化的方法完成凹模表面网格化，如图 3-25 所示。

注意：对金属模表面网格化使用缺省的网格控制参数，其中大小控制参数优先；接着是弦，然后是角度。

注意：记得网格化之前要新建一个新的实体。

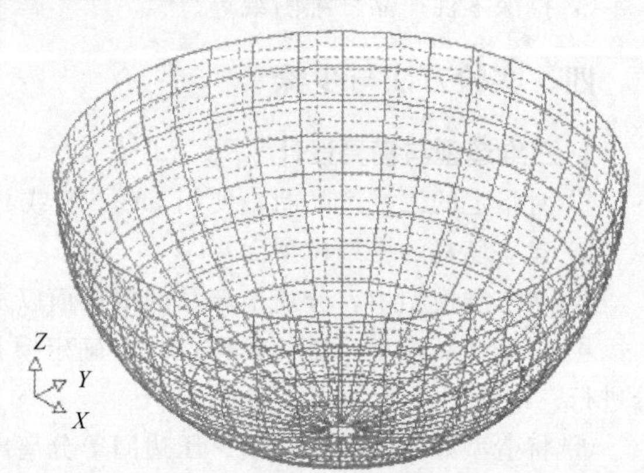

图 3-24　生成凸模网格表面

③ 毛坯网格化。采用生成凸模、凹模的方式同样生成毛坯的网格。

（5）模型检查

① 检查一致的节点。

a. 首先，让我们检查 PUNCH 部分。使用 PART CONTROL 窗口中的功能，打开 PUNCH 而且使它成为当前的实体如图 3-26 所示。关掉其他所有实体。

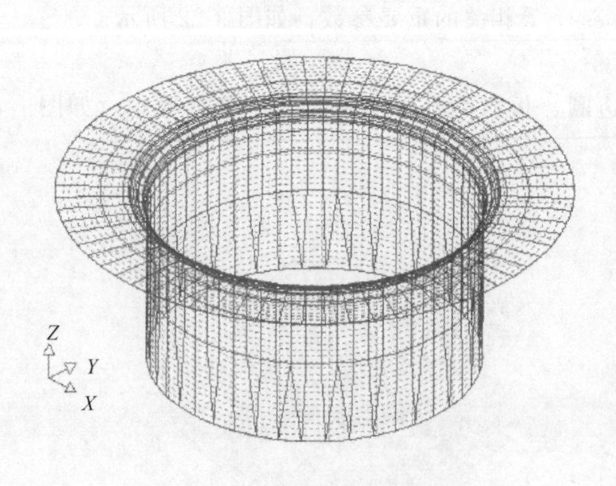

图 3-25　凹模表面网格化

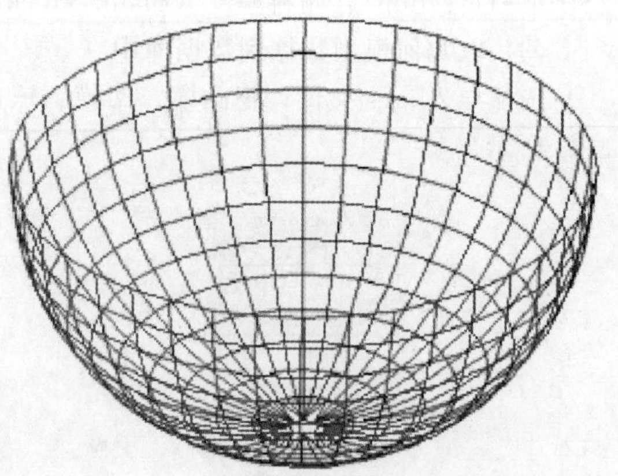

图 3-26　选择 PUNCH 为当前实体

b. 在 PRE-PROCESS/NODES 选项卡中选择 CHECK COINCIDENT NODES 图标：。

c. 在 pop-up 窗口中，接受缺省的公差 0.01，如图 3-27 所示。

d. 接着在 pop-up 菜单中选择 DISPLAYED 按钮，如图 3-28 所示。

Dynaform-PC 将会在提示区中显示一致的节点的检查结果。

如果有一致的节点，Dynaform-PC 会提示，如图 3-29 所示。

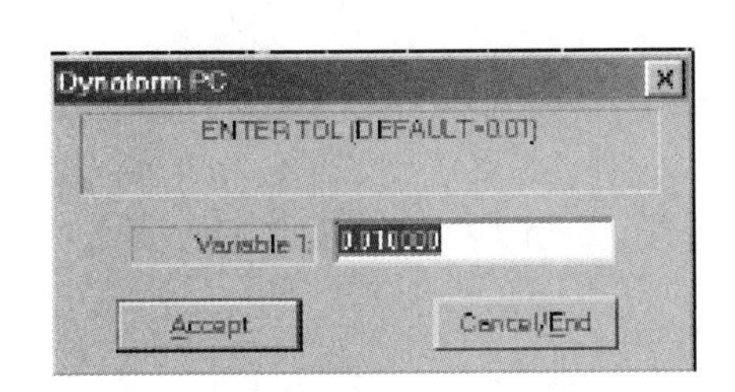

图 3-27 设置公差

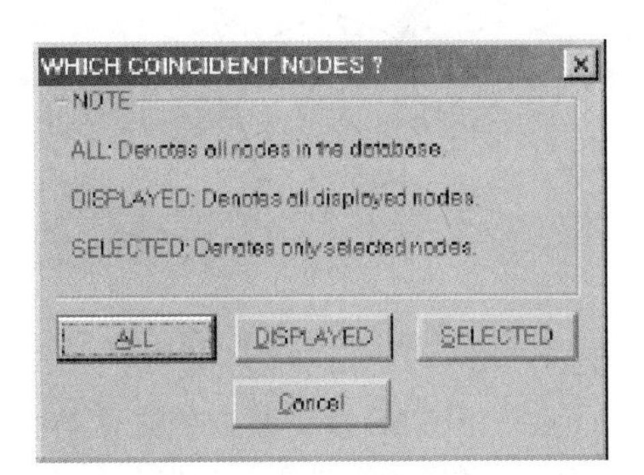

图 3-28 节点操作窗口

e. 选择 YES 而且在提示窗口中检查信息确信所有的节点被合并。

重复这个步骤来检查金属模和毛坯。

② 检查边界。边界检查保证你的 FEA 模型边界与实际的模型一致。

a. 在菜单栏中的 CHECK 中选择 DISPLAY MODEL BOUNDARY/MULTIPLE SURFACE。自由模型的边界将会被突出显示，如图 3-30 所示。

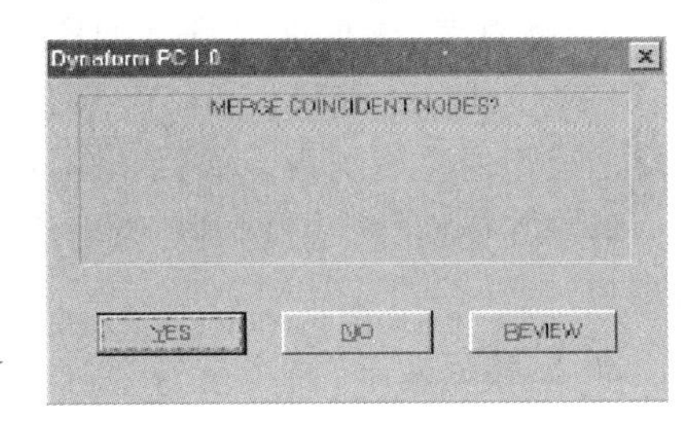

图 3-29 合并节点操作提示

因为在圆顶的顶端（图 3-30 的底部）有一个非物理的边界，那个区域需要被修整。

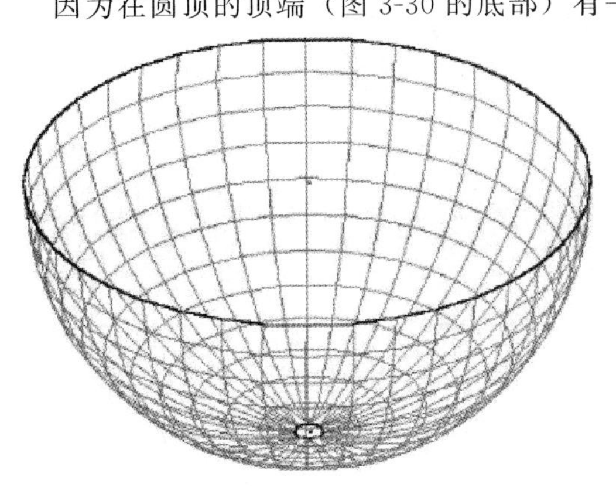

图 3-30 边界显示

b. 要修理，先要把 PUNCH 做成当前的实体。在利用 PRE-PROCESS/NODES 选项卡中的 CREATE NODES BETWEEN POINTS/NODES 功能在孔的中央生成一点：⟋。

c. 在 OPTION LIST ICONS 中选择 SELECT NODE 图标：*。

d. 在八边形上选择两个相对的节点，一个节点在图的中心出现，如图 3-31 所示。

e. 进入 PRE-PROCESS/ELEMENTS 菜单选择 CREATE ELEMENTS 图标：□。

f. 在 SELECT METHOD 对话框中选择 SHELL ELEMENT。

g. 用转动的方式选择三个节点并选择 ENTER 或者 END SELECT 生成一个三角形要素。重复直到 8 个要素被生成，如图 3-32 所示。

重复边界检查确定孔已被修整，对于模具和毛坯都要重复该步骤。

③ 对致密度检查正常方向。一致的正常方向是在分析过程期间接触到的一个非常重要的因数。

a. 在 CHECK 菜单中选择 AUTO PLATE NORMAL 功能。Dynaform-PC 将会提示你

选取一个要素作为正常的参考方向。正常的指针应该指向杯的外面，如图 3-33 所示。

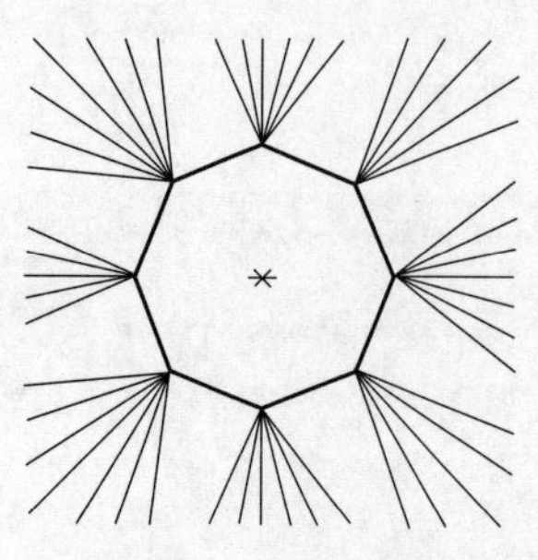

图 3-31 中心节点

图 3-32 边界修复完整

b. 点一下 YES 接受被选的正常方向。Dynaform-PC 将会自动地使所有要素的方向与参考方向一致。

重复上述的步骤检查金属模和毛坯。

④ 检查要素重叠。在 CHECK MENU 中选择 CHECK FOR ELEMENT OVERLAP。在提示窗口中会显示模型的检查结果，如图 3-34 所示。

对于其他实体，把它们变为当前状态，然后重复上述步骤。

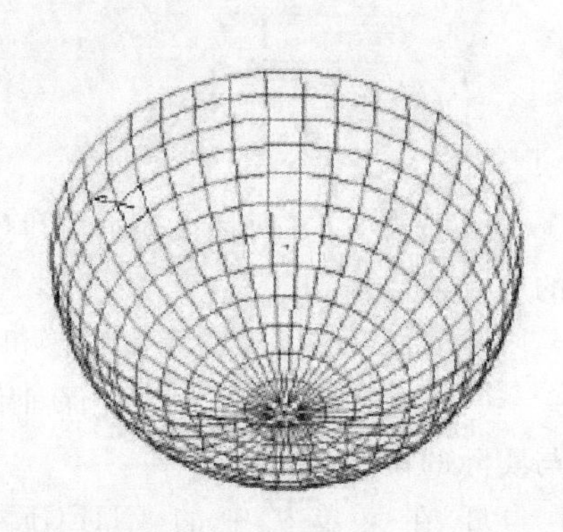

图 3-33 参考方向

3. 工具定义

(1) 定义冲床和运动曲线

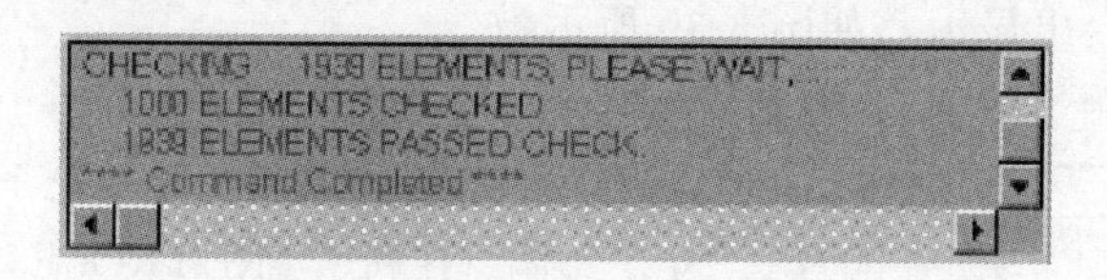

图 3-34 检查结果显示

对于冲床我们需要定义运动卡和关联卡。因为对于假设的刚体，我们可以忽视材料属性的定义；材料属性的定义可以使用缺省值。

① 在 TOOLS 选项卡中选择 DEFINE TOOLS 图标：。

② 在 CONTROL WINDOW 中将会显示 DEFINE TOOLS 对话框。在 TOOL NAME 下选择 PUNCH，然后选择 Add。

③ Dynaform-PC 将会提示一个实体。从 OPTION LIST ICONS 中选择 SELECT BY NAME ICON (abc) 并为定义冲床选择 PUNCH 实体，如图 3-35 所示。

④ 在选择冲床之后，我们开始定义它的关联参数。在 ABOUT INTERFACE 下选择 DEFINE CONTACT PARAMETERS 按钮：。

⑤ 这将会允许你修改关联参数内定的设置。缺省的关联类型将会被用；唯一需要修改的是静摩

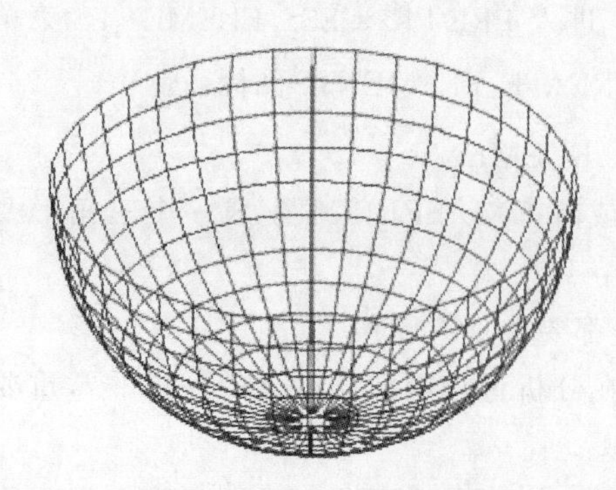

图 3-35 选择 PUNCH 实体

擦系数。变更缺省值 0.125 为 0.1。

⑥ 点一下 OK 完成关联定义。如果你需要定义更多的参数，选择 DEFINE MORE PARAMETERS 按钮。

⑦ 然后定义冲床的运动。点一下 ASSIGN MOTION CURVE 按钮：。

⑧ 在 CONTROL WINDOW 中将会显示 TOOL MOTION CURVE 对话框。你需要定义 VELOCITY 和 STROKE DISTANCE。速度是 5m/s。输入 5000（单位是 mm）。冲程距离是 52（mm）。选择 YES，Dynaform-PC 将会显示运动曲线，如图 3-36 所示。

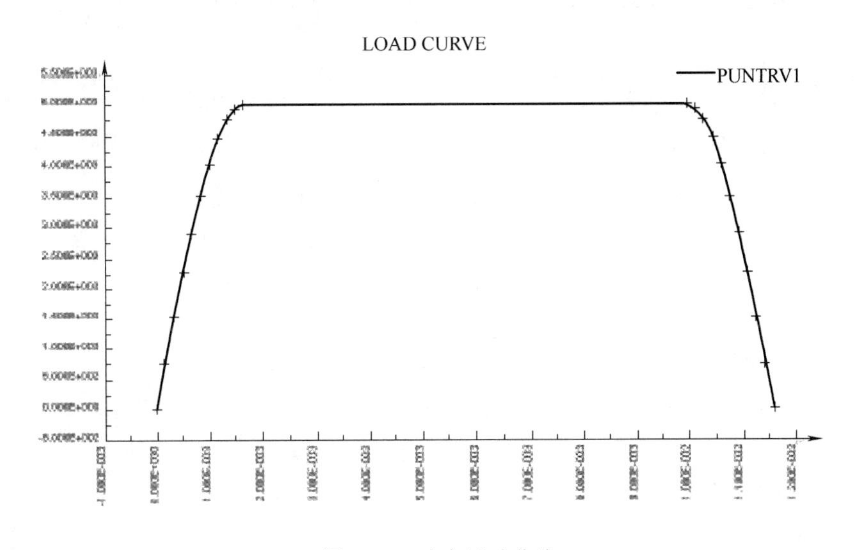

图 3-36 冲床运动曲线

点一下 OK 完成定义和退出冲床定义。

（2）定义金属模

① 回到 DEFINE TOOLS 对话框，选择要定义的金属模，点击 Add。选择部分作为模具部分。

② 同样为冲床定义关联参数。对于金属模不必定义运动，因为它在底部会停止。

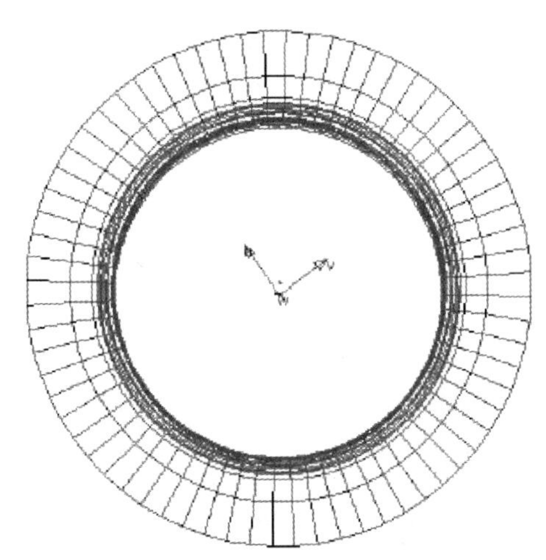

图 3-37 定义 BINDER

（3）定义压边圈和压边力

直到现在，我们还没有一个压边圈或者压边圈的几何体。那是因为压边圈是下模的一部分。我们可以从金属模中使用拷贝或者补正来生成压边圈。

① 打开金属模并新建一个新的实体：BINDER。在 PRE-PROCESS/ELEMENTS 选项卡中选择 COPY ELEMENTS：。

② 选择金属模侧翼的所有要素，如图 3-37 所示。

③ 输入所选的元素后，Dynaform-PC 会显示一个 pop-up 窗口（图 3-38），可输入生成拷贝的份数，输入 1。

④ 在 SELECT TRANSFORMATION DIALOG 中，选择 MOVE。

⑤ 接着，Dynaform-PC 将会要求你生成一个坐标系。选择球坐标和接受。

⑥ 然后定义增加的号码来移动被拷贝的要素。在 Variable 3 中输入 2，如图 3-39 所示。

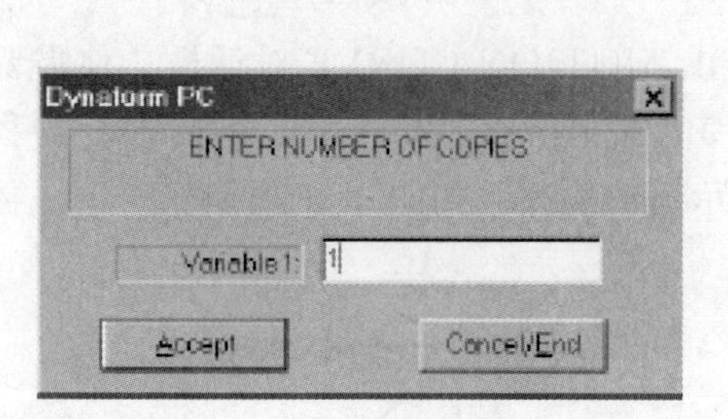

图 3-38 设置复制份数

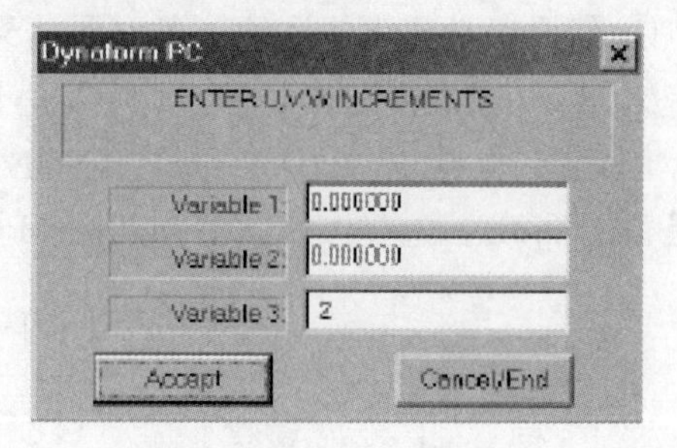

图 3-39 定义增加的号码

⑦ Dynaform-PC 将会提示实体会被包含到最初的实体中，选择 NO。

⑧ 被拷贝的压边圈要素将会被显示在它们的幅本上，关掉 DIE 并且从各个方向检查压边圈，在 PRE-PROCESS/ELEMENTS 选项卡中使用 Delete/create any extra/missing elements 功能。如图 3-40 所示。

⑨ 在 TOOLS 选项卡中选择 DEFINE TOOLS。

⑩ 在 DEFINE TOOLS 对话框中的 TOOL NAME 下面选择 UPPER RING。选择 Add 增加 BINDER 实体作为 UPPER RING。

⑪ 现在我们定义关联参数和压边力。对于关联参数，定义和冲床、模具一样。

⑫ 选择 ASSIGN FORCE CURVE 图标：。

⑬ 在 pressure 下输入 200000 和改变 the end time 为 0.009805，点击 OK，负荷曲线将会被显示，如图 3-41 所示。

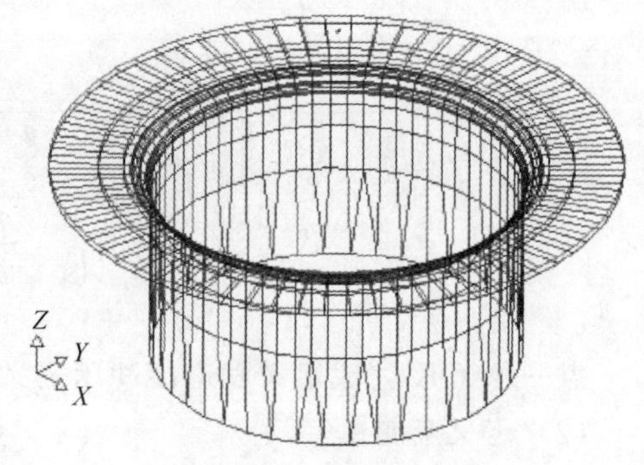

图 3-40 检查压边圈

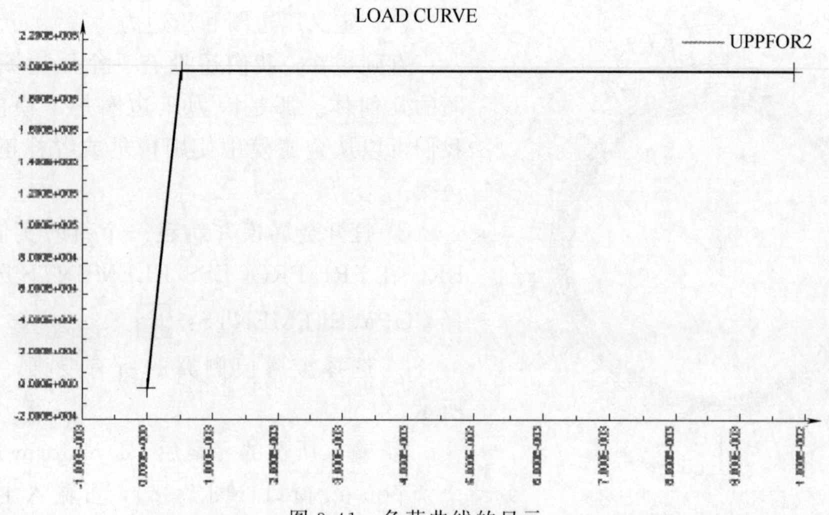

图 3-41 负荷曲线的显示

点一下 OK，退出上压边圈的定义。

（4）定义毛坯和修整毛坯

毛坯中的毛坯材料属性和元素属性必须定义。

① 在 TOOLS 选项卡中选择 DEFINE BLANK 图标：。

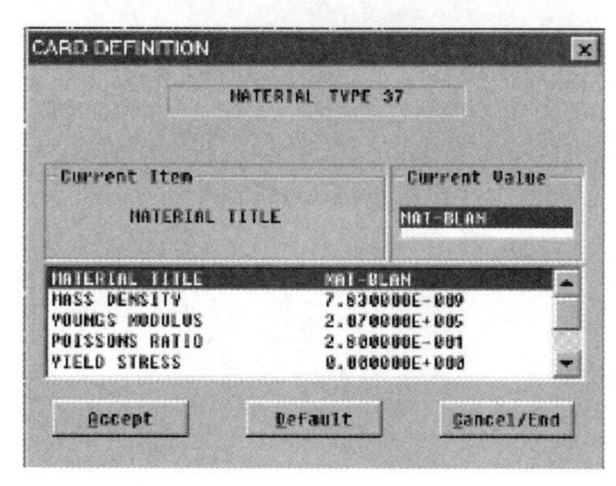

图 3-42　材料属性

② 我们已经定义 BLANK 实体为模具毛坯。现在我们一定要定义材料的属性。在 DEFINE BLANK 对话框中的 MATERIAL 旁选择 NONE 按钮。

③ 为材料的属性填写定义卡。首先，输入材料属性的名字：MAT_BLK，选择材料类型：37 号；然后点击 OK，就可以看见 pop-up box 中关于材料属性的详细信息。接受缺省的材料属性如图 3-42 所示。

④ 选择 STRAIN/STRESS CURVE 而且设定为 3：UPPFOR3。

⑤ 选择 MANUAL POINT CURVES，输入下面数据：

0.0000，196.3

0.0127，196.3

0.0500，270.0

0.1100，320.0

0.2000，370.0

0.3500，420.0

⑥ 输入一个名字，单击 OK。曲线将会在屏幕上出现，如图 3-43 所示。

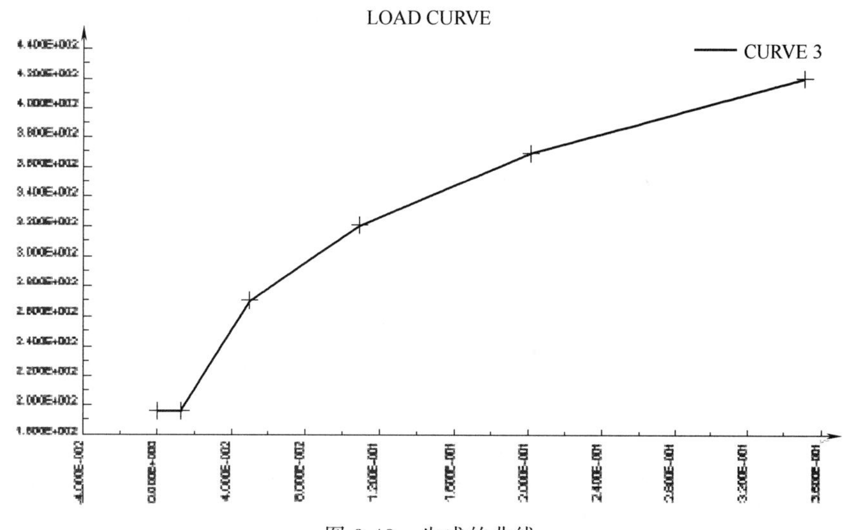

图 3-43　生成的曲线

这样便完成了材料属性的定义。为了要定义要素属性，关闭对话框直到回到 DEFINE BLANK 对话框，如图 3-44 所示。

⑦ 在 Property 旁边点一下 None 按钮，在 DEFINE PROPERTY 对话框中输入名字 ELE_BLK，如图 3-45 所示。

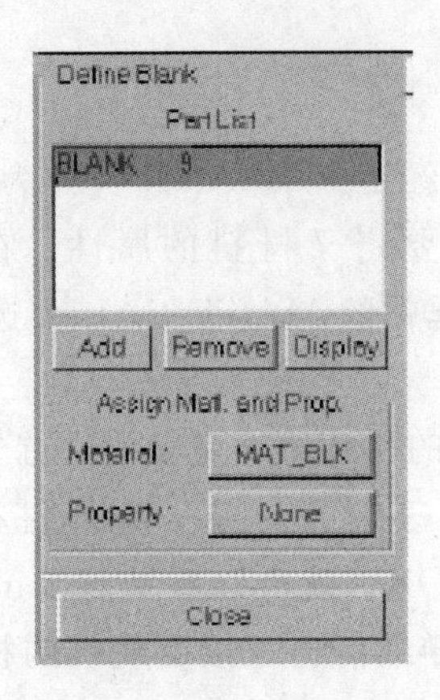

图 3-44 DEFINE BLANK 对话框

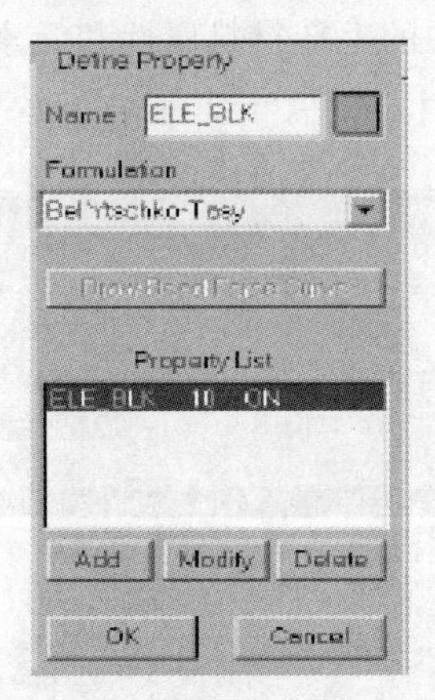

图 3-45 DEFINE PROPERTY 对话框

⑧ 点一下 Add 按钮，弹出 BELYTSCHKO-TSAY element formula 对话框，如图 3-46 所示。

⑨ 输入下面的数值来改变缺省值：

No. of Int. Points：3

Uniform Thickness：1mm

⑩ 其他保持默认值。点击 ACCEPT 和 OK 完成要素属性定义。

（5）定义拉延筋

拉延筋通常建在下压边圈上。这里，拉延筋定义在金属模的 shoulder 上。创建拉延筋的步骤如下。

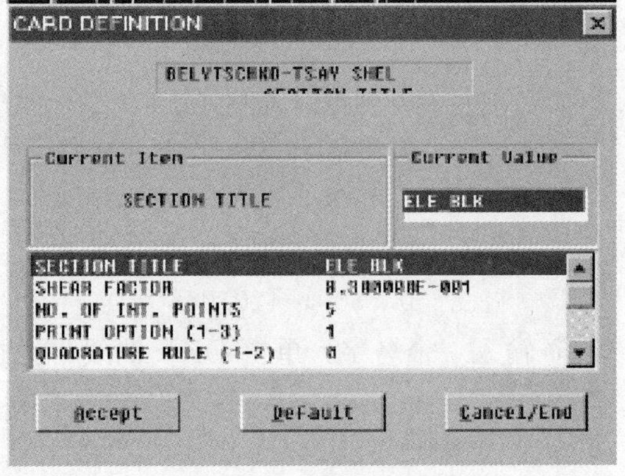

图 3-46 板料属性定义

① 打开 DIE 实体和关掉所有的其他实体。

② 在 TOOLS 选项卡中选择 DRAW BEAD 图标：。

③ 在 DEFINE DRAW BEAD 对话框中选择 NEW。

④ 为属性输入一个名字，如 BR _ P。

⑤ 选择 Add，DRAW BEAD PROPERTIES 对话框将会被显示，如图 3-47 所示。

⑥ 编辑 BENDING LOAD CURVE ID 为 7，NORMAL LOAD CURVE ID 为 8，其他保持默认值。这些号码是随意的，而且将会和后面创建的曲线相匹配。

⑦ 点选 Accept 和 OK。

⑧ Dynaform-PC 将会提示你在拉延筋的线或节点中选择一个方法，选择 SELECT NODES。

⑨ 接着，你需要选取节点并把它们合并成一条曲线来生成拉延筋几何体。选择下面的节点，产生一个圆，在 OPTION LIST 图标中点击 ENTER 或在下拉式菜单中选择 END SELECT。拉延筋将会被突出显示，如图 3-48 所示。

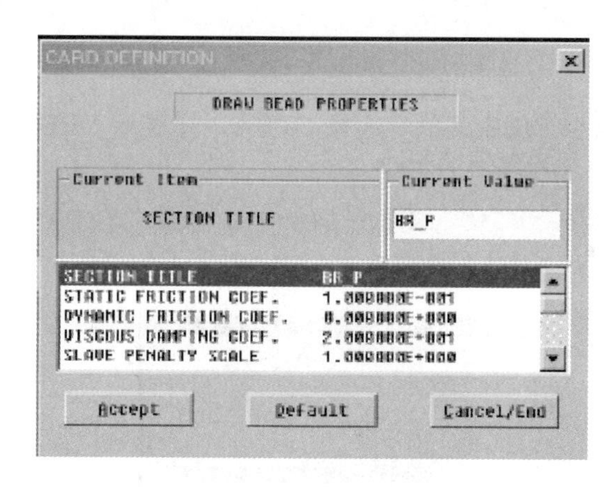

图 3-47　拉延筋属性定义

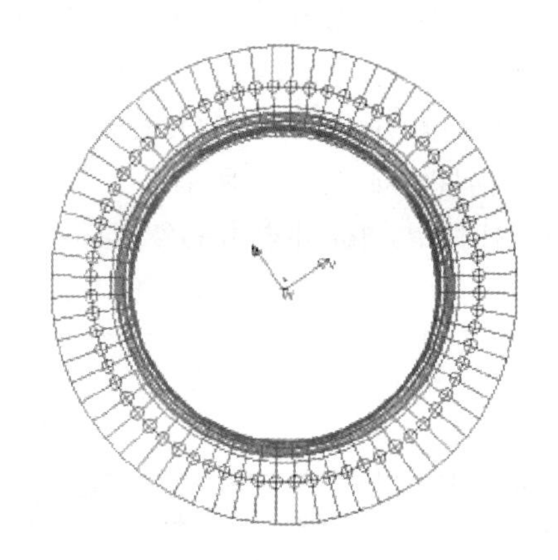

图 3-48　拉延筋显示

⑩ 接着你需要把拉延筋分配到实体中。在 DEFINE DRAW BEAD 对话框中选择 ASSIGN TO PART 按钮，在 OPTIONS LIST 中选择 SELECT BY NAME 按钮，并且选择 DIE 实体。

⑪ 在 OPTIONS LIST 中选择 ENTER 完成此功能。

⑫ 点一下 CLOSE 完成拉延筋的定义。

⑬ 现在生成二个简单的拉延筋曲线（在 DRAW BEAD PROPERTIES 卡中分配 ID 7，8）来定义拉延筋的弯曲力和 normal force。在 UTILITY 菜单中点击 LOAD CURVE/CREATE 功能。

⑭ 要生成第一个 ID 为 7 的曲线，在 X 轴输入 80，在 Y 轴输入 1 并选择 CREATE。要生成第二个 ID 为 8 的曲线，在 X 轴输入 20，在 Y 轴输入 1。

注意：ID 号码一定要和 DRAW BEAD PROPERTIES 卡中输入的相匹配。

至此就完成了拉延筋的定义。

4. 成形分析与模拟

① 在 MENU BAR 中选 FILE，然后选择 RUN DYNA3D。

② 选择分析类型 DYNA3D INPUT FILE，点击 ADAPTIVE MESH，选择 ADAPTIVE PARAMETERS 按钮，如图 3-49 所示。

③ 接受适合的控制网格参数，在 TITLE 处输入一个合适的名称。

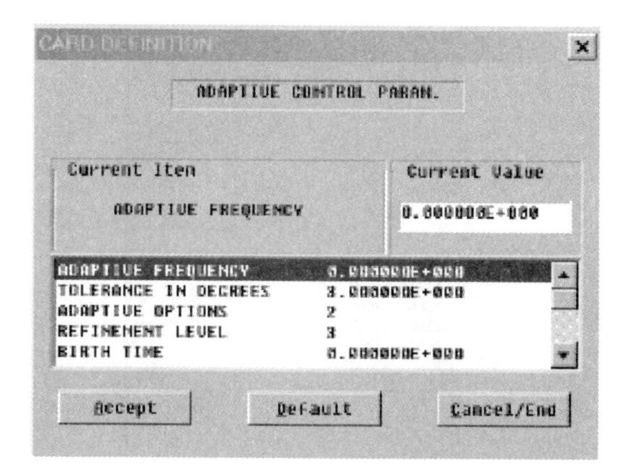

图 3-49　控制网格参数

④ 选择 OK，Dynaform-PC 会输出一个 LS-DYNA3D 输入文件。

⑤ 开始分析。

5. 数据后处理

（1）后处理成形结果

Dynaform-PC 能在 D3PLOT 文件中读取而且处理所有的可用数据。除了无形变模型数据，D3PLOT 文件还从 LS-DYNA 中提取所有需求结果的数据（应力、应变、时间历史数据、变形等）。Dynaform-PC 将会自动地产生一个称为“d3plot. df”的新数据库文件，我们可以在 D3PLOT 文件中直接读取。

（2）后处理-读取 D3PLOT 文件

① 用户打开 POST-PROCESSOR 程序而且在 FILE 菜单中选择 OPEN，将显示 OPEN FILE 对话框，如图 3-50 所示。

② 选择 d3plot 并点击 OK。

③ 下面将会显示一个对话框，如图 3-51 所示。

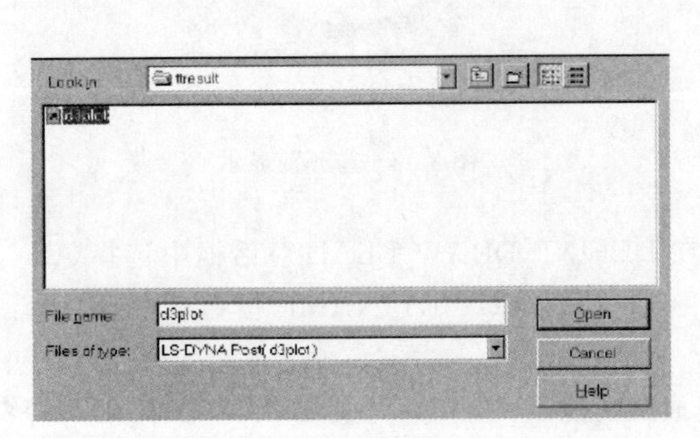

图 3-50 读取 D3PLOT 文件

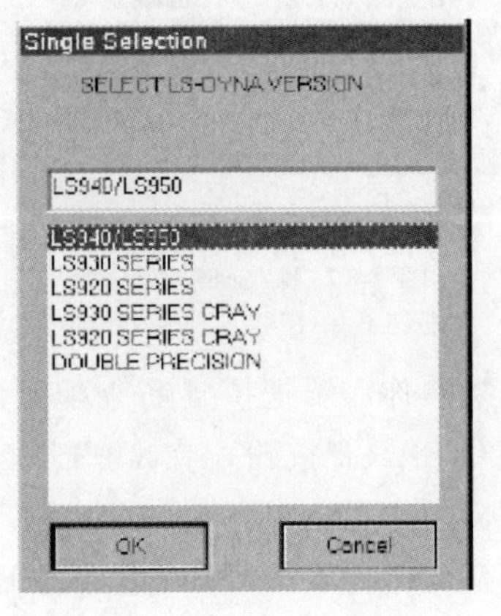

图 3-51 选择后处理器

④ 在 SELECT LS-DYNA VERSION 对话框中挑选 LS940/LS950，点击 OK。

⑤ 弹出一个对话框提示输出参数，单击 NO，如图 3-52 所示。

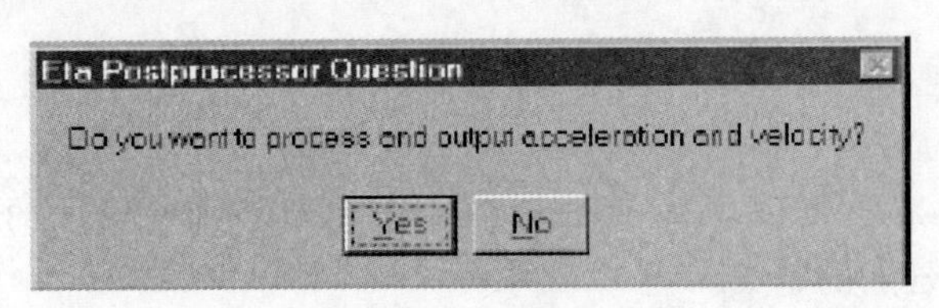

图 3-52 确认对话框

⑥ 在 SELECT STEP 对话框中，选择你需要的步骤。对于这个练习，选择 All AVAILABLE STEPS 然后点击 OK，如图 3-53 所示。

⑦ 选择所有的项目和单击 OK。所有的 D3PLOT 数据都将会被读入 Dynaform-PC，如图 3-54 所示。

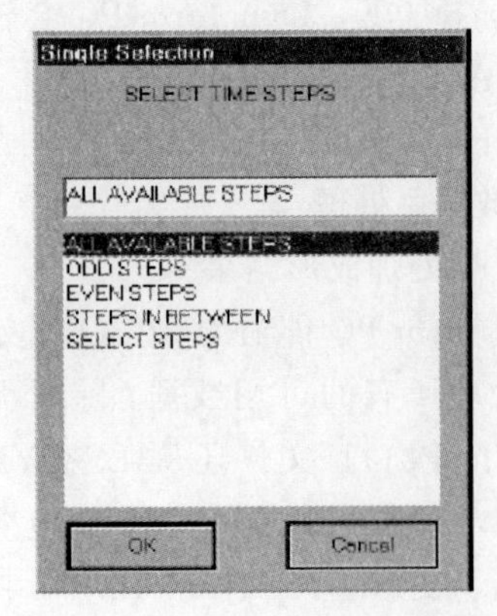

图 3-53 SELECT STEP 对话框

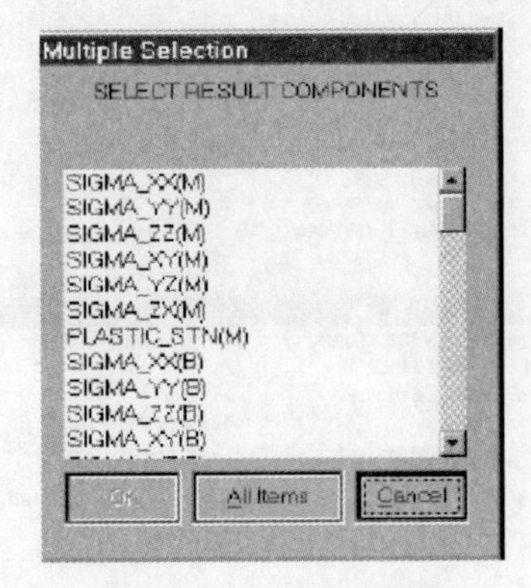

图 3-54 读入步骤数据

⑧ 所有部分将会在显示区域中被显示。

(3) 后处理——动画显示轮廓和单帧显示

① 从 FRAME RANGE 中选择 ALL FRAMES。单击 Play (图 3-55) 将会演示动画。

② 在 CONTROL WINDOW 中，显示一个新的对话框，如图 3-56 所示。

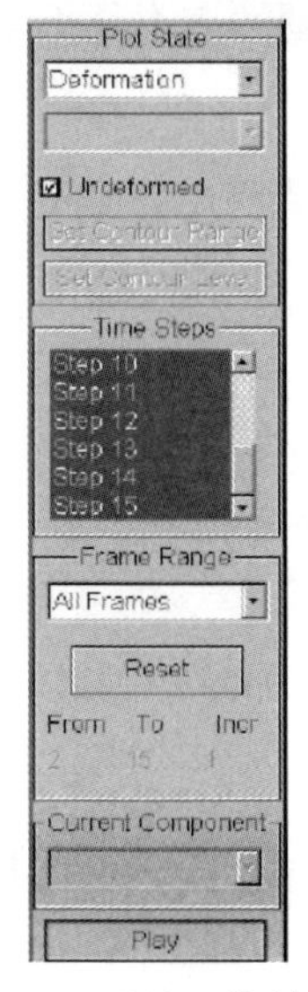

图 3-55 后处理控制面板

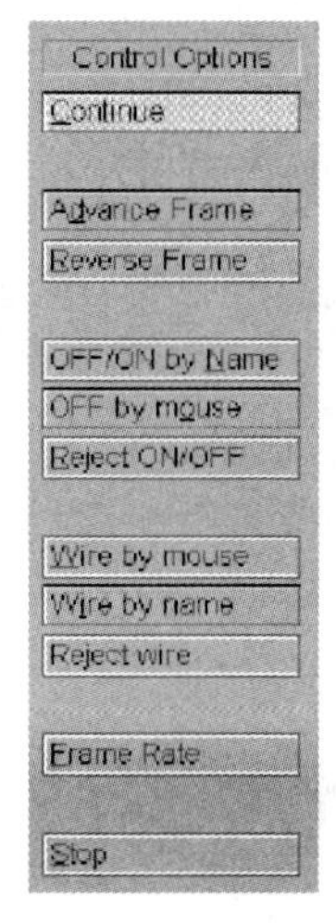

图 3-56 后处理控制选项

③ 选择 OFF/ON by NAME，只打开 BLANK。

④ 停止动画。在 PLOT STATE 下拉式菜单中选择 ELEMENT STRESS，用户可以从 CURRENT COMPONENT 下拉式菜单中选择其他组成部分。选择 THICKNESS、SINGLE FRAME 和 Step 为 15，单击 PLOT。选择 SHADE，结果在下面被显示。

(4) 后处理——测绘轮廓/列出轮廓数值

① 在 PLOT STATE 下拉式菜单中选择 CONTOUR，STRESS/STRAIN，在 Frame Range 下拉式菜单中选择 SINGLE FRAMES，在 Current Component 下拉式菜单中选择 THICKNESS，单击 OK。

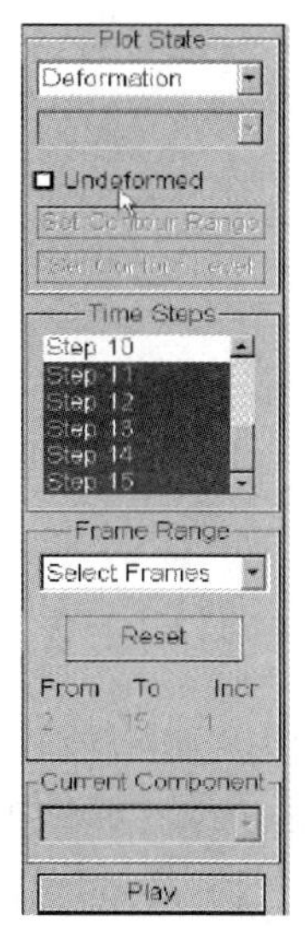

图 3-57 观察回弹设置

② 在工具栏中选择 LIST/GRAPH VALUE。

③ 弹出一个对话框，选择 NODE 并点击 OK。

④ 用鼠标点击测绘轮廓中任一个节点。

⑤ 弹出一个对话框。选择 THICKNESS，单击 OK，节点将被显示出来。在对话框中选择 END 离开 LIST/GRAPH VALUE 功能。

(5) 后处理回弹结果

变形第 11～15 阶段是回弹阶段，用户可以按照以下步骤观察回弹情况。

① 在 Plot State 下拉式菜单中选择 DEFORMATION。在 Frame Range 下拉式菜单中选择 SELECT FRAMES。在 TIME STEPS 窗口中选择需要的帧，点击 PLOT，如图 3-57 所示。

② 所需的节点将会被显示。

③ 用户可以选择 SINGLE STEP 来观察回弹情况。

6. 工艺方案的优化与改进

针对分析结果，改进模具结果和工艺参数，重新进行相关的分析；要求最少进行一项数据的优化以后再进行重新分析与后处理，将获得的优化结果与先前的模拟分析和后处理结果进行对比，并且要求做详细的记录。包括云图的不同，最后优化是否能够解决最初分析时制件成形的缺陷或者不足，将解决方法和优化方案完整记录，并在实验报告中做出优化分析的报告。同时也可以尝试优化产品模型，凸模或者凹模的圆角大小等参数来做优化后的进一步模拟分析。

五、实验报告要求

实验后完成实验报告，实验报告使用通用格式，并应包含如下内容：

① 实验目的、实验原理等；

② 要求按照提供的标准实验报告格式撰写，并且要记录必要操作步骤、分析原始模型资料以及最后的模拟分析后处理的分析云图；

③ 提供一份模型处理后的优化方案，以及做了优化处理以后的分析结果对比。

实验二十七 AnyCasting 软件在铸造成型中的应用

一、实验目的

① 了解传统铸造成型原理，掌握铸件的成型难点和工艺设计要素。

② 通过 AnyCasting 铸造成型软件把铸造成型的理论和数值模拟结合起来，学会利用计算机辅助进行成型工艺及过程分析。

③ 能够从模拟分析的后处理结果中预测、分析铸造成型中的收缩、凝固等，分析概率缺陷参数，预测微观结构等。

④ 了解如何针对不同的模拟分析结果和可能出现的不同缺陷对现有的工艺方案进行优化设计和有效的改进。

二、实验原理

1. AnyCasting 模拟分析软件介绍

AnyCasting 是韩国 AnyCasting 公司自主研发的新一代基于 Windows 操作平台的高级铸造模拟软件系统，是专门针对各种铸造工艺过程开发的仿真系统，可以进行铸造的充型、热传导、凝固过程和应力场的模拟分析。AnyCasting 分为以下几个模块。

① anyPRE：作为 AnyCasting 的前处理程序，anyPRE 可以实现 CAD 模型的导入，有限差分网格的划分，模拟条件的设置，并调用 anySOLVER 进行求解。使用 anyPRE，可以进行多种设置包括工艺流程和材料的选择来模拟铸造成型过程，设置边界、热传导和浇口条件，也能通过特殊功能模块来设置一些设备和模型。另外，还可以通过 anyPRE 提供的 CAD 功能来查看、移动/旋转实体坐标系统。

② anySOLVER：作为 AnyCasting 的求解器，anySOLVER 能够根据设定计算流场和温度场。铸造成型模拟包括计算熔体充型过程的流动分析和熔体凝固过程的传热/凝固分析。

只有在两个分析都准确的前提下才能正确预测可能造成缺陷的区域。

③ anyPOST：作为 AnyCasting 的后处理器，anyPOST 通过读取 anySOLVER 中生成的网格数据和结果文件在屏幕上输出图形结果。使用 anyPOST，可以用二维和三维观察充型时间、凝固时间、等高线（温度、压力、速率）和速度向量，也可以用传感器的计算结果来创建曲线图。程序具备动画功能，用户可以把计算结果编辑成播放文件，通过强大的结果合并功能来观察各种二维或三维的凝固缺陷。

④ anyMESH：anyMESH 能编辑由 anyPRE 生成的网格文件，可以轻松地修改网格信息而不改变几何模型。

⑤ anyDBASE：作为一个能概括铸造成型中熔体、模具和其他材料性能的数据库管理程序，anyDBASE 主要分为常规数据库和用户数据库。常规数据库提供了具有国际标准的常用材料性能，而用户数据库使用户能保存和管理修改或附加的数据。用户能简单地选择感兴趣的材料而不需要输入几百种不同的材料性能。另外，它还提供每种材料的传热系数，提高了程序的方便性。

在 AnyCasting 的五个模块中，直接使用的是 anyPRE、anySOLVER、anyPOST 三个模块，anyDBASE 模块在 anyPRE 中设置材料属性、热交换系数等时候使用，anyMESH 模块在需要修改网格信息时才使用。

AnyCasting 模拟仿真流程：文件→导入 STL 文件→设置实体格式→设置铸型→设置求解域→划分网格→任务设定→材料设置→初边条件设置→界面热交换条件设置→浇口条件设置→重力设置→可选模块的选择→设置仪器→求解条件。

2. 铸造过程模拟分析

在铸造生产中，铸件凝固过程是最重要的过程之一，大部分铸造缺陷产生于这一过程。凝固过程的数值模拟对优化铸造工艺、预测和控制铸件质量和各种铸造缺陷以及提高生产效率都非常重要。凝固过程数值模拟可以实现下述目的。

① 预知凝固时间以便预测生产率。

② 预知开箱时间。

③ 预测缩孔和缩松。

④ 预知铸型的表面温度以及内部的温度分布，以便预测金属型表面熔接情况，方便金属型设计。

⑤ 控制凝固条件。

为预测铸造应力、微观及宏观偏析、铸件性能等提供必要的依据和分析计算的基础数据。作为铸造工艺过程计算机数值模拟的基础，温度场模拟技术的发展历程最长，技术也最成熟。温度场模拟是建立在不稳定导热偏微分方程的基础上进行的。考虑了传热过程的热传导、对流、辐射、结晶潜热等热行为。所采用的计算方法主要有：有限差分法、有限元法、边界元法等；所采用的边界条件处理方法有 N 方程法、温度函数法、点热流法、综合热阻法和动态边界条件法；潜热处理方法有：温度回升法、热函法和固相率法。

（1）数学模型的建立

液态金属浇入铸型，它在型腔内的冷却凝固过程是一个通过铸型向环境散热的过程。在这个过程中，铸件和铸型内部温度分布要随时间变化。从传热方式看，这一散热过程是按导热、对流及辐射三种方式综合进行的。显然，对流和辐射的热流主要发生在边界上。当液态金属充满型腔后，如果不考虑铸件凝固过程中液态金属中发生的对流现象，铸件凝固过程基本上看成是一个不稳定导热过程。因此铸件凝固过程的数学模型正是根据不稳定导热偏微分方程建立的。但还必须考虑铸件凝固过程中的潜热释放。基于分析和计算模型开发相应的程序，即可实现铸造凝固过程温度场的计算。

温度场的数值模拟。在热模拟中，温度场的数值模拟是最基本的，以三维温度场为主要内容的铸件凝固过程模拟技术已进入实用阶段，日本许多铸造厂采用此项技术。英国的Solstar系统由三维造型，网格自动剖分，有限差分传热计算，缩孔缩松预测，热物性数据库及图形处理等模块组成。

(2) 铸件充型过程的数值模拟

铸件的充型过程伴随着液态金属的流动、温度的变化和流动区域的变化等复杂现象，它是一个极不稳定的过程，铸件的气孔、浇不足及冷隔等缺陷与这一过程有关，因此对充型工艺进行模拟计算可以预测在充型过程中产生的铸造缺陷，进而优化充型工艺，消除缺陷。

进入20世纪80年代后，以温度场模拟技术为基础，铸件充型过程的数值模拟研究开始兴起。首先进行这一研究工作的是美国匹兹堡大学的Stoehr教授和其学生黄文星，他们在1983年用二维方法模拟了金属流体流入一矩形水平型腔和一底部是阶梯式的垂直腔的充型流动过程，由此掀起了充型过程的计算机数值模拟研究热潮。绝大多数从事铸件凝固模拟技术研究的专家和学者又纷纷开展了这项研究工作。目前，充型模拟研究在理论上正趋向成熟，主要工作是考虑模拟计算的准确性和实用性。在充型过程的模拟中，采用比较多的算法有SOLA-VOF、SIMPLER、MAC、SMAC、COMMIX等，公认的较为实用的算法是SOLA-VOF，很多改进方案都是针对它的。这些算法涉及的控制方程包括动量方程、连续方程、能量方程、体积函数方程和湍流动能方程等。目前，以SOLA-VOF法为基础，提出了许多新的计算处理方法，如高斯-赛德尔法，但还没有一种方法能取得公认。目前充型过程模拟计算已由二维发展到三维，随着研究的深入，研究朝着尽可能地考虑较多的影响因素，降低计算时间，提高计算精度的方向发展。

尽管理论模型已经成熟，但在具体处理方法上尚有很大的研究空间，研究焦点聚集在湍流问题、边界条件、压力场迭代、缺陷预测、速度场与温度场的耦合计算和复杂计算域的迭代收敛及稳定问题等。

① 湍流问题。充型模拟的一些控制方程是在层流的假设下推导并应用的，但在充型过程中，金属液常常呈强湍流流动，若用层流流动的方程进行模拟计算，必然造成很大误差，因而必须考虑湍流的影响，目前主要采用K-ε湍流流动模型。

② 边界条件。边界条件分为流动和传热两大部分。由于现有算法对流动边界条件中自由表面的处理方法还很不理想，导致压力迭代发散，速度场计算结果不对称等。目前已提出一些改进算法，使模拟结果较为接近实际。

③ 压力场迭代。压力的求解是流体流动计算的一个较难解决的问题，SOLA-VOF算法采用压力迭代的方法求解压力场，但由于速度边界条件、压力迭代方法等处理不当，造成压力迭代经常发散。现在已有人根据梯度法和搜索原理，对压力迭代过程进行了重新设计，并与速度边界条件的改进算法相结合，使压力迭代过程变得迅速稳定，压力场计算结果较为合理。

④ 缺陷预测。利用该技术预测铸件的缺陷，主要有气孔、夹杂、冷隔、缩孔缩松、偏析等。缺陷的预测主要靠判据，而判据与金属的种类和型腔的形状有关，目前已有一些判据

在应用，如缩孔判据等。

⑤ 耦合计算。充型过程伴随传热，将充型过程的速度场和温度场的计算进行耦合，充型结束后即可得到型腔中的温度场，进而进行凝固过程的模拟计算。

⑥ 迭代收敛。速度场的计算是一个非常耗时的过程，常常由于算法问题，造成迭代收敛困难，目前还需对 SOLA-VOF 模型改进，使其在处理复杂件时能够稳定收敛，得到合理的结果。

目前，铸件充型和凝固过程的数值模拟技术的研究与应用已由砂型铸造向金属型铸造工艺发展，这一方面反映了这一技术的成熟，另一方面也反映了这项技术是有生命力的。

铸造充型过程数值模拟技术主要有三种方法：a. SIMPLE 法，即压力连接方程半隐式方法（Semi-Implicit Method for Pressure Linked Equation）；b. SMAC 法，即简化标示粒子法（Simplified Marker and Cell）；c. SOLA-VOF 法，即解法（Solution Algorithm）及体积函数法（Volume of Fluid）。

（3）应力场的数值模拟

铸件热应力的数值模拟是通过对铸件凝固过程中热应力场的计算、冷却过程中残余热应力的计算来预测热裂纹敏感区和热裂纹的。应力场分析可预测铸件热裂及变形等缺陷。由于三维应力场模拟涉及弹性-塑性-蠕变理论及高温下的力学性能和热物性参数等，研究的难度大。现在研究多着重于建立专门用于铸造过程的三维应力场分析软件包，有些研究是利用国外的通用有限元软件对部分铸件的应力场进行模拟分析，这对优化铸造工艺和提高铸模寿命发挥了重要作用。应力场模拟分析正向实用化发展，但迄今为止还没有一种科学方法能准确测量金属铸件各个部位的热应力或残余应力。

（4）铸件微观组织数值模拟

铸件微观组织数值模拟是计算铸件凝固过程中的成核、生长等，以及凝固后铸件的微观组织和可能具备的性能。铸件微观组织模拟经过了定性模拟、半定量模拟和定量模拟阶段，由定点形核到随机形核。这一研究存在的问题是很难建立一个相当完善的数学模型来精确计算形核数、枝晶生长速度及组织转变等。瑞士 M. Rappaz 教授与美国 Stefanescu 教授在 1985 年前后同时进行该项目的研究。他们从宏观温度场入手，分别对铝合金及镍基合金和铁的晶粒数、晶粒尺寸分布及二次臂距进行估算。铸件微观组织模拟研究今后将向定向凝固及单晶方面发展，同时在计算精度、计算速度等方面有很多工作要做。

3. 铸造工艺简介

铸造是将通过熔炼的金属液体浇注入铸型内，经冷却凝固获得所需形状和性能的零件的制作过程。铸造是常用的制造方法，制造成本低，工艺灵活性大，可以获得复杂形状和大型的铸件，在机械制造中占有很大的比重，如机床占 60%～80%，汽车占 25%，拖拉机占 50%～60%。由于现今对铸造质量、铸造精度、铸造成本和铸造自动化等要求的提高，铸造技术向着精密化、大型化、高质量、自动化和清洁化的方向发展，例如我国近几年在精密铸造技术、连续铸造技术、特种铸造技术、铸造自动化和铸造成型模拟技术等方面发展迅速。

铸造主要工艺过程包括：金属熔炼、模型制造、浇注凝固和脱模清理等。铸造用的主要材料是铸钢、铸铁、铸造有色合金（铜、铝、锌、铅等）等。铸造工艺可分为砂型铸造工艺和特种铸造工艺，其中，特种铸造工艺有离心铸造、低压铸造、差压铸造、增压铸造、石膏型铸造、陶瓷型铸造等方式。

压力铸造是指金属液在其他外力（不含重力）的作用下注入铸型的工艺。广义的压力铸造包括压铸机的压力铸造和真空铸造、低压铸造、离心铸造等；狭义的压力铸造专指压铸机的金属型压力铸造，简称压铸。压铸是在压铸机上进行的金属型压力铸造，是生产效率最高的铸造工艺。

传统压铸工艺主要由四个步骤组成，或者称作高压压铸。这四个步骤包括模具准备、填充、注射以及落砂，它们也是各种改良版压铸工艺的基础。在准备过程中需要向模腔内喷上润滑剂，润滑剂除了可以帮助控制模具的温度之外还可以有助于铸件脱模。然后就可以关闭模具，用高压将熔融金属注射进模具内，这个压力范围大约为10～175MPa。当熔融金属填充完毕后，压力就会一直保持直到铸件凝固。然后推杆就会推出所有的铸件，由于一个模具内可能会有多个模腔，所以每次铸造过程中可能会产生多个铸件。落砂的过程则需要分离残渣，包括造模口、流道、浇口以及飞边。这个过程通常是通过一个特别的修整模具挤压铸件来完成的。其他的落砂方法包括锯和打磨。如果浇口比较易碎，可以直接摔打铸件，这样可以节省人力。多余的造模口可以在熔化后重复使用。通常的产量大约为67%。

高压注射导致填充模具的速度非常快，这样在任何部分凝固之前熔融金属就可填充满整个模具。通过这种方式，就算是很难填充的薄壁部分也可以避免表面不连续性。不过这也会导致空气滞留，因为快速填充模具时空气很难逃逸。通过在分型线上安放排气口的方式可以减少这种问题，不过就算是非常精密的工艺也会在铸件中心部位残留下气孔。大多数压铸可以通过二次加工来完成一些无法通过铸造完成的结构，例如钻孔、抛光。

落砂完毕之后就可以检查缺陷了，最常见的缺陷包括滞流（浇不足）以及冷疤。这些缺陷可能是由模具或熔融金属温度不足、金属混有杂质、通气口太少、润滑剂太多等原因造成。其他的缺陷包括气孔、缩孔、热裂以及流痕。流痕是由于浇口缺陷、锋利的转角或者过多的润滑剂而遗留在铸件表面的痕迹。

水基润滑剂被称作乳剂，是最常用的润滑剂类型，这是出于健康、环境以及安全性方面的考虑。不像溶剂型润滑剂，如果将水中的矿物质运用合适的工艺去除掉，它是不会在铸件中留下副产物的。如果处理水的过程不得当，水中的矿物质会导致铸件表面缺陷以及不连续性。主要有四种水基润滑剂：水掺油、油掺水、半合成以及合成。水掺油的润滑剂是最好的，因为使用润滑剂时水在沉积油的同时会通过蒸发冷却模具的表面，这可以帮助脱模。通常，这类润滑剂的比例为30份的水混合1份的油。而在极端情况下，这个比例可以达到100∶1。

可以用于润滑剂的油包括重油、动物脂肪、植物脂肪以及合成油脂。重质残油在室温下黏性较高，而在压铸工艺中的高温下，它会变成薄膜。润滑剂中加入其他物质可以控制乳液黏度以及热学性能，这些物质包括石墨、铝以及云母。其他化学添加剂可以避免灰尘以及氧化。水基润滑剂中可以加入乳化剂，这样油基润滑剂就可以添加进水中，包括肥皂、酒精以及环氧乙烷。

长久以来，通常使用的溶剂为基础的润滑剂包括柴油以及汽油。它们有利于铸件脱出，然而每次压铸过程中会发生小型爆炸，这导致模腔壁上积累起碳元素。相比水基润滑剂，溶剂为基础的润滑剂更为均匀。

压铸的特点：压铸区别于其他铸造方法的主要特点是高压和高速。①金属液是在压力下填充型腔的，并在更高的压力下结晶凝固，常见的压力为15～100MPa。②金属液以高速充填型腔，通常在10～50m/s，有的还可超过80m/s，（通过内浇口导入型腔的线速度——内浇口速度），因此金属液的充型时间极短，约0.01～0.2s（须视铸件的大小而不同）内即可填满型腔。压铸是一种精密的铸造方法，经由压铸而铸成的压铸件的尺寸公差甚小，表面精度甚高，在大多数的情况下，压铸件不需再车削加工即可装配应用，有螺纹的零件亦可直接铸出。从一般的照相机件、打字机件、电子计算器件及装饰品等小零件，以及汽车、机车、飞机等交通工具的复杂零件大多是利用压铸法制造的。

压铸的优缺点：①压铸的优点包括，铸件拥有优秀的尺寸精度。通常这取决于铸造材料，典型的数值为最初2.5cm尺寸时误差0.1mm，每增加1cm误差增加0.002mm。相比其他铸造工艺，它的铸件表面光滑，圆角半径大约为1～2.5μm。相对于砂箱或者永久模铸造法来说可以制造壁厚大约0.75mm的铸件。它可以直接铸造内部结构，比如丝套、加热元件、高强度承载面。其他一些优点包括它能够减少或避免二次机械加工，生产速度快、铸件抗拉强度可达415MPa、可以铸造高流动性的金属；②压铸最大的缺点为成本很高。铸造设备以及模具、模具相关组件相对其他铸造方法来说都很贵。因此制造压铸件时生产大量产品才比较经济。其他缺点包括：这个工艺只适用于流动性较高的金属，而且铸造质量必须介于30g与10kg之间。在通常的压铸中，最后铸造的一批铸件总会有孔隙。因而不能进行任何热处理或者焊接，因为缝隙内的气体会在热量作用下膨胀，从而导致内部的微型缺陷和表面的剥离。

三、实验器材及材料

① 高性能计算机或工作站；

② AnyCasting铸造分析软件、UG NX或CATIA三维造型软件、产品二维图纸等。

四、实验方法与步骤

1. 三维造型与模具设计

① 对指定的产品图，设计模具结构，包括对应的浇口、浇道、型腔等；

② 使用UG NX或者CATIA造型软件对上述设计进行三维造型；

③ 将所有得到的模型转换成STL标准格式文件，导出存在同一文件目录下，并且取好相应的文件名。

2. 模型网格划分与前处理

① 打开AnyCasting软件，新建一个项目，保存为sheji.prp。

② 依次导入前面生成的STL文件，如图3-58所示。

③ 设置实体格式：实体性能。为了建立网格或输入仿真条件，必须给所有实体赋予属性，即确定各个部分在铸造中的名称和作用，如浇口、浇道、型腔、砂箱等，如图3-59所示。

④ 设置铸型如图3-60所示。

⑤ 设置求解域如图3-61所示。

⑥ 网格划分。网格划分可分为：划分均匀网格、划分可变网格两部分。其中划分可变网格是难点。

a. 划分均匀网格，将选定区域划分成一定尺寸的网格。输入各个区域的值，并点击“应用”或点击“回车”键，优化的网格尺寸将被显示出来，如图3-62所示。

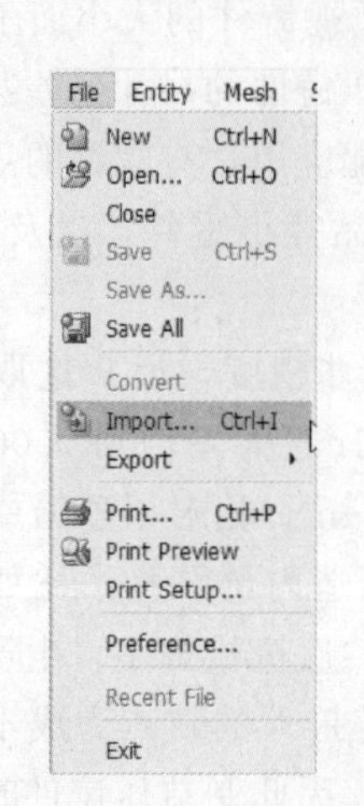

File Entity Mesh
New Ctrl+N
Open... Ctrl+O
Close
Save Ctrl+S
Save As...
Save All
Convert
Import... Ctrl+I
Export
Print... Ctrl+P
Print Preview
Print Setup...
Preference...
Recent File
Exit

图 3-58 导入 STL 文件

Set Entity
Name Type
jiaomk NOTYPE
zhuzj CAST(CAVITY)
Entity
Name : zhuzj
Type : CAST CAVITY
Display
Visible
Mode : Surface with Edge
Color :
Transparency :
CAVITY
INGATE
RUNNER
SLEEVE
BASIN
OVERFLOW
STOPPER
STALK
GATE
FILTER
Delete
OK

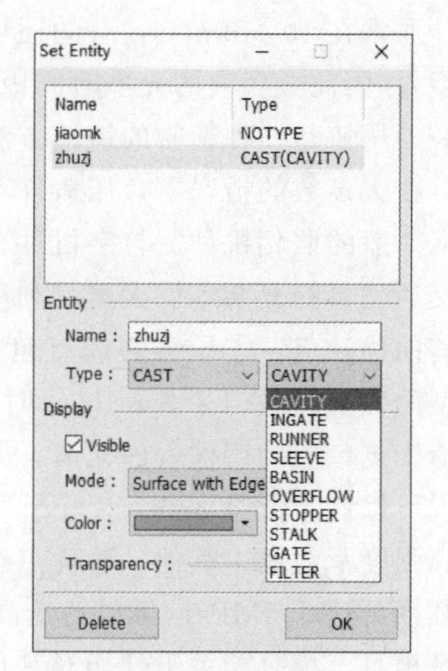

图 3-59 设置实体

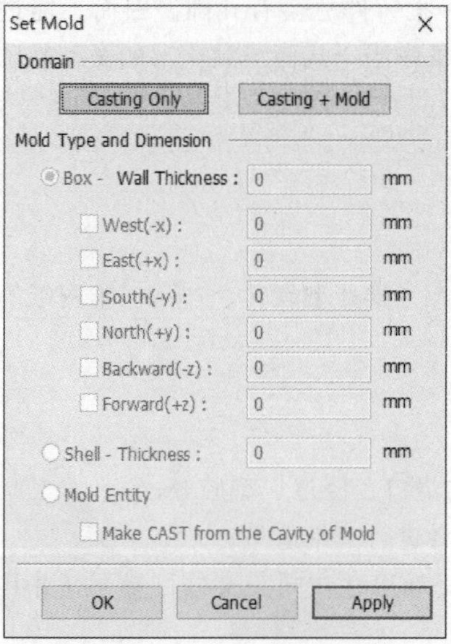

Set Mold
Domain
Casting Only
Casting + Mold
Mold Type and Dimension
Box - Wall Thickness : 0 mm
West(-x) : 0 mm
East(+x) : 0 mm
South(-y) : 0 mm
North(+y) : 0 mm
Backward(-z) : 0 mm
Forward(+z) : 0 mm
Shell - Thickness : 0 mm
Mold Entity
Make CAST from the Cavity of Mold
OK
Cancel
Apply

图 3-60 设置铸型

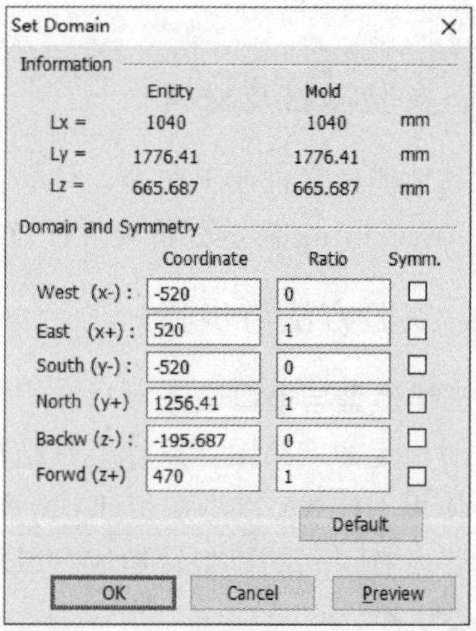

Set Domain
Information
Entity Mold
Lx = 1040 1040 mm
Ly = 1776.41 1776.41 mm
Lz = 665.687 665.687 mm
Domain and Symmetry
Coordinate Ratio Symm.
West (x-) : -520 0
East (x+) : 520 1
South (y-) : -520 0
North (y+) 1256.41 1
Backw (z-) : -195.687 0
Forwd (z+) 470 1
Default
OK
Cancel
Preview

图 3-61 设置求解域

b. 划分可变网格。点击划分可变网格后，可以看到砂箱、浇注系统、型腔的轮廓上显示有白点，首先选择“轴”，先选择哪一个不重要，因为在划分可变网格的过程中要在每一个轴向都要划分；选择完轴以后，按下空格键，光标变成十字形，选中两个白点之间区域就是一个块，系统自动识别块起始点和终止点在轴向上的坐标，选择时，块的起始点必须小于块的终止点，选中两个点以后，输入要划分的数量，在一个轴向上的各个块要没有间隙，要包括砂箱的起点到终点；以上完成了一个轴向的划分，然后在求解域的其他两个轴向都重复这种划分，完成网格划分。划分可变网格如图 3-63 所示。

⑦ 任务设定。

a. 选择铸造方法如图 3-64 所示。

b. 选择分析类型——常用充型过程（考虑传热）及凝固过程，如图 3-65 所示。

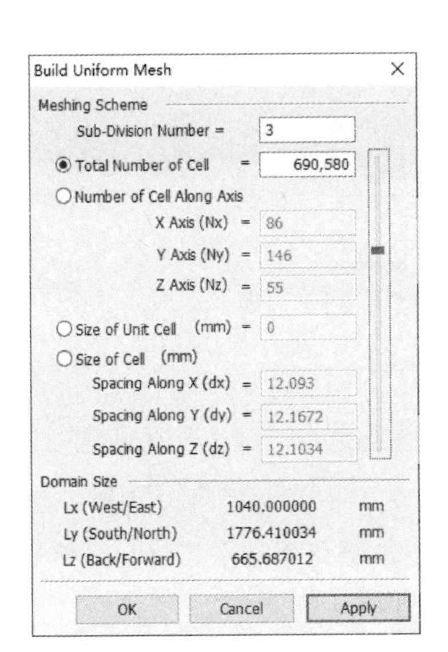

图 3-62 网格划分参数设置

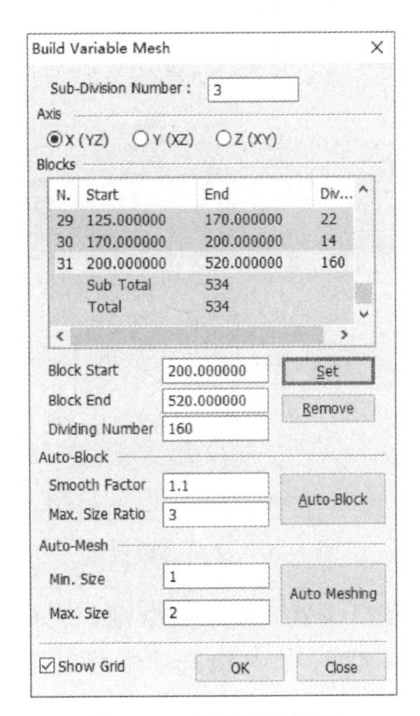

图 3-63 划分可变网格

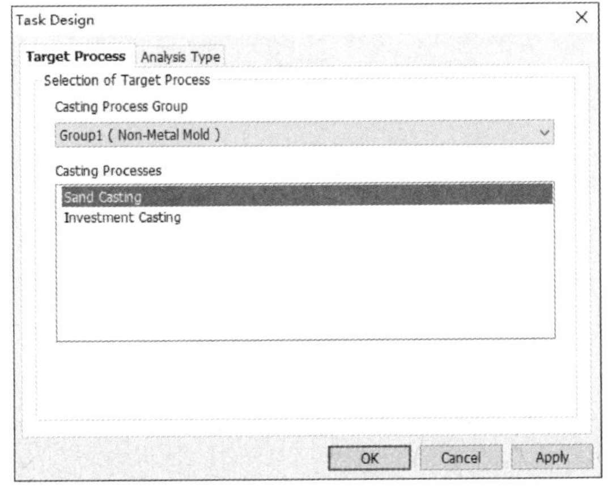

图 3-64 选择铸造工艺

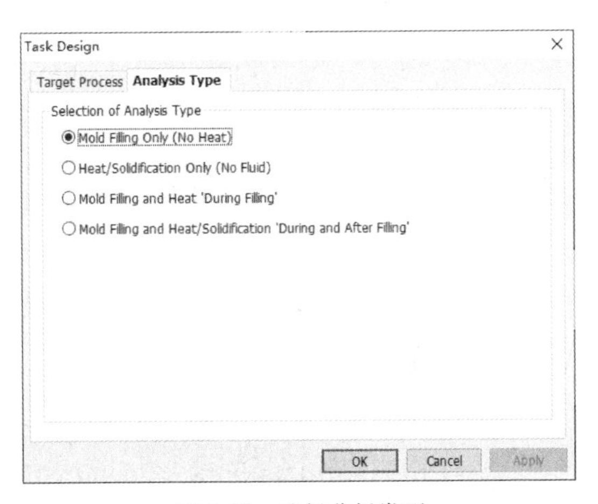

图 3-65 选择分析类型

⑧ 材料设置（图 3-66），双击要赋值的选项直接进入数据库选择材料。选择和更改实体材料的方法如下。

a. 在菜单中选择实体。若要选择多个部分可能要用到 Ctrl 或 Shift+Left 键；

b. 点击 Database 或双击所选实体；

c. 在材料选择栏中选择材料；

d. 双击材料或在选好材料后点击“OK”，所选实体将被设置，气体性能将自动设置。

⑨ 仿真条件设置。

a. 初边条件设置。注意一下浇口杯的初始温度，在这里设置的温度是浇注温度，如图 3-67 所示。

b. 界面热交换条件设置。界面热交换系数可以默认设置，也可以根据需要自己设置，如图 3-68 所示。涂层可以不激活，但是如果不激活涂层，在设置界面热交换系数时必须要考虑涂层对界面热交换系数的影响。

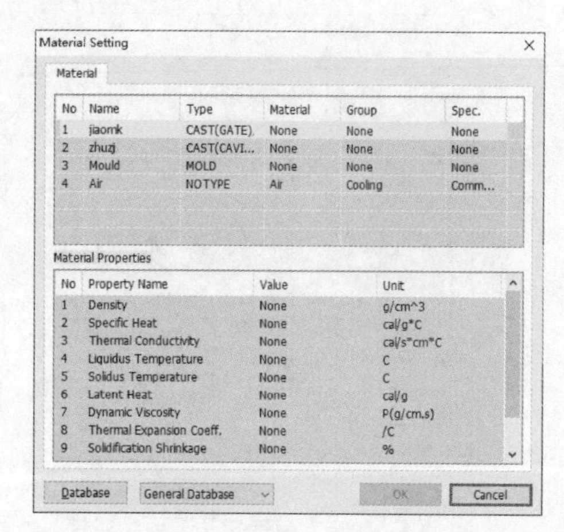

图 3-66 材料参数设置

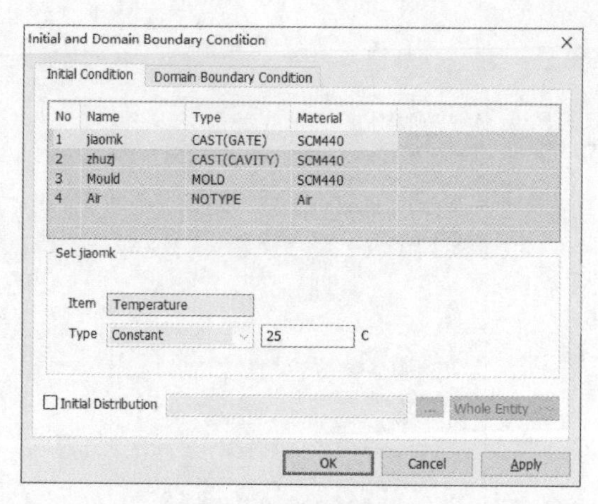

图 3-67 边界条件设置

c. 浇口设置。按下空格键，光标变成十字形，再点击浇口就选中了浇口，然后设置浇注温度和速度，在高级选项中可以设置浇口面的大小，如图 3-69 所示。

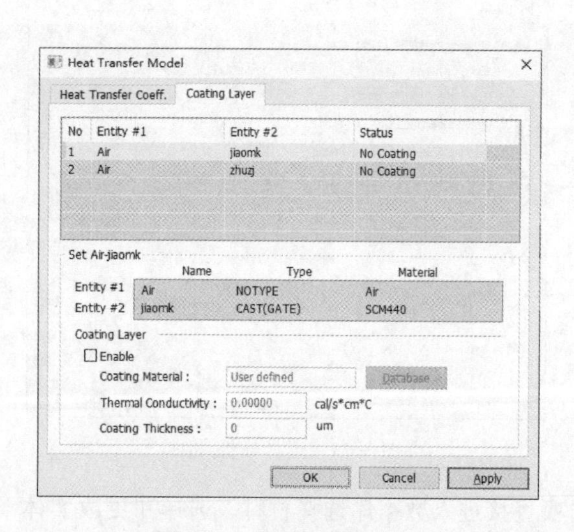

图 3-68 热交换条件设置

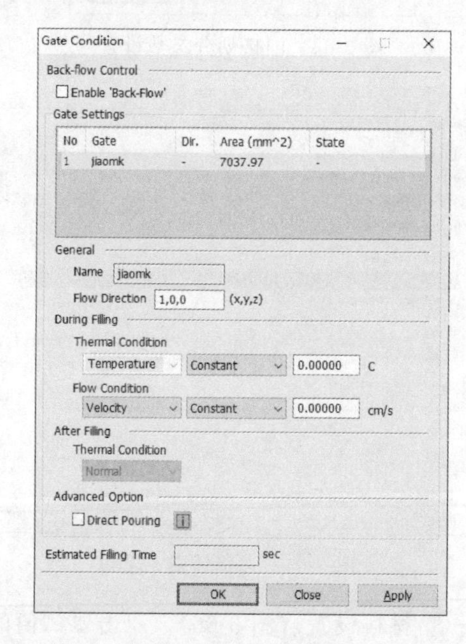

图 3-69 浇口参数设置

d. 重力设置。根据实际情况选对重力方向。

e. 可选模块。可选模块（图 3-70）的选择依据是看该模块是否出现在仿真的过程中以及仿真的需要。在进行充型过程仿真时可以选择“流体流动模型”“氧化/夹渣模型”，凝固过程仿真可以选择“收缩模型”“微观组织模型”“偏析模型”，当仿真的类型包括充型和凝固时，可以同时激活以上几种类型。当进行压铸仿真时，可以激活压室模型；进行离心铸造仿真时必须激活离心铸造模型。

f. 设置仪器。常用的选项是浇口杯，其他的选项可以不用设置，在浇口杯选项中可以通过设置“熔体-温度”调整浇注温度，如图 3-71 所示。

g. 求解条件。求解方法、结束/输出条件一般可以保持默认，保存设置以后就可以运行

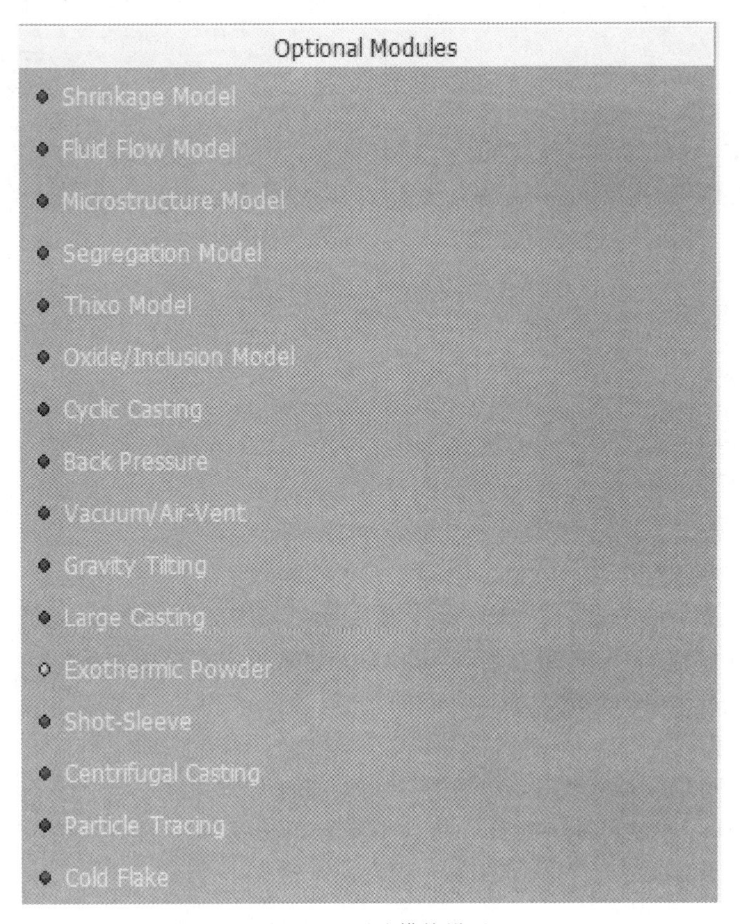

图 3-70 可选模块设置

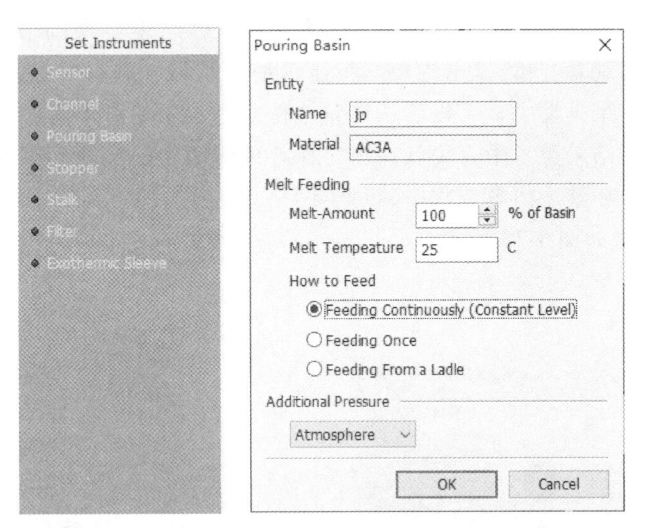

图 3-71 浇口杯设置

求解。输出条件可以自己编辑，添加自己认为符合实际情况的系列，如图 3-72 所示。

h. 求解运算。运行求解调用 anySOLVER 开始仿真计算。在 Launching Conditions 中点击 Run，下面的 anySOLVER 窗口将运行。点击激活的 Start 键，模拟开始。如图 3-73 所示。

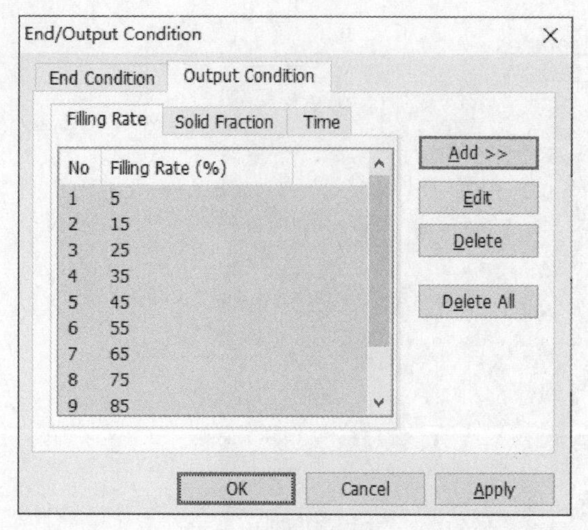

图 3-72 求解条件设置

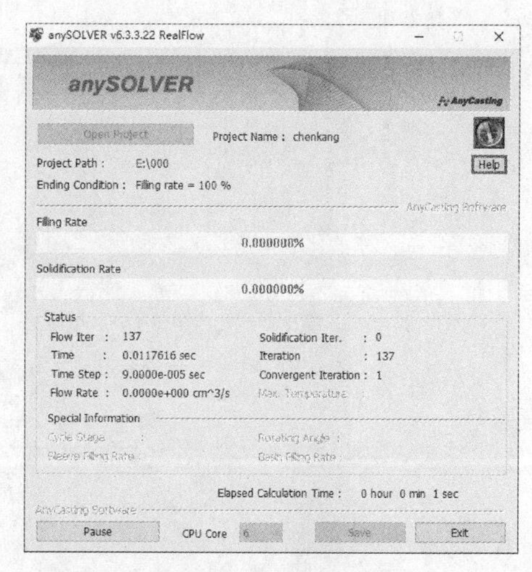

图 3-73 求解运算设置

3. 后处理及分析

① 进入 anyPOST 界面，从结果文件夹（Current Folder/Project-Name _ Res）中选择 *.rlt 类型文件。anyPOST 显示出所有可用文件，包括提供查看基础结果的功能，如填充时间、凝固时间、轮廓（温度、压力、速度）、速度的二维和三维向量以及创建基于传感结果的曲线图。各种凝固缺陷也可以通过结果组合功能用二维和三维的方式检查。

② 观察剖面，通过鼠标的操作，选择面域，按住鼠标左键不放，移动剖面到适当的位置，观察重点剖面。如图 3-74 所示。

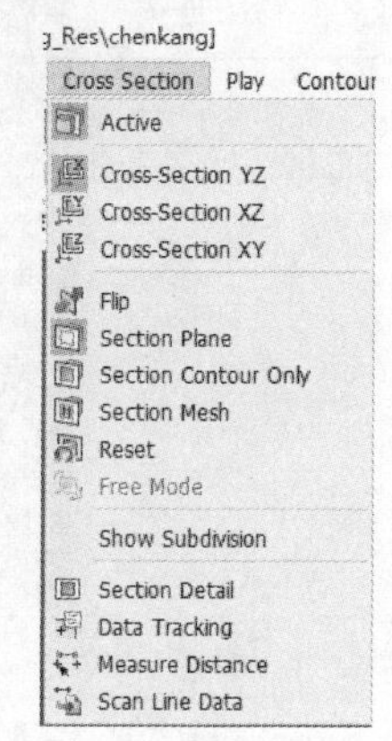

图 3-74 剖面菜单

③ 观察结果。

a. 最终结果分析。点击过程数据，将显示如图 3-75 所示的过程数据下拉菜单，点击菜单中的选项，然后点击播放键，可以观察动画显示，对比旁边的色标观看分析。anyPOST 将显示最终结果、进程结果、传感器等。在最终结果类型中，可以确认在整个仿真进程中的每个网格点的属性变化。另一方面，也可以在进程结果类型中，确认在指定保存的时间中的温度、压力和速度。在最终结果类型中，可以检查在整个仿真进程中的每个网格点的属性变化。

b. 简单收缩分析如图 3-76 所示。

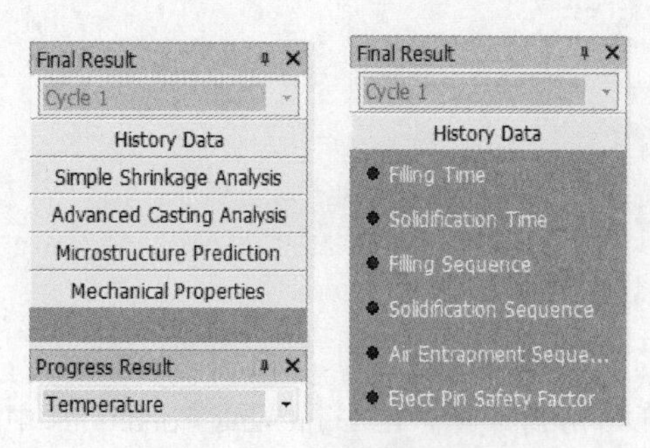

图 3-75 过程数据查看

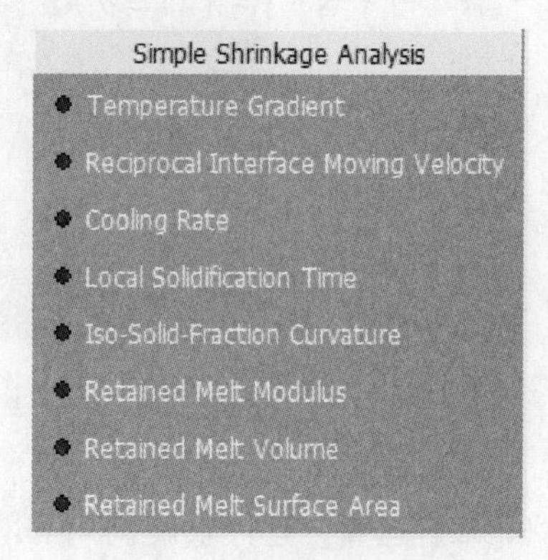

图 3-76 简单收缩分析

c. 其他分析如图 3-77 所示。

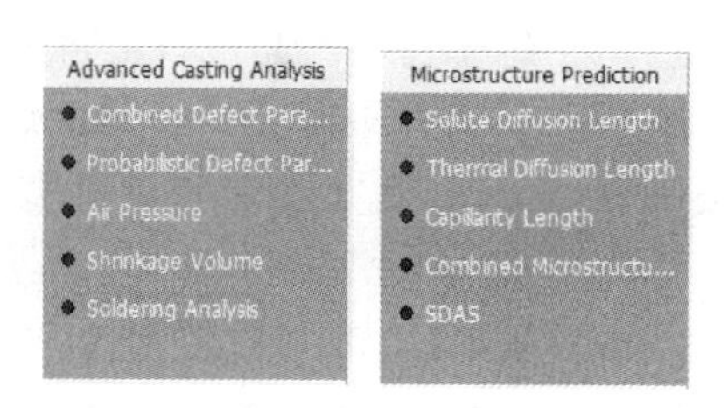

图 3-77 其他分析

④ 结果分析。

a. 组合缺陷参数。设置组合缺陷参数，由一种参数或两种基础参数制成。

b. 概率缺陷参数。从基础或组合参数中统计地估计参数。用这些，容易观察到收缩关联的危险区域。因为它需要太多的时间来获取概率缺陷参数，最好保存结果以便下次检查。当缺损预测参数是广泛散发，很难观察危险地带的可能会发生的缺陷。在这种情况下，使用此参数统计计算的缺陷预测参数后可以很容易地观察缺陷区域。

c. 微观结构预测。SDSA（二次枝晶臂间距）由粗化模型确定了二次枝晶臂间距，在最终结果的微观结构预测菜单中选择二次枝晶臂间距选项。

d. 进程结果类型。结果类型的进展，可以在存储的时间（anyPRE 指定的输出条件）里以查看三维分布的温度、压力和速度。

e. 查看传感器结果。传感器已经安装在 anyPRE 中，它们的结果通过 anySOLVER、anyPOST 生动地展示了温度、速度和压力传感器。传感器的信息会显示在传感器窗口底部的列表中。点击复选框选择列表中的传感器或删除它，也可以点击下方的按钮来实现全选或者取消。

五、实验报告要求

实验后完成实验报告，实验报告使用通用格式，并应包含如下内容：

① 实验目的、实验原理等；

② 要求按照提供的标准实验报告格式撰写，并且要记录必要操作步骤、分析原始模型资料以及最后的模拟分析后处理的相关数据等；

③ 提供一份模型处理后的优化方案，以做了优化处理以后的分析结果对比；

④ 按照模拟分析步骤和方法，对自行设计的项目进行模拟，并对结果分析后提出设计的优化方案。

实验二十八 模具智能化制造综合设计实验

一、实验目的

① 掌握模具智能制造生产管理控制系统使用方法，并应用系统合理管理整个实验项目。

② 具备模具数字化设计能力，能够对模具零件数控加工编程，能够在加工中心完成模具或者电极的加工和成型。

③ 具备机器人编程与操作能力，配合加工中心实现自动化加工和生产。

④ 使用三坐标测量设备对已加工的模具和产品进行精密测量，判定模具是否符合设计要求。

⑤ 应用模具拆装技术对模具零件进行装配，并使用模具实现智能成形。

二、实验原理

1. MES 生产智能管控系统

MES 生产智能管控系统界面美观整洁、规范，可操作性强。在整个生产环节中对生产线各设备进行协调和调度，控制着整个模具生产流程安全有序地进行。MES 软件一般划分为工艺设计管理、排程管理、设备管理、生产管理、系统设置和信息共享等多个模块。

(1) 工艺设计管理模块

管理模具工艺设计文件是经验的积累，是管理的参考依据，如何对此类文档进行清晰有效的管理，让员工能够时刻快速查找需要的工艺文档，成为企业管理信息化的重要环节，该模块通过清楚的工艺文档分类模式、快速的查询帮助，有序地管理各部门车间文档，实时共享，方便学习。

(2) 排程管理模块

生产效率的制约条件很多，人员技能、设备状态、物料准备情况、交货周期的长短等等；如何更好地发挥车间产能，达到合理、高效的生产，很大程度上取决于车间的生产计划的制定。该模块通过录入各种输入条件，同时根据高级排程算法的综合考评测算，输出合理高效的能够指导车间生产的计划列表。

(3) 设备管理模块

随着物联网、射频技术的普及，车间设备智能化程度越来越高，大部分都带有通信接口，逐步开发控制组件，把分散的智能制造设备连接起来，通过系统共享、传输等方式传递数据，减少人员记录、抄送等工作量，并且达到实时监控设备运行状况的目标。

(4) 生产管理模块

设计通用化的模块，对生产工序进行配置、生产过程进行管理，并开发模块间衔接的接口，通过模块与模块之间的搭接拼插，最终布置出整个工厂生产的工艺路线框图，对生产进行综合管理。

(5) 系统设置模块

对系统管理权限、任务操作等进行设置，可以根据任务和管理要求对系统人员进行分级管理，不同人员管理权限不同，同时对系统任务进行管理和分配等；对系统的数据库进行备份、恢复、导出等核心操作。

(6) 信息共享模块

信息共享交互，其他几个模块都是信息采集与应用模块，信息共享模块综合各个模块的信息量，综合汇总，信息量非常庞大，是各个模块的中间载体。该模块汇总信息后通过查看的方式，实现不同岗位、不同级别人员对庞大信息的分类、重点关注。

2. 模具数字化加工

(1) 数控加工中心

① 加工中心。加工中心 MC（Machine Center）是带有刀库和自动换刀装置的数控机床。刀库中存放着若干事先准备好的刀具和夹具，可对工件进行多工序加工。加工中心也可

分为立式和卧式两种。其上的坐标系符合 ISO 标准的规定，即右手定则。加工中心在模具制造行业中的应用非常广泛，各种平面轮廓和立体曲面的零件（如模具的凸凹模型腔等）都可以在加工中心上加工。加工中心同样可以铣、镗、钻、扩、铰及攻螺纹等多工序加工，主要用来加工箱体类零件。加工中心有两轴联动、三轴联动、四轴联动和五轴联动等不同档次，现在应用最广泛的是三轴联动的加工中心，四轴联动和五轴联动的加工中心一般都应用在军工、汽车和航天工业，在模具制造行业中的应用较少。

② 数控机床的加工过程。数控机床的加工过程由加工信息、数控装置、伺服系统和机床本体和反馈系统组成，如图 3-78 所示。

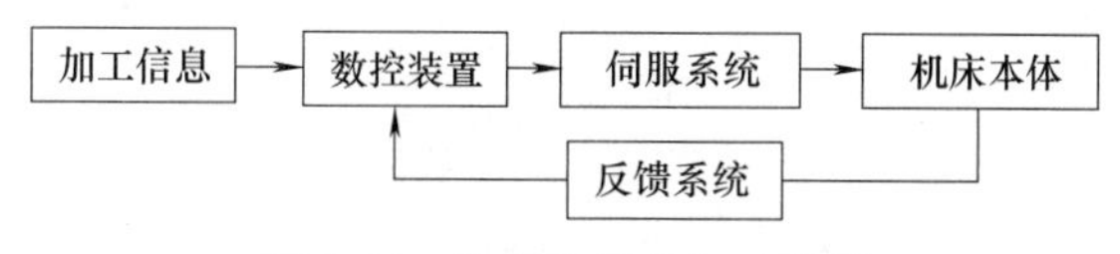

图 3-78 数控机床的加工过程

a. 加工信息。加工信息多采用计算机直接控制。计算机直接控制就是直接在计算机中进行编程，再把编制好的加工程序通过 DNC 系统直接传送到数控机床进行数控加工。同时它也可以把数控机床中的数据传送到计算机中，实现双向传送。它的优点是传送的数据量几乎不受限制，使用起来方便快捷。目前大多数数控机床都采用了这种方式来进行数据的交换。

b. 数控装置。数控装置是数控机床的核心，其功能是接受输入的加工信息，经过数控装置的系统软件和逻辑电路进行译码、运算和逻辑处理，向伺服系统发出相应的脉冲，并通过伺服系统控制机床运动部件按加工程序指令运动。

c. 伺服系统。伺服系统由伺服电机和伺服驱动装置组成，通常所说的数控系统是指数控装置与伺服系统的集成。因此，伺服系统是数控系统的执行系统。数控装置发出的速度和位移指令控制执行部件按进给速度和进给方向位移。每个进给运动的执行部件都配备一套伺服系统，有的伺服系统还有位置测量装置，直接或间接测量执行部件的实际位移量，并反馈给数控装置，对加工的误差进行补偿。

d. 机床本体。数控机床的本体与普通机床基本类似，不同之处是数控机床结构简单、刚性好，传动系统采用滚珠丝杠代替普通机床的丝杠和齿条传动，主轴变速系统简化了齿轮箱，普遍采用变频调速和伺服控制。

e. 反馈系统。反馈系统的作用：将机床导轨和主轴移动的位移量、移动速度等参数检测出来，通过模数转换变成数字信号，并反馈到数控装置中，数控装置根据反馈回来的信息进行判断并发出相应的指令，纠正所产生的误差。

③ 数控编程的一般流程。在计算机上进行图形交互式数控编程一般可分为 4 个阶段：准备工作阶段、技术方案阶段、数控编程阶段以及程序定型阶段，如图 3-79 所示。

数控编程前的首要工作是制定技术方案。技术方案阶段主要任务是根据车间的制造资源，编制数控加工的工艺方案。

为了做好技术方案，必须了解加工环境和制造资源，包括：机床、刀具、现有的工装夹具、编程软件、工艺资源、毛坯等，还要对零件的技术要求清楚，如公差要求、光洁度、薄壁件的允许变形、装配关系等。除此之外，还应知道生产计划的安排。编制数控工艺方案由制造工程管辖，属于工艺设计范畴。

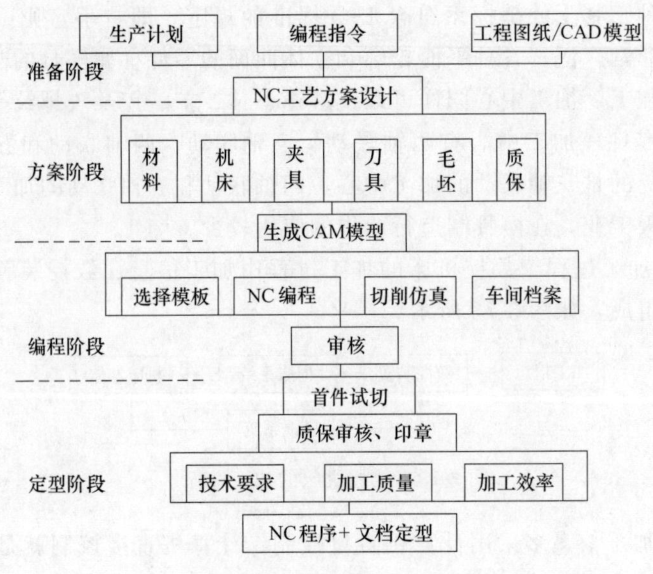

图 3-79 数控编程的一般流程

④ 编制数控工艺方案大致有以下的步骤：

a. 熟悉零件图及相关的工程指令和加工指令；

b. 查询制造资源数据库；

c. 利用工艺数据库，检索典型工艺；

d. 制定工艺过程；

e. 编排工艺路线；

f. 确定装夹方案和刀具选用；

g. 定义和编辑工序；

h. 生成工艺文件；

i. 审核。

UG/CAM 数控编程的一般过程如图 3-80 所示。

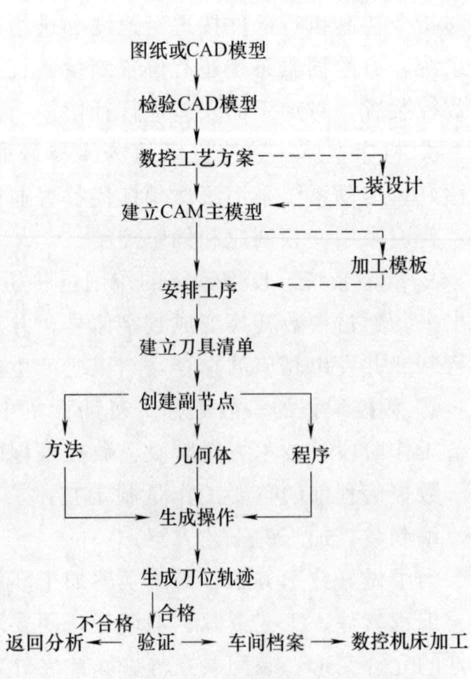

图 3-80 UG/CAM 数控编程的一般流程

在编程准备期间，主要的依据是图纸或 CAD 模型、编程指令以及下发的工艺文件。首先，编程员分析零件的几何特征，构思加工过程，结合机床具体情况，考虑工件的定位，选用夹具，或者提出设计新夹具和辅助工装。数控加工的工艺装备的选择是否恰当，不仅影响数控加工的效率，有时也影响数控加工的质量。对批量生产的情况，它起着特别关键性的作用，加工的质量和一致性主要靠工装保证。

夹具设计技术是一门还在发展中的技术。夹具主要有 4 大功能，即定位、夹紧、导向和对刀。评价一副夹具的设计好坏，可以看以下几方面：对加工精度的影响；夹具的刚度和变形；在各夹紧点的夹紧力作用下工件的稳定性；装卸是否迅速方便，以减少机床的停机时间等。

在准备工作环节里，另一个主要任务是建立零件的数控加工模型（CAM模型）。一般情况下，不需要建立CAM模型，CAD模型就可以直接用于定义加工参数和加工对象，生成刀位轨迹。但是在许多情况下，仍然要建立CAM模型。

有了加工模型，可以选择加工方案了。如果有些公司已经把一些典型工艺制成了模板或者制定了数控加工的规范，则可以根据数据工艺方案和规范，选择调用的模板，确定本次加工任务中所用的刀具和加工方法。

做完了上述工作后，现在就可以正式进入数控编程了。进入数控编程阶段后，第一步要正确定义加工坐标系，也就是选择好对刀点。所谓对刀点是在数控编程时刀具相对于工件运动的起点，亦称为“编程原点”。其选择原则是：选择对刀的位置应方便编程、便于测量检查、便于操作，同时考虑引起的加工误差较小。对刀点由编程员自己确定。对刀点不仅仅是程序的起点，常常又是程序的终点。因此，加工时要考虑对刀的重复精度。

数控编程的过程就是按照数控工艺方案一步一步地在计算机上生成加工所用的刀具运动轨迹，并保存在Part文件中。由于工艺方案是预先设想的，不一定周到，在数控编程中要不断调整，因此，数控编程的过程又是一个完善工艺方案的过程。数控编程是一个人机交互的过程。一个好的CAD/CAM软件（例如UG NX），将能帮助编程人员编制出高质量和高效率的数控编程。数控编程的最后环节是数控程序的验证工作。验证手段基本上有两种，即计算机验证和试切验证。

UG提供了可视化的验证手段。它不仅模拟切削过程，同时显示干涉现象和过切区域，包括刀具和刀柄对工件的过切和对夹具的过切等。由于计算机上的干涉检查只是纯粹几何上的检查，不能考虑刀具、工件和夹具的刚度和弹性变形，也不能考虑刀具的磨损（如加工高强度硬度零件时）等因素，因此，计算机上的模拟只是理想化的检查。但对大多数的数控加工，这种验证已是足够的和可行的了。

较复杂的工件的数控程序还需要通过试切件的试切削验证。试切件一般采用代用料，如硬塑料、铝、硬石蜡、硬木等。试切件还应能多次修复和重复使用，以降低成本。

对数控程序的验证起码要保证达到零件的技术要求，还要验证数控工艺的合理性，以及计算数控加工的效率，最好能给出数控加工的参考工时。

当发现干涉现象，或发现刀位轨迹不合理时，UG提供了强有力的和灵活的手段，对刀位轨迹进行调整和修改，直到错误被修正为止。

（2）线切割机床

线切割机床（图3-81）是在模具加工中应用较为广泛的一种数控机床，主要分为慢走丝线切割机床和快走丝线切割机床两种，主要用于原孔、异型孔以及各种轮廓的加工。它是用电极放电腐蚀的原理来切割工件的。常用的电极一般为钼丝（快走丝线切割机床）和铜丝（慢走丝线切割机床）。线切割机床都具备两轴的联动功能，有些还具有四轴联动的功能。

图3-81 线切割机床

电火花线切割属于电火花加工的范畴，其加工原理、特点与电火花加工类似，但又有其特殊的一面。电火花线切割的原理：电火花线切割是利用移动着的细线状金属丝作为工作电极，并在金属丝及工件间通以脉冲电流，利用两极间脉冲放电的电蚀作用对工件进行切割加工。由于所采用的工具电极是一根像线一样很细、很长的金属丝（铝丝、铜丝等），所以称之为“线切割”。图 3-82 所示为电火花线切割的加工示意图。

工件 5 通过绝缘底板 6 固定在工作台 8 上，并与脉冲电源 7 的正极相连，电极丝经导向轮 4 穿过工件 5 预先钻好的小孔，并与脉冲电源 7 的负极相连，电极丝 3 由贮丝筒 2 带动做反复交替移动，工作液泵 10 将工作液经由过滤器 9 喷射到电极丝与工件的加工区内。当电极丝与工件之间的间隙合适时，两者间产生火花放电进而开始切割工件，两台步进电机控制工作台在水平面上沿 x、y 两个坐标方向移动，并合成用户指定的曲线轨迹，从而最终将工件切割成指定的形状。

（3）电火花机床

电火花机床是在模具加工中应用较为广泛的一种数控机床，其工作原理是利用两个不同极性的电极在绝缘液体中产生放电现象，去除材料进而完成加工，非常适合用于形状复杂的模具及难加工材料的加工。

电火花加工是一种利用电能和热能进行加工的工艺，俗称放电加工（Electrical Discharge Machining，简称 EDM）。电火花加工与一般金属切削加工的区别在于，电火花加工时工具与工件并不接触，而是靠工具与工件间不断产生的脉冲性火花放电，利用放电时产生局部、瞬时的高温把金属材料逐步蚀除下来。由于在放电过程中有可见火花产生，故称之为电火花加工。

要产生火花放电应具备一定的条件，如合适的放电间隙、一定的放电延续时间和工作在具有绝缘性能的液体介质中。如图 3-83 所示为电火花加工的原理示意图。

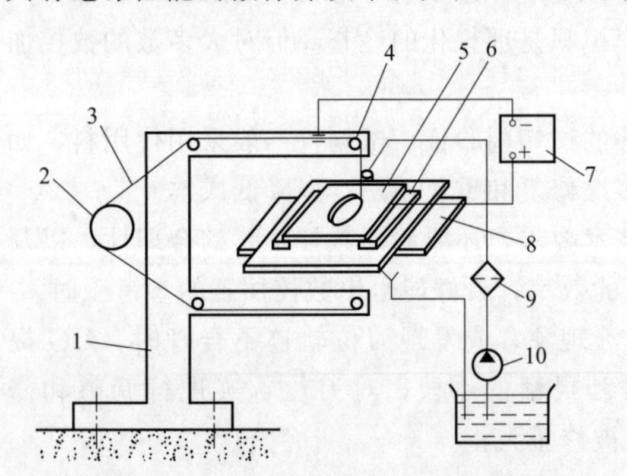

图 3-82　电火花线切割的加工示意图

1—支架；2—贮丝筒；3—电极丝；4—导向轮；
5—工件；6—绝缘底板；7—脉冲电源；
8—工作板；9—过滤器；10—工作液泵

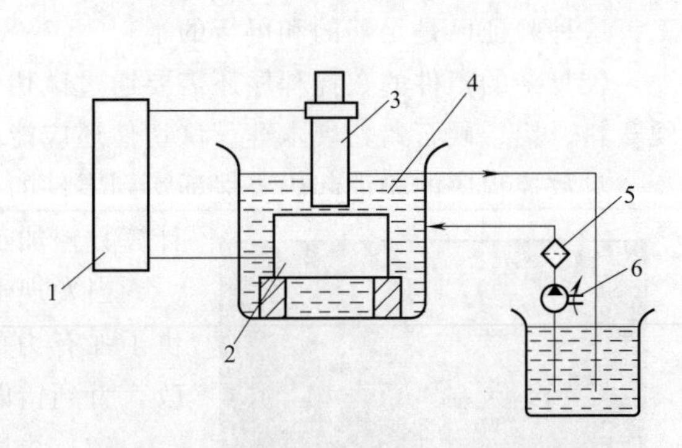

图 3-83　电火花加工的原理示意图

1—脉冲电源；2—工件；3—工具电极；
4—工作液；5—过滤器；6—工作液泵

工件 2 和工具电极 3 分别与脉冲电源 1 的两个输出端相连接，工件 2 和工具电极 3 的间隙由电火花加工机床的自动调节装置进行控制。当两者之间的间隙达到放电间隙时，便在最小间隙处击穿工作液介质，产生局部瞬时高温，使工件和工具电极蚀除掉一小部分金属材料。脉冲放电结束后，经过一段脉冲间隔时间使工作液恢复绝缘，接着第二个脉冲电压又加到工件和工具电极上，形成第二次介质击穿，产生第二次金属蚀除。如此反复连续不断地放

图 3-84 电火花加工的应用

电，使工具电极不断向工件进给，最终把工具电极的形状复制到工件上，达到电火花加工的目的。如图 3-84 所示为利用电火花对带有棱角的盲槽工件进行加工的示意图，此工件利用传统金属切削方法难以加工出盲槽的棱角，而利用电火花加工则能很好地解决问题。

3. 机器人编程及操作

机器人（Robot）是自动执行工作的机器装置。它既可以接受人指挥又可以运行预先编排的程序，也可以根据以人工智能技术制定的原则纲领行动。它的任务是协助或取代人类的工作，例如生产业、建筑业或危险的工作。它是高级整合控制论、机械电子、计算机、材料和仿生学的产物。在工业、医学、农业、建筑业甚至军事等领域中均有重要用途。现在，国际上对机器人的概念已经逐渐趋于一致。一般来说，人们都可以接受这种说法，即机器人是靠自身动力和控制能力来实现各种功能的一种机器。联合国标准化组织采纳了美国机器人协会给机器人下的定义："一种可编程和多功能的操作机，或是为了执行不同的任务而具有可用电脑改变和可编程动作的专门系统。"它能为人类带来许多方便之处。

机器人一般由执行机构、驱动装置、检测装置和控制系统和复杂机械等组成。①执行机构即机器人本体，其臂部一般采用空间开链连杆机构，其中的运动副（转动副或移动副）常称为关节，关节个数通常即为机器人的自由度数。根据关节配置形式和运动坐标形式的不同，机器人执行机构分为直角坐标式、圆柱坐标式、极坐标式和关节坐标式等类型。出于拟人化的考虑，常将机器人本体的有关部位分别称为基座、腰部、臂部、腕部、手部（夹持器或末端执行器）和行走部（对于移动机器人）等。②驱动装置是驱使执行机构运动的机构，按照控制系统发出的指令信号，借助于动力元件使机器人进行动作。它输入的是电信号，输出的是线、角位移量。机器人使用的驱动装置主要是电力驱动装置，如步进电机、伺服电机等，此外也有采用液压、气动等驱动装置。③检测装置是实时检测机器人的运动及工作情况，根据需要反馈给控制系统，与设定信息进行比较后，对执行机构进行调整，以保证机器人的动作符合预定的要求。作为检测装置的传感器大致可以分为两类：一类是内部信息传感器，用于检测机器人各部分的内部状况，如各关节的位置、速度、加速度等，并将所测得的信息作为反馈送至控制器，形成闭环控制。另一类是外部信息传感器，用于获取有关机器人的作业对象及外界环境等方面的信息，以使机器人的动作能适应外界情况的变化，使之达到更高层次的自动化，甚至使机器人具有某种"感觉"，向智能化发展，例如视觉、声觉等外部传感器给出工作对象、工作环境的有关信息，利用这些信息构成一个大的反馈回路，从而将大大提高机器人的工作精度。④控制系统有两种方式，一种是集中式控制，即机器人的全部控制由一台微型计算机完成。另一种是分散（级）式控制，即采用多台微机来分担机器人的控制。如当采用上、下两级微机共同完成机器人的控制时，主机常用于负责系统的管理、通信、运动学和动力学计算，并向下级微机发送指令信息；作为下级从机，各关节分别对应一个CPU，进行插补运算和伺服控制处理，实现给定的运动，并向主机反馈信息。根据作业任务要求的不同，机器人的控制方式又可分为点位控制、连续轨迹控制和力（力矩）控制。

机器人操作注意事项：①机器人程序的设计者、机器人系统的设计者和调试者、安装者必须熟悉机器人编程方式和系统应用及安装。②机器人和其他设备有很大的不同，不同点在于机器人可以以很高的速度移动很大的距离。③机器人不适合在以下环境中使用：燃烧的环境；无线电干扰的环境；水中或其他液体中（需要特殊的机器人）；运送人或动物；不可攀扶；有爆炸可能的环境等。④请不要戴手套操作示教盘和操作盘，在点动操作机器人时要采用较低的倍率以增加对机器人的控制机会，在按下示教盘上的的点动键之前要考虑到机器人的运动趋势，要预先考虑好避让机器人的运动轨迹，并确认该线路不受干涉，机器人周围区域必须清洁、无油、水及杂质等。⑤在开机运行前，须知道机器人根据所编程序将要执行的全部任务；须知道所有会左右机器人移动的开关、传感器和控制信号的位置和状态；必须知道机器人控制器和外围控制设备上的紧急停止按钮的位置，准备在紧急情况下按这些按钮；永远不要认为机器人没有移动，其程序就已经完成，因为这时机器人很有可能在等待让它继续移动的输入信号。

机器人的主要参数：①手部负重；②运动轴数；③轴负重；④运动范围（L）；⑤安装方式（T）；⑥重复定位精度；⑦最大运动速度。

机器人的编程方式有两种：①在线编程：在现场使用示教盒编程；②离线编程：在PC上安装编程软件可以实现离线编程。

TP示教盒的作用：①移动机器人；②编写机器人程序；③试运行程序；④生产运行；⑤查看机器人状态（I/O设置、位置信息等）；⑥手动运行。

机器人编程与操作如下。

（1）设置工具坐标系

① 缺省设定的工具坐标系的原点位于机器人J6轴的法兰上。根据需要把工具坐标系的原点移到工作的位置和方向上，该位置叫工具中心点TCP（Tool Center Point）；

② 工具坐标系的所有测量都是相对于TCP的，用户最多可以设置10个工具坐标系，它被存储于系统变量$MNUTOOLNUM中；

③ 设定方法：a. 三点法；b. 六点法；c. 直接输入法。

坐标设置法进入界面步骤如下。

① 依次按键操作：【MENU】菜单—【SETUP】设定—F1【Type】类型—【Frames】坐标系，进入坐标系设置界面，如图3-85所示。

② F3【OTHER】其他—选择【Tool Frame】工具坐标，进入工具坐标系的设定界面，如图3-86所示。

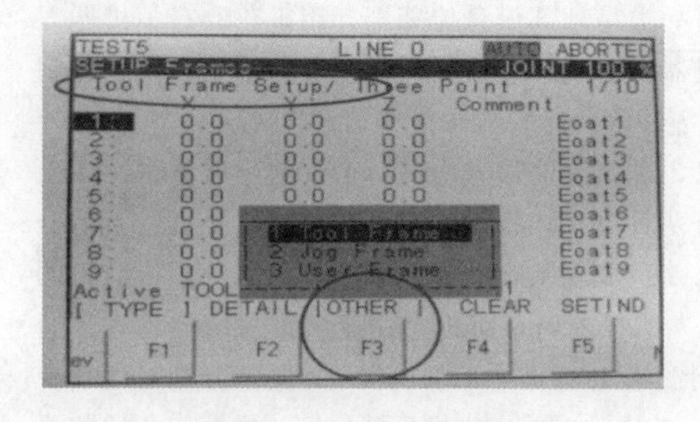

图3-85 坐标系设置界面

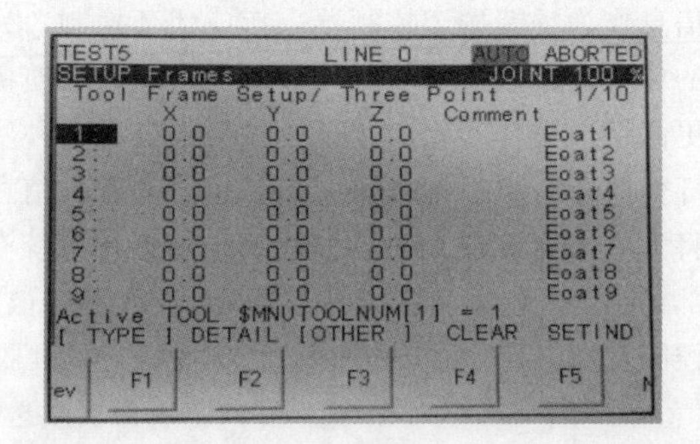

图3-86 工具坐标系设定界面

③ 移动光标到所需设置的工具坐标系，按键F2【DETAIL】进入详细界面，如图3-87所示。

三点法工具坐标设置步骤如下。

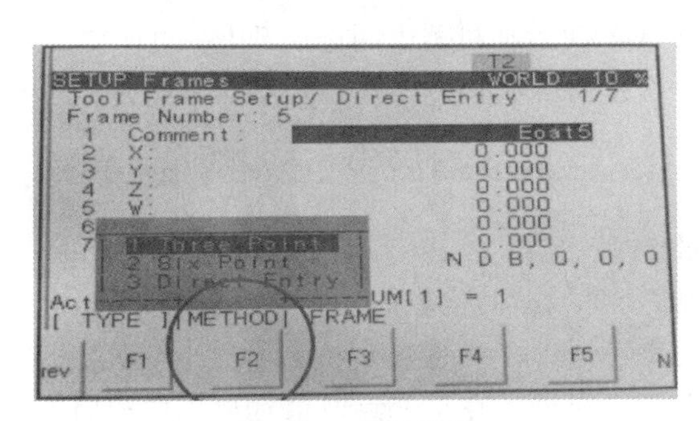

图 3-87 详细界面

① 记录接近点 1。

a. 移动光标到接近点 1。

b. 把示教坐标切换成全局坐标（WORLD）后移动机器人，使用工具尖端接触到基准点。

c. 按【SHIFT】转换键＋F5【RECORD】位置记录，如图 3-88 所示。

② 记录接近点 2。

a. 沿全局坐标（WORLD）＋Z 方向移动机器人 50mm 左右。

b. 移动光标到接近点 2。

c. 把示教坐标切换成关节坐标（JOINT）旋转 J6 轴，至少 90°，但是不要超过 180°，如图 3-89 所示。

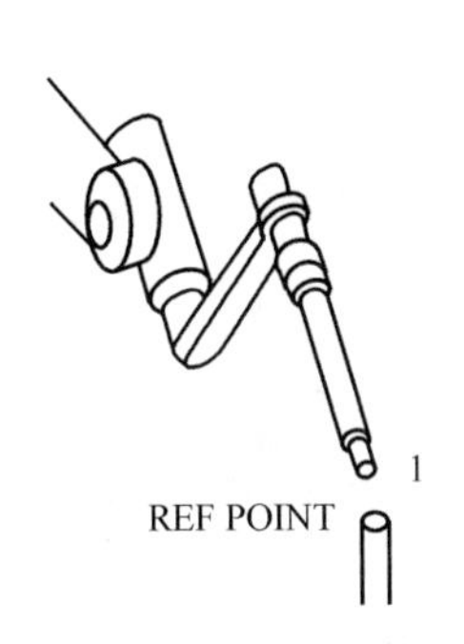

图 3-88 记录接近点 1

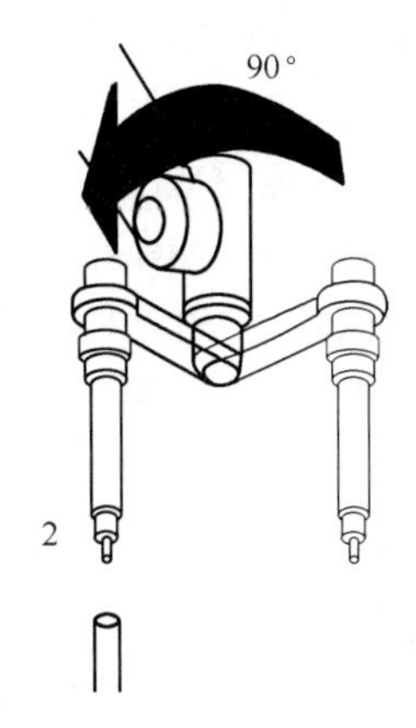

图 3-89 记录接近点 2

③ 记录接近点 3。

a. 移动光标到接近点 3。

b. 把示教坐标换成关节坐标（JOINT）旋转 J4 轴和 J5 轴，不要超过 90°。

c. 把示教左边切换成全局坐标（WORLD），移动机器人，使工具尖端接触到基准点。

d. 按【SHIFT】转换键＋F5【RECORD】位置记录。

e. 沿全局坐标（WORLD）的＋Z 方向移动机器人 50mm 左右，如图 3-90 所示。

④ 3 个点记录完成，新的工具坐标会自动生成。

（2）编程技巧

① 运动指令

Fastest Motion＝ JOINT motion。

使用关节运动能减少运行时间，直线运动的速度要稍低于关节运动。

Arc start/end ＝FINE position。

在起弧开始和起弧结束的地方应用 FINE 作为运动终止类型，这样做可以使机器人精确运动到起弧开始和起弧结束的点处。

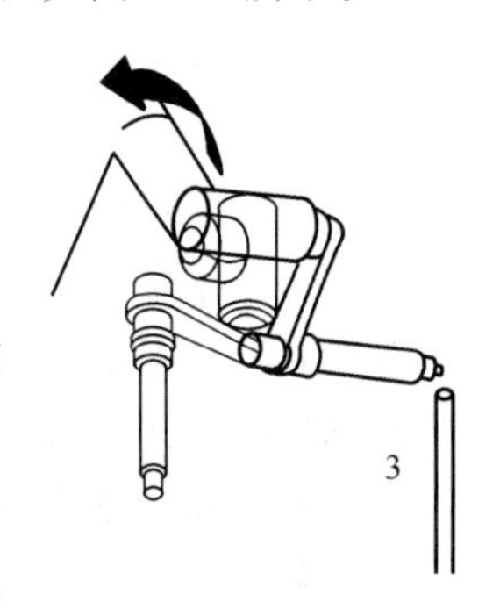

图 3-90 记录接近点 3

Moving around workplaces＝CNT position。

绕过工件的运动使用 CNT 作为运动终止类型，可以使机器人的运动看上去更连贯。

当机器人手爪（焊枪等）的姿态突变时，会浪费一些运行时间，当机器人手爪（焊枪等）的姿态逐渐变化时，机器人可以运动得更快。

a. 用一个合适的姿态示教开始点。

b. 用一个和示教开始点差不多的姿态示教最后一点。

c. 开始点和最后一点之间示教机器人，观察手爪（焊枪等）的姿态是否逐渐变化。

d. 不断调整，尽可能使机器人的姿态不要突变。

② 设置 Home 点。Home 点是一个安全位置，机器人在这一点时会远离工件和周边的机器，我们可以设置 Home 点，当机器人在 Home 点时，会同时发出信号给其他远端控制设备（如 PLC），根据此信号，PLC 可以判断机器人是否在工作原点。

（3）手动示教机器人

① 示教模式如图 3-91 所示。

a. 关节坐标示教（Joint）：通过 TP 上相应的键转动机器人的各个轴示教。

b. 直角坐标示教（XYZ）：沿着笛卡儿坐标系的轴直线移动机器人，分两种坐标系。

（a）通用坐标系（World）：机器人缺省的坐标系。

（b）用户坐标系（User）：用户自定义的坐标系。

c. 工具坐标示教（Tool）：沿着当前工具坐标系直线移动机器人。工具坐标系是匹配在工具方向上的笛卡儿坐标系。

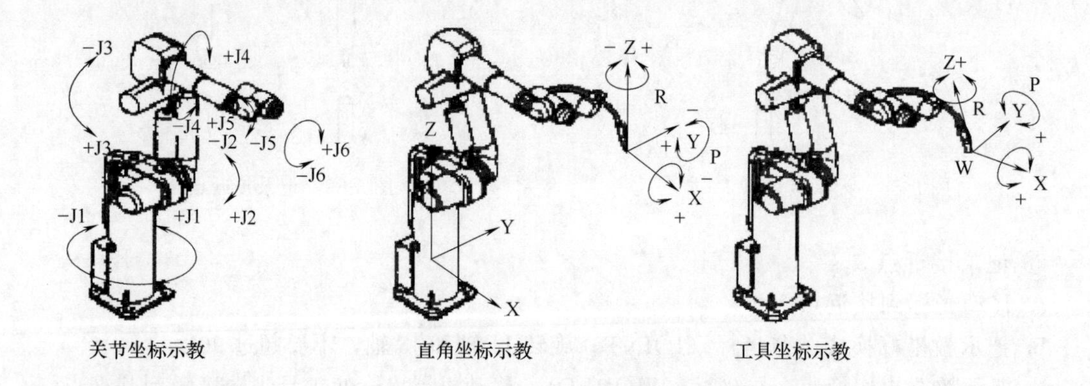

图 3-91　示教模式

设置示教模式，按 TP 上的 COORD 键进行选择。幕显示：JOINT→JOG→TOOL→USER→JOINT；状态指示灯：JOINT→XYZ→TOOL→XYZ→JOINT。

② 示教设置。

a. 设置示教的速度。示教速度键：VFINE→FINE→1%→5%→50%→100%，VFINE 到 5%之间，每按一下，改变 1%、5%到 100%之间，每按一下，改变 5%；SHIFT 键+示教速度键：VFINE→FINE→1%→5%→50%→100%。

b. 示教。先按下 Deadman 开关，将 TP 开关打到 ON 档，再按下 SHIFT 键的同时，按示教键开始机器人示教。如果 SHIFT 键和示教键的任何一个松开，机器人就会停止运动。

（4）创建程序

① 按 SELECT 键显示程序目录画面。

② 选择 F2【CREATE】。

③ 移动光标到程序名，按 ENTER 键，使用功能键和光标键起好程序名。

——Word 默认程序名

——Upper Case 大写

——Lower Case 小写

——Options 符号

④ 起好程序名后，按 ENTER 键确认，按 F3【EDIT】结束登记。

4. 三维测量

三坐标测量机是 20 世纪 60 年代后期发展起来的一种高效的精密测量设备，目前被广泛应用于机械、电子、汽车、飞机等工业部门，它不仅用于测量各种机械零件、模具等的形状尺寸、孔位、孔中心距以及各种形状的轮廓，特别适用于测量带有空间曲面的工件。由于三坐标测量机具有高准确度、高效率、测量范围大的优点，已成为几何量测量仪器的一个主要发展方向。三坐标测量机的测量过程，是由测头通过三个坐标轴导轨在个空间方向自由移动实现的，在测量范围内可到达任意一个测点。三个轴的测量系统可以测出测点在 X、Y、Z 三个方向上的精确坐标位置。根据被测几何型面上若干个测点的坐标值即可计算出待测的几何尺寸和形位误差。另外，在测量工作台上，还可以配置绕 Z 轴旋转的分度转台和绕 X 轴旋转的带顶尖座的分度头，以方便螺纹、齿轮、凸轮等的测量。

三坐标测量机是一种柔性的通用测量仪器，适于测量几乎是任何物体的几何参数，它的准确度（和精度）是衡量一台机器好坏的重要指标。影响测量机准确度（和精度）的因素主要有两个方面，一是测量机本身系统，二是外部环境影响，由此产生的误差有系统误差和随机误差，针对误差的补偿方法也有系统和随机两种。分析和研究误差补偿方法不但可保证三坐标测量机的现有精度而且可使之提高。

一般情况下，三维测量设备分为三坐标接触式和非接触式光学测量，它们的特点及应用场合如下。

（1）三坐标接触式测量

特点：精确度高；可直接测量工件的特定几何特性但是其速度慢；需半径补偿；接触力大小影响测量值；接触力会造成工件及探头表面磨损。

应用场合：机械制造业、汽车工业、电子工业、航空航天行业和国防工业等各部门。

（2）非接触式光学测量

特点 ：速度快；不需要探头半径补偿；无接触力，不伤害精密表面，可测量柔软工件等，但是其精度一般；陡峭面不易测量，激光无法照射到的地方便无法测量；工件表面的明暗程度会影响测量的精度。

应用场合：在线质量控制检查、样品检查、工具和模具检查、工业设计、逆向工程、机器视觉、医疗应用、数字化档案、计算机图形图像等。

三维数据测量和数据处理：

a. 数据的测量

(a) 测量件的准备。如被扫描物体反光效果不佳，则应喷涂上显像剂；为了以后数据拼合的方便与准确，应在被扫描物表面上做上点标记。由于所选实物是纯白和各处轮廓较分明，因而无需做以上操作。

(b) 启动三维扫描仪设备，再启动电脑，打开 Geomagic Studio 软件。点击工具栏上的“插件”按钮出现对话框进行参数设置。

(c) 调整扫描仪与实物之间的距离（由于扫描仪镜头是中镜，所以距离应在 600mm 到 800mm 之间）与视角，保证实物在显像框的中心位置。

(d) 点击对话框中的 Scan 按钮，开始扫描。根据出现的点的色谱，分析数据的质量，偏红表示太近，偏蓝表示实物离扫描仪稍远。呈现黄绿色较好。

(e) 点击对话框的“确定”按钮，完成一个视角的扫描。

(f) 将扫描物选择一个角度，重复步骤 (d)、(e)，直至所有的面都被扫描到。

b. 数据的预处理

(a) 将扫描数据导入 Geomagic Studio 软件，删除每片点云数据体外孤点。

(b) 改变显示参数。在屏幕左侧单击有电脑图标的属性页，在下拉式菜单中设置显示 %（静态/动态）值为 25%. 该操作对大量点云数据非常有效，因为可以通过改变选择过程中显示的百分比来提高运行和显示的效率。

(c) 进行点云手动注册。注册方式分为 1 点注册和 n 点注册，1 点注册要求固定和浮动窗口的视角要保持相近，才能保证一定的精度，比较难以控制；n 点注册规定 n 大于或等于 3，且 3 点不能在一条直线上，以便形成一个面再注册。此模型较难把握两面中的一个精确的点，因而选择 n 点注册，精度会更好。注册的平均距离和标准偏差应保持在 5%之下，才能获得一个完整而理想的点云数据。

(d) 重复以上的操作步骤，将若干个点云数据注册成一个完整和精度较高的图像。

(e) 进行全局注册，检查以上操作后各视角数据点的对齐情况，直到平均距离与标准偏差恒定。另外调整显示中的静态/动态比例为 2∶1。

(f) 合并点对象并进行着色。

(g) 修改模型数据：分别改动选择【非连接项】、【选择体外孤点】、【减少噪声】、【统一采样】、【计算封装】的一些数据。其中比较主要的是【选择体外孤点】和【减少噪声】。在【体外孤点】中，敏感性越多，精度越高。选择合适的敏感性，删除多余的小红点，即零件外部孤点。在【减少噪声】中，因为轮廓较分明，参数选择棱柱形；平滑级别则根据偏差来选择，调整平滑级别，令标准偏差在 5%以下。从而使模型具有可视化和多性能的效果，完成点到多边形的过程。

三、实验器材及材料

① MES 生产智能管控系统、UG NX 或 CATIA 等 CAD/CAM 软件、Geomagic Studio 或 Imageware 软件、Robot Studio 或 Robot Master 机器人编程软件等；

② 数控加工中心、ABB 工业机器人、三坐标测量仪、智能冲压系统；

③ 铝合金块（根据需要提前预订尺寸）、手套、棉纱等；

④ 游标卡尺、钢尺、内六角扳手、冲子等。

四、实验方法与步骤

① 根据实验方案设置 MES 生产智能管控系统，应用系统合理管理整个实验项目；

② 根据产品要求，自主设计的模具零件，并进行产品及模具零件模型建立；

③ 根据模具模型指定加工工艺方案，并进行对应的数控加工编程；

④ 根据实际加工情况，编制机器人搬运程序；

⑤ 运用搬运程序，完成铝合金块毛坯的搬运，并在数控加工中心上定位毛坯块；

⑥ 完成数控加工中心的加工设置及操作后，调入程序，实施加工；
⑦ 完成主要模具主要零件的所有加工后，对模具进行装配；
⑧ 在智能冲压机上完成产品的冲压；
⑨ 数据的测量和处理；
⑩ 对比产品模型与加工后所测数据，获得检测报告。

五、实验报告要求

实验后完成实验报告，实验报告使用通用格式，并应包含如下内容：
① 实验目的、实验原理等；
② 实验方案设计以及可行性分析；
③ 整个实验的详细步骤及流程分析；
④ 部分实验程序及功能概述；
⑤ 最终的检测报告；
⑥ 总结实验过程中重难点及不足之处。

实验二十九 简单机器人创新设计综合实验

一、实验目的

① 能够根据简单机器人功能构想，设计出简单机器人的结构。
② 根据简单机器人各个功能模块，学会利用设计理论进行设计。
③ 能够利用冲压工艺性设计简单机器人对应的产品零件及其对应的模具。
④ 对加工的模具零件进行组装并冲压出简单机器人所需产品，组装简单机器人。
⑤ 使学生充分展示设计能力、动手能力、发现并解决问题的能力、团队协作以及沟通能力、语言表达及风采展示的能力等。

二、实验原理

1. 机器人机械结构设计

机器人机械结构设计的任务是在总体设计的基础上，根据所确定的功能及原理方案，确定并绘出具体的结构图，以体现所要求的功能。是将抽象的工作原理具体化为某类构件或零部件，具体内容为确定结构件的材料、形状、尺寸、公差、热处理方式和表面状况。同时，还须考虑其加工工艺、强度、刚度、精度以及与其他零件相互之间的关系等问题。所以，结构设计的直接产物虽是技术图纸，但结构设计工作不是简单的机械制图，图纸只是表达设计方案的语言，综合技术的具体化是结构设计的基本内容。

机器人机械结构设计的主要特点有：①它是集思考、绘图、计算（有时进行必要的实验）于一体的设计过程，是机械设计中涉及的问题最多、最具体、工作量最大的工作阶段，在整个机械设计过程中，平均约 80%的时间用于结构设计，对机械设计的成败起着举足轻重的作用。②机械结构设计问题的多解性，即满足同一设计要求的机械结构并不是唯一的。③机械结构设计阶段是一个很活跃的设计环节，常常需反复交叉的进行。为此，在进行机械结构设计时，必须了解从机器人的整体出发对机械结构的基本要求。

（1）机械结构件的结构要素和设计方法

① 结构件的几何要素。机械结构的功能主要是靠机械零部件的几何形状及各个零部件之间的相对位置关系实现的。零部件的几何形状由它的表面所构成，一个零件通常有多个表面，在这些表面中有的与其他零部件表面直接接触，把这一部分表面称为功能表面。在功能表面之间的连接部分称为连接表面。零件的功能表面是决定机械功能的重要因素，功能表面的设计是零部件结构设计的核心问题。描述功能表面的主要几何参数有表面的几何形状、尺寸大小、表面数量、位置、顺序等。通过对功能表面的变异设计，可以得到为实现同一技术功能的多种结构方案。

② 结构件之间的连接。在机器人结构中，任何零件都不是孤立存在的。因此在结构设计中除了研究零件本身的功能和其他特征外，还必须研究零件之间的相互关系。零件的相关分为直接相关和间接相关两类。凡两零件有直接装配关系的，称为直接相关。没有直接装配关系的称为间接相关。间接相关又分为位置相关和运动相关两类。位置相关是指两零件在相互位置上有要求，如设计中两相邻的传动轴，其中心距必须保证一定的精度，两轴线必须平行，以保证齿轮的正常啮合。运动相关是指一零件的运动轨迹与另一零件有关，多数零件都有两个或更多的直接相关零件，故每个零件大都具有两个或多个部位在结构上与其他零件有关。在进行结构设计时，两零件直接相关部位必须同时考虑，以便合理地选择材料的热处理方式、形状、尺寸、精度及表面质量等。同时还必须考虑满足间接相关条件，如进行尺寸链和精度计算等。一般来说，若某零件直接相关零件愈多，其结构就愈复杂；零件的间接相关零件愈多，其精度要求愈高。

③ 结构设计选择材料。机械设计中可以选择的材料众多，不同的材料具有不同的性质，不同的材料对应不同的加工工艺，结构设计中既要根据功能要求合理地选择适当的材料，又要根据材料的种类确定适当的加工工艺，并根据加工工艺的要求确定适当的结构，只有通过适当的结构设计才能使所选择的材料最充分地发挥优势。设计者要做到正确地选择材料就必须充分地了解所选材料的力学性能、加工性能、使用成本等信息。结构设计中应根据所选材料的特性及其所对应的加工工艺而遵循不同的设计原则。在本实验中，选择主要材料为铝板，主要塑性成形（冲压）加工方式为主。

（2）机械结构设计的基本要求

① 功能设计满足主要机械功能要求，在技术上的具体化。如工作原理的实现、工作的可靠性、工艺、材料和装配等方面。

② 质量设计兼顾各种要求和限制，提高产品的质量和性能价格比，它是现代工程设计的特征。具体为操作、外观、成本、安全、环保等众多其他要求和限制。在现代设计中，质量设计相当重要，往往决定产品的竞争力。那种只满足主要技术功能要求的机械设计时代已经过去，统筹兼顾各种要求，提高产品的质量，是现代机械设计的关键所在。与考虑工作原理相比，兼顾各种要求似乎只是设计细节上的问题，然而细节的总和是质量，产品质量问题不仅是工艺和材料的问题，提高质量应始于设计。

③ 优化设计和创新设计用结构设计变元等方法系统地构造优化设计空间，用创造性设计思维方法和其他科学方法进行优选和创新。对产品质量的提高永无止境，市场的竞争日趋激烈，需求向个性化方向发展。因此，优化设计和创新设计在现代机械设计中的作用越来越重要，它们将是未来技术产品开发的竞争焦点。一般来说，从结构设计中得到一个可行的结

构方案并不很难，而机械设计的任务则是在众多的可行性方案中寻求较好的或是最好的方案。结构优化设计的前提是要能构造出大量可供优选的可能性方案，即构造出大量的优化求解空间，这也是结构设计最具创造性的地方。结构优化设计目前基本仍局限在用数理模型描述的那类问题上，而更具有潜力、更有成效的结构优化设计应建立在由工艺、材料、连接方式、形状、顺序、方位、数量、尺寸等结构设计变元所构成的结构设计解空间的基础上。

（3）机械结构基本设计准则

机械设计的最终结果是以一定的结构形式表现出来的，按所设计的结构进行加工、装配，制造成最终的机器人产品。所以，机械结构设计应满足作为机器人产品的多方面要求，基本要求有功能性、可靠性、工艺性、经济性和外观造型等方面的要求。此外，还应改善零件的受力，提高强度、刚度、精度和寿命。因此，机械结构设计是一项综合性的技术工作。由于结构设计的错误或不合理，可能造成零部件不应有的失效，使机器人达不到设计精度的要求，给装配和维修带来极大的不方便。机械结构设计过程中应考虑如下的结构设计准则。①实现预期功能的设计准则；②满足强度要求的设计准则；③满足刚度结构的设计准则；④考虑加工工艺的设计准则；⑤考虑装配的设计准则；⑥考虑维护修理的设计准则；⑦考虑造型设计的准则；⑧考虑成本的设计准则。

（4）机械结构设计的工作步骤

不同类型的机械结构设计中各种具体情况的差别很大，没有必要以某种步骤按部就班地进行，通常是确定完成既定功能零部件的形状、尺寸和布局。结构设计过程是综合分析、绘图、计算三者相结合的过程，其过程大致如下：①理清主次、统筹兼顾。明确待设计结构件的主要任务和限制，将实现其目的的功能分解成几个功能。然后从实现机器主要功能（指机器中对实现能量或物料转换起关键作用的基本功能）的零部件入手，通常先从实现功能的结构表面开始，考虑与其他相关零件的相互位置、联结关系，逐渐同其他表面一起连接成一个零件，再将这个零件与其他零件联结成部件，最终组合成实现主要功能的机器。而后，再确定次要的、补充或支持主要部件的部件，如：密封、润滑及维护保养等；②绘制草图。在分析确定结构的同时，粗略估算结构件的主要尺寸并按一定的比例，通过绘制草图，初定零部件的结构。图中应表示出零部件的基本形状、主要尺寸、运动构件的极限位置、空间限制、安装尺寸等。同时结构设计中要充分注意标准件、常用件和通用件的应用，以减少设计与制造的工作量；③对初定的结构进行综合分析，确定最后的结构方案。综合过程是指找出实现功能目的的各种可供选择的结构的所有工作。分析过程则是评价、比较并最终确定结构的工作。可通过改变工作面的大小、方位、数量及构件材料、表面特性、连接方式，系统地产生新方案。另外，综合分析的思维特点更多的是以直觉方式进行的，即不是以系统的方式进行的。人的感觉和直觉不是无道理的，多年在生活、生产中积累的经验不自觉地产生了各种各样的判断能力，这种感觉和直觉在设计中起着较大的作用；④结构设计的计算与改进。对承载零部件的结构进行载荷分析，必要时计算其承载强度、刚度、耐磨性等内容，并通过完善结构使结构更加合理地承受载荷、提高承载能力及工作精度。同时考虑零部件装拆、材料、加工工艺的要求，对结构进行改进。在实际的结构设计中，设计者应对设计内容进行想象和模拟，头脑中要从各种角度考虑问题，想象可能发生的问题，这种假象的深度和广度对结构设计的质量起着十分重要的作用；⑤结构设计的完善。按技术、经济和社会指标不断完善，寻找所选方案中的缺陷和薄弱环节，对照各种要求和限制，反复改进。考虑零部件的通用化、标准化，减少零部件的品种，降低生产成本。在结构草图中注出标准件和外购件。重视安全与劳保（即劳动条件：操作、观察、调整是否方便省力，发生故障时是否易于排查，噪声等），对结构进行完善；⑥形状的平衡与美观。要考虑直观上看物体是否匀称、美观。外观不均匀时造成材料或机构的浪费。出现惯性力时会失去平衡，很小的外部干扰力作用就可能失稳，抗应力集中和疲劳的性能也弱。总之，机械结构设计的过程是从内到外、从重要到次要、从局部到总体、从粗略到精细，权衡利弊，反复检查，逐步改进。

2. 冲裁件及模具设计

（1）冲裁件的工艺性

① 冲裁件的形状尽可能设计成简单、对称，使排样时废料最少。

② 冲裁件的外形或内孔应避免尖锐的清角，在各直线或曲线的连接处，除属于无废料冲裁或采用镶拼模结构外，宜有适当的圆角。

③ 冲裁件的凸出悬臂和凹槽宽度不宜过小。

④ 冲孔时，孔径不宜过小。其最小孔径与孔的形状、材料的力学性能、材料的厚度等有关。

⑤ 冲裁件的孔与孔之间、孔与边缘之间的距离不应过小。

⑥ 在弯曲件或拉深件上冲孔时，其孔壁与工件直壁之间应保持一定的距离，若距离太小，冲孔时会使凸模受水平推力而折断。

⑦ 在工件上冲制矩形孔时，若工厂无电加工设备，则其两端宜用圆弧连接以便加工凹模，否则凹模只好手工修整（指整体凹模）。对矩形工件，同样理由，其两端宜用圆弧连接，且圆弧半径 R 应为工件宽度的一半，即 $R=b/2$，以便于加工凹模。若 $R>b/2$。凹模也只好手工修整。但若采用两侧无废料排样，$R=b/2$ 时，当条料出现正偏差就会使两端出现凸台，所以，最好取 $R>b/2$。

⑧ 冲裁件内外形的经济精度不高于 GB 1800.1—2020 IT9 级。一般要求落料件精度最好低于 IT10 级，冲孔件最好低于 IT9 级。

⑨ 非金属冲裁件内外形的经济精度为 GB 1800.1—2020 IT14～IT15 级。例如纸胶板、布胶板、硬纸等材料。

⑩ 冲裁件的弯曲，是落料时冲件的周围与凹模孔壁之间发生摩擦，因而受到力偶的作用致使冲件弯曲变形。虽然冲件在脱离模孔后，因回弹作用，使其恢复平坦，但冲件仍残留有一定的弯曲度，这种弯曲程度随着凸、凹模之间间隙的大小、材料性质及材料支撑方法而异。对弯曲的冲件需要冲孔时，如果冲孔的方向与落料方向一致，那么冲件弯曲度更为增大，如果冲孔方向与下料方向相反，则弯曲度可较原有者减小，利用复合模冲制，落料及冲孔同时完成，则可得到冲件较高的平度。

⑪ 冲裁件的表面粗糙度 Ra 一般在 12.5μm 以上。

（2）冲压工艺制定与模具设计

① 设计的原始资料

a. 冲压件的图纸及技术条件；

b. 原材料的尺寸规格、力学性能和工艺性能；

c. 生产的批量（大量、大批或小批）；

d. 供选用的冲压设备的型号、规格、主要技术参数及使用说明书；

e. 模具制造条件及技术水平；

f. 各种技术标准、设计手册等技术资料。

② 设计的主要内容及步骤

a. 分析冲压件的工艺性。根据产品图纸分析冲压件的形状特点、尺寸大小、精度要求及所用材料是否符合冲压工艺要求。良好的冲压工艺性应保证材料消耗少、工序数目少、占用设备数量少、模具结构简单而寿命高、产品质量稳定、操作简单等等。如果发现冲压件的工艺性很差，则应会同设计人员，在保证产品使用要求的前提下，对冲压件的形状、尺寸、精度要求乃至原材料的选用进行必要的合理的修改。

b. 分析比较和确定工艺方案。在冲压件工艺性分析的基础上，以极限的变形参数、变形的趋向性分析及生产的批量为依据，提出各种可能的冲压工艺方案（包括工序性质、工序数目、工序顺序及组合方式），以产品质量、生产效率、设备占用情况、模具制造的难易程度和寿命高低、工艺成本、操作方便性与安全程度等方面，进行综合分析、比较，然后确定适合于所给生产条件的最佳方案。

c. 选定冲模类型及结构形式，设计模具总图及零件图。根据确定的工艺方案和冲压件的形状特点、精度要求、生产批量、模具加工条件、操作方便与安全的要求，以及利用现有通用机械化自动化装置的可能等，选定冲模类型及结构，然后进行必要的计算（包括模具零件的强度计算，压力中心的确定，弹性元件的选用和核算等），设计模县总图，列出模具零件明细表，设计模具工作部分（凸、凹模等）及非标准零件的零件图。

d. 选择冲压设备。根据工厂现有设备情况以及要完成的冲压工序性质，冲压加工所需的变形力、变形功及模具闭合高度和轮廓尺寸的大小等主要因素，来合理选定设备类型和吨位。以上步骤在许多场合需要交叉反复进行，如工艺方案是否切实可行，往往与模具强度有关，模具结构和型式的选定，又与使用的冲压设备类型和技术参数有关。如方案在中途被否定后，又要另选新的方案，则需再次进行必要的计算。

③ 编写工艺文件及设计计算说明书

为了稳定生产秩序，需根据不同生产类型，编写不同详细程度的工艺规程。在大量和大批生产中，一般需编制每一个工件的工艺过程卡片、每一工序的工序卡片和材料的排样卡片。成批生产中，需编制工件的工艺过程卡片。小批生产中，只填写工艺路线表以及一些重要冲压件的工艺制定和模具设计，在设计的最后阶段应编写设计计算说明书，以供日后查阅。设计计算说明书应包括下列主要内容：a. 冲压件的工艺性分析；b. 毛坯尺寸展开计算；c. 排样及裁板方式的经济性分析；d. 工序次数的确定，半成品过渡形状及尺寸计算；e. 工艺方案的技术、经济综合分析比较；f. 选定模具结构形式的合理性分析；g. 模具主要零件结构形式、材料选择、公差配合、技术要求的说明；h. 凸、凹模工作部分尺寸与公差的计算；i. 模具主要零件的强度计算、压力中心的确定、弹性元件的选用和核算等；j. 选择冲压设备类型及吨位的依据；k. 其他需要说明的内容。

3. 机械传动

机械传动有多种形式，主要可分为两类：①靠机件间的摩擦力传递动力和运动的摩擦传动，包括带传动、绳传动和摩擦轮传动等。摩擦传动容易实现无级变速，大都能适应轴间距较大的传动场合，过载打滑还能起到缓冲和保护传动装置的作用，但这种传动一般不能用于大功率的场合，也不能保证准确的传动比。②靠主动件与从动件啮合或借助中间件啮合传递动力或运动的啮合传动，包括齿轮传动、链传动、螺旋传动和谐波传动等。啮合传动能够用于大功率的场合，传动比准确，但一般要求较高的制造精度和安装精度。

（1）齿轮传动

齿轮传动是由分别安装在主动轴及从动轴上的两个齿轮相互啮合而成。齿轮传动是应用最多的一种传动形式。齿轮传动的基本特点：齿轮传递的功率和速度范围很大，功率可从很小到数十万千瓦，圆周速度可从很小到每秒一百米以上。齿轮尺寸可从小于 1mm 到大于 10m；齿轮传动属于啮合传动，齿轮齿廓为特定曲线，瞬时传动比恒定，且传动平稳、可靠；齿轮传动效率高，使用寿命长；齿轮种类繁多，可以满足各种传动形式的需要；齿轮的制造和安装的精度要求较高。齿轮的种类很多，可以按不同方法进行分类，按啮合方式分，齿轮传动有外啮合传动和内啮合传动；按齿轮的齿向不同分，齿轮传动有直齿圆柱齿轮传动、斜齿圆柱齿轮传动、人字齿圆柱齿轮传动和直齿锥齿轮传动。在选择齿轮传动类型时，一般可考虑以下的原则：①工作机械对传动装置的结构与动力参数的要求，如传动装置的尺寸、安装位置、功率（或转矩）、转速、效率等；②工作机械对传动装置的性能要求，如传动精度、振动、噪声、负荷特性、工作可靠性等；③动力机械的安装位置、功率、转速与负荷特性情况；④传动装置的合理性、先进性、经济性与通用性等；⑤制造设备条件，生产工艺水平与所需生产批量；⑥利用类比法选型的可能性，即参考已有或类似机械的使用情况与选型经验。

通常，对于无特殊要求的一般低速齿轮装置，尽量采用平行轴结构的渐开线圆柱齿轮传动，因为这种传动类型制造比较简单，通用性强、成本也低。对于大功率（或大转矩）的低速重载齿轮装置，可选用中等以上齿轮精度的平行轴渐开线齿轮传动或圆弧齿轮传动。除仅要求传递运动的速度偏低的高速齿轮装置可选用直齿渐开线齿轮外，一般要求选用斜齿的圆柱齿轮传动；对于高速重载传动，应使用较高精度的斜齿或双斜齿渐开线齿轮或圆弧齿轮。

对于要求传递相交轴结构的传动装置，应选用锥齿轮传动。对于速度较低的轻载传动装置，可选用直齿或斜齿锥齿轮传动，制造简便、成本较低。对于低速重载情况，可选用曲齿锥齿轮；对于较高速度的相交轴传动，应用较高精度的曲齿锥齿轮。

① 齿数选择原则

a. 闭式齿轮传动一般转速较高，为了提高传动的平稳性，减小冲击振动，以齿数多一些为好，小齿轮的齿数可取为 $z=20\sim40$。开式（半开式）齿轮传动，由于轮齿主要为磨损失效，为使齿轮不致过小，故小齿轮不宜选用过多的齿数，一般可取 $z=17\sim20$。

b. 两齿轮啮合时，总是一个齿轮的齿顶进入另一个齿轮的齿根，为了防止热膨胀顶死和具有储成润滑油的空间，要求齿根高大于齿顶高。为此引入了齿顶高系数和顶隙系数。

c. 小齿轮齿数应避免根切，相啮合的齿数最好互为质数，且还要考虑凑配，圆整中心距的需要。

② 模数选择原则

a. 在满足弯曲强度的条件下选择较小的模数。模数要选择标准数值，满足齿轮弯曲强度要求，满足结构尺寸要求。

b. 模数的标准化数值参考 GB 1357—2008。第一系列有：1，1.25，1.5，2，2.5，3，4，5，6，8，10，12，16，20，25，32，40，50（优先选用第一系列）。第二系列有：1.125，1.375，1.75，2.25，2.75，3.5，4.5，5.5，7，9，11，14，18，22，28，36，45。单位为 mm。

c. 双模数制。双模数制是获得短齿齿形的另一种方式，可提高抗弯强度，但稳定性较差，常用于汽车拖拉机行业。双模数制规定用两个大小不等的模数来计算一个齿轮的各部尺寸，标记为分数形式 m_1/m_2，其中较大的模数 m_1 用来计算分度圆直径，较小的 m_2 用来计算轮齿的尺寸。

各尺寸的计算公式如下：

分度圆直径：$d=m_1Z$

齿顶高：$h_a=h_am_2$

齿根高：$h_f=(h_{a1}+c_1)m_2$

齿顶圆直径：$d_a=d+2h_a=m_1Z+2h_am_2$

齿根圆直径：$d_f=d-2h_f=m_1Z-2(h_{a1}+c_1)m_2$

此外，分度圆齿厚 S、齿距 P、基圆直径 d_b 和中心距 a 是按照 m_1 计算。

（2）带传动

带传动是利用带作为中间挠性件来传递运动或动力的一种传动方式，在机械传动中应用较为普遍，按传动原理不同，带传动分为摩擦型（平带传动、V带传动等）和啮合型（同步带）两类。目前机械设备中应用的带传动以摩擦型带传动居多，下面主要以V带传动为例介绍有关带传动的基本知识。

① 带传动的基本原理。传动带套在主动带轮和从动带轮上，对带施加一定的张紧力，带与带轮接触面之间就会产生正压力；主动轮转动时，依靠带和带轮之间的摩擦力来驱动从动轮转动。带传动的基本原理是依靠带和带轮之间的摩擦力来传递运动和动力。

② 带传动的特点和传动比。

a. 带传动的特点：由于带富有弹性，并靠摩擦力进行传动，因此它具有结构简单，传动平稳、噪声小，能缓冲吸振，过载时带会在带轮上打滑，对其他零件起过载保护作用，适用于中心距较大的传动等优点。但带传动也有不少缺点，主要有：不能保证准确的传动比，传动效率低（约为0.90～0.94），带的使用寿命短，不宜在高温、易燃以及有油和水的场合使用。

b. 带传动的传动比：带传动中，主动轮转速 n_1 与从动轮转速 n_2 之比称为传动比，用符号 i 表示。

③ 常用的带传动有两种形式，即平带传动和V带传动。a. 平带传动：横剖面为扁平矩形，工作是环形内表面与带轮外表面接触。平带传动结构简单，平带较薄，挠曲性和扭转性好，因而适用于高速传动、平行轴间的交叉传动或交错轴间的半交叉传动；b. V带传动：横剖面为等腰梯形，工作时置于带轮槽之中，两侧面接触，产生摩擦力较大，传动能力较强。

④ 带传动的张紧装置。带传动工作时，为使带获得所需的张紧力，两带轮的中心距应能调整；带在传动中长期受拉力作用，必然会产生塑性变形而出现松弛现象，使其传动能力下降，因此一般带传动应有张紧装置。带传动的张紧方法主要有调整中心距和使用张紧轮两种，其中它们各自又有定期张紧和自动张紧等不同形式。

三、实验器材及材料

① 100kN智能冲压机、小型钻床；

② 计算机及AUTOCAD、UG NX或CATIA三维造型软件；

③ 材料：2mm厚铝板，塑料底板，各种型号螺栓、螺母、钢轴、齿轮、电动马达、联轴器、车轮等；

④ 工具：各种型号螺丝刀、内六角扳手、钢尺、电工工具套装等。

四、实验方法与步骤

(1) 系统设计

查阅相关资料，提出机器人预期具备的功能或者想要达到某种目的，根据功能和目的进行简单机器人方案设计，主要包括机器人机械结构设计、传动设计、动力及传输相关部分设计等。

(2) 主要工件设计

根据前期的系统设计，抽象出一个具体的主要的组成零件作为主要工件，并对这个主要工件进行相应的冲压工艺性分析和设计，使之能满足冲压工艺要求，同时，又要求该主要工件的设计具有一定的通用性，因此简单机器人的其他零件也可以通过该主要工件（或者其他组的主要工件）组成或者适当变形而成。

(3) 模具设计

针对上一步设计完成的主要工件进行对应的模具设计工作，计算凸、凹模的尺寸、选择合适的模架，绘制出模具装配图以及对应的模具零件图，并进行规范的标注。

(4) 模具加工

根据模具零件的特点选择合适的加工方式，完成模具零件的加工制作（对于学时紧张或者加工条件不足时，可以通过外协的方式完成模具加工）。

(5) 装模冲压

对加工完成的模具零件进行组装，并将模具安装在压力机上，对模具进行初调初试，直到最终冲压出合格的主要工件产品。

(6) 组装调试

准备好所有材料后，对简单机器人进行组装和调试，直至满足设计功能和要求。

五、实验报告要求

实验后完成实验报告，实验报告使用通用格式，并应包含如下内容：

① 实验目的、实验原理等；

② 按要求完成简单机器人的设计方案及可行性分析，确定主要工件并绘制工件图；

③ 绘制对应工件的模具装配图和零件图；

④ 详细写出实验步骤及其过程；

⑤ 对实验整个过程进行分析总结，进行实验反思。

实验三十 自动冲压 PLC 综合设计实验

一、实验目的

① 了解并熟悉 PLC 软件，掌握实验用 PLC 软件的特点、指令系统以及使用方法。

② 掌握梯形图形语言的编程以及测试方法，能够进行梯形图编程及程序的调试。

③ 通过具体分析，可以进行 PLC 控制程序设计并且调试 PLC 控制程序。

④ 能够进行模具拆装与学习，对模具有全面的认识。

⑤ 能够利用 PC 以及实验台的操作界面的控制，以达到不同模块之间的相互协作，实现对工件的加工。

二、实验原理

1. PLC 编程软件

PLC 编程软件广泛使用于各个工业生产方面，已经成为当代工业自动化的主要装置之一。简单来说，它采用可编程序的存储器，用来在其内部存储执行逻辑运算、顺序控制、定时、计数和算术运算等操作的指令，并通过数字式、模拟式的输入和输出，控制各种类型的机械或生产过程。不同品牌的 PLC 有不同的编程软件，并且不同品牌 PLC 之间的编程软件是不可以互用的，以下是几种常见的 PLC 编程软件。

① 欧姆龙 PLC 编程软件：欧姆龙 PLC 编程软件集成了 CX-Programmer V9.5，能够为欧姆龙 PLC 编程提供全面的软件支持，全面支持 32/64 位 WIN8 系统，为多国语言版，支持简体中文。能为网络、可编程终端及伺服系统、电子温度控制等进行设置。适用于已具有电气系统知识（电气工程师或等同者）的负责安装 FA 系统者、负责设计 FA 系统者和负责管理和维护 FA 系统者使用。

② 三菱 PLC 编程软件：三菱 PLC 编程软件适用于 Q、QnU、QS、QnA、AnS、AnA、FX 等全系列可编程控制器。三菱 PLC 编程软件 GX Developer 定位为可编程控制器综合开发平台，支持梯形图、指令表、SFC、ST 及 FB、Label 语言程序设计，网络参数设定，可进行程序的线上更改、监控及调试，具有异地读写 PLC 程序功能。

③ Delta WPLSoft 台达 PLC 编程软件：台达 PLC 编程软件在没有真实 PLC 的情况下，在电脑上模拟运行 PLC 程序的执行情况。先点仿真，在点梯形图监控，就可以右击控制一些量的状态，实现仿真。启动仿真器之后不必选择通信接口即可进行监控、上传下载程序等通信功能，操作方式与实际连接 PLC 相同。仿真器支持定时器及计数器，但定时器与计数器的运行时间会依用户计算机执行效率不同而有所不同。定时器处理方式与 DVP-ES/SA 系列 PLC 的动作相同。

④ PLCEdit PLC 编程软件：PLCEdit 是用来源代码编辑器的 PLC 编程。PLC 编程软件 PLCEdit 可以阅读和编辑文件，兼容 SucoSoft，easySoftCoDeSys 和 CoDeSys v2.3.x 等文件。

⑤ 松下 PLC 编程软件：松下 FP 系列 PLC 编程软件 FPWIN GR 是一款功能强大、好用的系统编程软件。下载后压缩包说明内有序列号，已测试能用。安装包括 MEWNET-H 链接系统时所需要的软件，用于各种智能模块的设定软件，编程手册，本文件为说明 PLC 指令的 PDF 格式文件。

⑥ STEP7：STEP7 西门子 PLC 编程软件最新中文版，支持 32 位 MS Windows 7 Professional、Ultimate 和 Enterprise（标准安装）操作系统。

⑦ KGL WIN：KGL WIN 是一款非常不错的 PLC 编程软件，KGL WIN V 3.62 是 LG Master-K 系列编程和调试工具。软件拥有简单友好的接口，支持在线编辑，支持调试和自诊断，能够针对模块编程进行具体的整理与调试，用户可以进行简单的 PLC 编程操作。

2. 梯形图编程

PLC 的梯形图程序设计法是目前使用较广泛的一种设计方法，根据 PLC 的扫描顺序和执行顺序，梯形图语言编程时有一些具体的语法规定，编程过程中应必须遵循这些语法规定，才能保证所编梯形图程序的正确运行。梯形图应按照自上而下、从左至右的顺序编写。同一变量的输出线圈在一个程序中不能使用两次，不同变量的输出线圈可以并行输出。串联多的支路应尽量放在该指令行的顶部，根据从多到少、自上而下排列；并联较多的支路应尽量靠近左母线。

梯形图的设计方式一般有两种，一是根据原有的继电器电路图来设计梯形图；二是根据被控制对象的工艺过程和控制要求先设计控制方案，然后再设计出梯形图，比较复杂的控制系统有时还要先编制工艺流程图。

(1) 根据继电器电路设计梯形图

用PLC改造继电器控制系统时，原有的继电器控制系统经过长期的使用和考验，已经被证明能完成系统要求的控制功能，而继电器电路图与梯形图在表示方法和分析方法上有很多相似之处，因此可以根据继电器电路图设计梯形图，即将继电器电路图“转换”为具有相同功能的PLC的外部硬件接线图和梯形图。因此，根据继电器电路图设计梯形图是一条捷径。这种设计方法一般不需要改动控制面板，保持了系统原有的外部特性，操作人员不用改变长期形成的操作习惯，因此常被操作人员采用。继电器电路网是一个纯粹的硬件电路图。将它改为PLC控制时，需要用PLC的外部接线网和梯形图来等效继电器电路图。可以把PLC想象成是一个控制箱，其外部接线图描述了这个控制箱的外部接线．梯形图是这个控制箱的内部“线路图”，梯形图中的输入位和输出位是这个控制箱外部世界联系的“接口继电器”。这样就可以用分析继电器电路图的方法来分析PLC控制系统。

(2) 经验法设计梯形图

经验设计法是在一些经典控制电路的基础上，根据被控对象对控制系统的具体要求，不断地对梯形图加以修改和完善，设计比较简单的控制系统的梯形图。一般需要多次反复地调试和修改梯形图，增加一些触点或中间编程元件，最后才能得到一个满意结果。这种方法没有普遍的规律可以遵循，具有很大的试探性和随意性，最后的结果也不是唯一的，设计所用的时间、设计的质量与设计者的经验有很大的关系，一般用于较简单的梯形图的设计。使用经验法设计梯形图时，利用这些基本的程序，凭借平时积累的经验，根据控制要求设计各种控制程序。但是用经验设计法设计梯形图时，对于不同的控制系统，没有一种通用的容易掌握的设计方法。设计出的梯形图往往很难阅读，给系统的维修和改进带来了很大的麻烦。而且这种方法要求设计者要有很丰富的设计经验和灵活的设计思路，对于初学者不易掌握，但是随着时间的推移，设计程序的数量和模式的增加，逐渐的积累，这种方法也是一种快速的设计方法。

(3) 顺序控制法设计梯形图

顺序控制就是按照生产工艺预先规定的顺序，在各个输入信号的作用下，根据内部状态和时间的顺序，在生产过程中各个执行机构自动地有秩序地进行操作。使用顺序控制法设计时，首先根据工艺过程，画出状态流程图，然后根据状态流程图画出梯形图，利用顺序功能图（sfc）语言或步进指令完成编程工作。顺序控制设计法是一种先进的设计方法，很容易被初学者接受，对于有经验的工程师，也会提高设计的效率，程序的调试、修改和阅读也很方便。顺序控制法就是用转换条件控制代表各步的编程元件，让它们的状态按照一定的顺序变化，然后用代表各步的编程元件去控制PLC的各输出继电器。利用顺序控制法设计梯形图，只需要对控制系统的过程顺序了解，就可以完成程序的设计，所以对于初学者就比较容易接受。尤其在具有周期、连续的复杂控制系统中体现出顺序控制法的优越性。

除了以上所介绍的几种梯形图设计方法，还有逻辑代数法、功能模块法等等。在此不再枚举。

3. 程序的调试

PLC 程序的调试可以分为模拟调试和现场调试两个调试过程，在此之前首先对 PLC 外部接线做仔细检查，这一个环节很重要。外部接线一定要准确无误。也可以用事先编写好的试验程序对外部接线做扫描，通电检查来查找接线故障。不过，为了安全考虑，最好将主电路断开。当确认接线无误后再连接主电路，将模拟调试好的程序送入用户存储器进行调试，直到各部分的功能都正常，并能协调一致地完成整体的控制功能为止。

（1）程序的模拟调试

将设计好的程序写入 PLC 后，首先逐条仔细检查，并改正写入时出现的错误。用户程序一般先在实验室模拟调试，实际的输入信号可以用钮子开关和按钮来模拟，各输出量的通/断状态用 PLC 上有关的发光二极管来显示，一般不用接 PLC 实际的负载（如接触器、电磁阀等）。可以根据功能表图，在适当的时候用开关或按钮来模拟实际的反馈信号，如限位开关触点的接通和断开。对于顺序控制程序，调试程序的主要任务是检查程序的运行是否符合功能表图的规定，即在某一转换条件实现时，是否发生步的活动状态的正确变化，即该转换所有的前级步是否变为不活动步，所有的后续步是否变为活动步，以及各步被驱动的负载是否发生相应的变化。在调试时应充分考虑各种可能的情况，对系统各种不同的工作方式、有选择序列的功能表图中的每一条支路、各种可能的进展路线，都应逐一检查，不能遗漏。发现问题后应及时修改梯形图和 PLC 中的程序，直到在各种可能的情况下输入量与输出量之间的关系完全符合要求。如果程序中某些定时器或计数器的设定值过大，为了缩短调试时间，可以在调试时将它们减小，模拟调试结束后再写入它们的实际设定值。在设计和模拟调试程序的同时，可以设计、制作控制台或控制柜，PLC 之外的其他硬件的安装、接线工作也可以同时进行。

（2）程序的现场调试

完成上述的工作后，将 PLC 安装在控制现场进行联机总调试，在调试过程中将暴露出系统中可能存在的传感器、执行器和硬接线等方面的问题，以及 PLC 的外部接线图和梯形图程序设计中的问题，应对出现的问题及时加以解决。如果调试达不到指标要求，则对相应硬件和软件部分做适当调整，通常只需要修改程序就可能达到调整的目的。全部调试通过后，经过一段时间的考验，系统就可以投入实际的运行了。

4. 教学实验系统

基于 PLC 技术的冲压成形自动化实验教学系统是由诸多功能不同的模块构成的，当确定进行实验教学的目标之后，其实也是对各系统模块的功能提出具体要求。实验教学系统实际以实现冲压成形自动化作为最基本的目标，其系统功能要求主要体现在：纵向以及横向的定位功能；工作能够按照要求实现正向、反向、暂停以及复位等功能；纵向以及横向的进给是由两条独立的传动链完成的，因而能够保证冲压成形的精度；系统能够完成多种模具的冲压和过程演示。

在教学实验系统机械结构设计部分应该给予装配工艺以应有重视，在进行安装的过程中应该按照安装程序进行安装，以方便机械装置的安装、调试、拆卸，以方便调整需经常调整的部位。在相同效果的前提下要尽可能简化结构，降低系统设计成本。按照自动化冲压成形教学系统的设计要求，教学平台机械设计的总体结构如图 3-92 所示。在进行工作设计时要分别使用两台能够进行独立控制的步进电机对横向以及纵向进行进给，为了提高整个实验教学系统的加工精度，可以采用滚动杆进行传动。在利用实验教学系统进行加工时，要根据不同的加工工艺选择不同的加工模具。

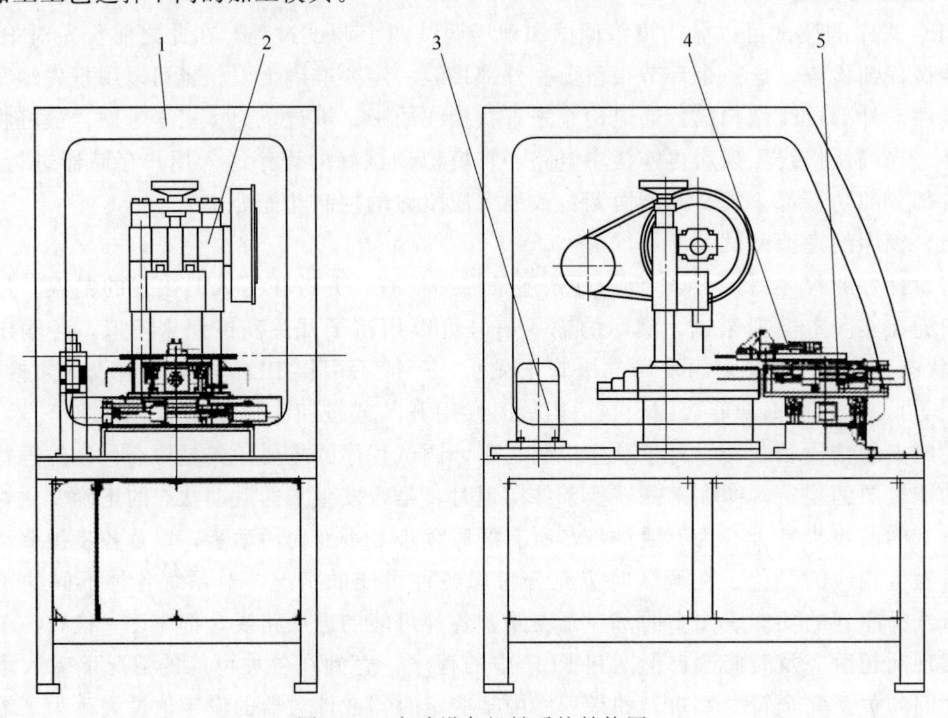

图 3-92　实验设备机械系统结构图

1—防护罩及台架；2—冲压主机及模具；3—液压系统；4—冲压夹具；5—十字工作台

控制系统的硬件电路主要由模块化组成，可以分为以下几个有机组成部分。①PLC 模块是整个冲压自动化实验教学控制系统的核心，在系统设计中主要采用 FX2N-48MT 型号的 PLC；②工作台以及步进电机的控制模块。实验系统工作台的驱动采用四通 57BYG250 步进电机，并且选用型号是 SH-20403 的驱动控制器；③夹具控制模块。对夹具的控制主要是由两个电磁换向阀对两个做直线运动的液压缸进行控制，在此基础上固定夹以及移动夹可以顺利完成工作任务；④冲压床控制模块。主要利用床身以及实验平台面板控制两套控制电路，以实现压力机单行程以及连续行程的冲压工作；⑤在实验系统的电流模块，实验系统主要使用三个额定电压电流，分别是 24V/5A、5V/2A、24V/15A 的直流电源。

基于 PLC 的冲压成型自动化实验教学系统的设计主要采用“PC＋PLC”的开放式数控结构，在本系统之中，PLC 主要负责对系统内部电气线路中的电源通断以及步进电机的脉冲输出。在本系统的设计中，上位机主要利用 PLC 串口通信读取数据。除此之外，PLC 还要对整个系统的工作状态进行监控，确保实验数据的输出。

三、实验器材及材料

① 冲压成形自动化实验教学系统，冲压模具，夹具；

② PC 机、PLC 模块、57BYG250 步进电机、SH-20403 驱动控制器、断路器等；

③ 系列直流电源、RS-232 串行电缆线、按钮、指示灯、实验导线若干；

④ 材料：实验铝板。

四、实验方法与步骤

（1）设计实验方案

根据实验安排，自行设计实验的功能，针对具体功能选择适当的冲压模具或夹具，再根据模具的特点制定详细的实验方案，包括模具或夹具、各种元器件的选择，以及实验设计的可行性等。

（2）PLC 编程

通过 PLC 编程实验主要完成步进电机的参数设置、十字工作台的电位控制等。因此，项目组主要针对相应步进电机、工作台的运动和控制编程程序。

（3）安装模具或夹具以及元器件

根据实验方案的设计，安装模具或夹具在自动冲压机上，然后根据设计连接各种元器件以及步进电机等。

（4）联调联试

通过利用 PC 以及实验台的操作界面的控制，以达到不同模块之间的相互协作，实现对工件的加工。其中，实验过程既可以是人工完成的，也可以通过设计参数由程序自动完成。

五、实验报告要求

实验后完成实验报告，实验报告使用通用格式，并应包含如下内容：

① 实验目的、实验原理等；

② 按要求完成实验项目的设计方案及可行性分析，确定实验内容和要求；

③ 编制 PLC 控制程序，并记录；

④ 详细写出实验步骤及其过程；

⑤ 对实验整个过程进行分析总结，进行实验反思。

实验三十一 模具 3D 打印与逆向工程创新设计

一、实验目的

① 掌握 3D 打印机以及三维扫描仪的工作原理，能熟练对设备进行操作。

② 能够对三维扫描工件进行前处理，并根据要求扫描工件。

③ 能够对扫描的点云利用 Geomagic 软件进行处理，获取模型基础数据。

④ 能够用 UG NX（或 CATIA）三维建模软件进行点云数据处理、零件设计以及模型重建。

⑤ 学会对 3D 打印模型数据进行前处理及支撑添加，并能够对 3D 打印件进行相应的后处理。

⑥ 能够利用硅胶特点进行快速模具制造。

二、实验原理

1. 3D 打印

（1）现代成形理论

现代成形理论是研究将材料有序地组织成具有确定外形和一定功能的三维实体的科学。它是站在成形方法论的高度对成形的基本理论、原理和方法进行研究，其研究内容主要包括：物质的提取与材料的转移；序的设计与建立，所谓序即指组织材料达到三维实体最终结构的顺序和约束。成形顺序、成形件几何设计以及 NC 代码的生成等均属此范畴。现代成形理论不是具体地研究某单一的工艺过程，而是建立在所有成形工艺上的一个基本理论。

根据现代成形学的观点，从物质的组织方式上，可把成形方式分为以下四类：①去除成形（Dislodge Forming）；②堆积成形（Stacking Forming）；③受迫成形（Forced Forming）；④生长成形（Growth Forming）。前三种成形方式中，去除成形与受迫成形均属于传统成形方式，3D 打印技术属于堆积成形，堆积成形是 20 世纪 80 年代末出现的成形方式，它从成形思想上突破了传统的成形方法，如图 3-93 所示。从材料组织情况看，堆积成形是由于材料由小到大地堆积，因而材料利用率可以很高，从理论上讲可达 100%；从产品精度和性能看，堆积成形属于净成形工艺，精度较好，目前的工艺水平一般可达±0.1mm 数量级，经过补偿或校正还可以进一步提高；从制造零件的形状看，堆积成形在理论上可以制造任意复杂形状的零件；从材料上看，堆积成形可以制造塑料、陶瓷及各种复合材料零件，制造金属零件的技术也日趋完善。相信在不远的将来，堆积成形技术必将直接完成从 CAD 模型到金属零件的转变。

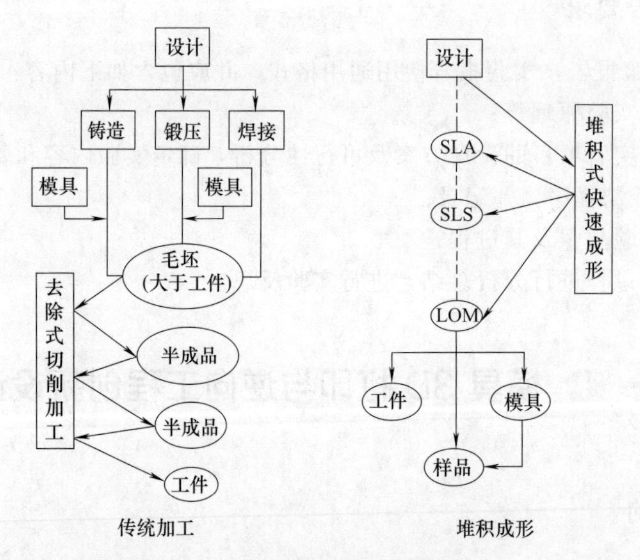

图 3-93　传统加工与堆积成形

随着科学技术的发展和制造工艺的不断完善，未来零件成形将沿两个方向发展：一方面是各种成形方式与工艺的不断完善，如去除成形也可以解决复杂形状零件制造难题，而堆积成形也可以制造高精度，高性能零件甚至是批量生产零件；另一方面是多种成形方式，多种成形工艺不断交叉、融合，如堆积过程中将引入切削加工，以提高精度和性能（如 SGC 方法即是将光固化与铣削相结合）。

（2）3D 打印技术

3D 打印即快速成形技术的一种，又称增材制造。3D 打印技术类型有：

① FDM：熔融沉积快速成形，主要材料为 ABS 和 PLA。熔融挤出成形（FDM）工艺的材料一般是热塑性材料，如蜡、ABS、PC、尼龙等，以丝状供料。材料在喷头内被加热

熔化。喷头沿零件截面轮廓和填充轨迹运动，同时将熔化的材料挤出，材料迅速固化，并与周围的材料黏结。每一个层片都是在上一层上堆积而成，上一层对当前层起到定位和支撑的作用。

② SLA：光固化成形，主要材料光敏树脂。光固化成形是最早出现的快速成形工艺。其原理是基于液态光敏树脂的光聚合原理工作的。这种液态材料在一定波长（$x=325$nm）和强度（$w=30$mw）的紫外光的照射下能迅速发生光聚合反应，分子量急剧增大，材料也就从液态转变成固态。光固化成形是目前研究得最多的方法，也是技术上最为成熟的方法。一般层厚为0.1～0.15mm，成形的零件精度较高。

③ 3DP：三维印刷，主要材料粉末材料，如陶瓷粉末、金属粉末、塑料粉末。三维印刷（3DP）工艺是美国麻省理工学院 Emanual Sachs 等人研制的。E. M. Sachs 于 1989 年申请了 3DP（Three-Dimensional Printing）专利，该专利是非成形材料微滴喷射成形范畴的核心专利之一。3DP 工艺与 SLS 工艺类似，采用粉末材料成形，如陶瓷粉末，金属粉末。

④ SLS：选择性激光烧结，主要材料粉末材料。SLS 工艺又称为选择性激光烧结，由美国得克萨斯大学奥斯汀分校的 C. R. Dechard 于 1989 年研制成功。SLS 工艺是利用粉末状材料成形的。将材料粉末铺洒在已成形零件的上表面，并刮平；用高强度的 CO_2 激光器在刚铺的新层上扫描出零件截面；材料粉末在高强度的激光照射下被烧结在一起，得到零件的截面，并与下面已成形的部分黏结；当一层截面烧结完后，铺上新的一层材料粉末，选择地烧结下层截面。

⑤ LOM：分层实体制造，主要材料纸、金属膜、塑料薄膜。LOM 工艺称为分层实体制造，由美国 Helisys 公司的 Michael Feygin 于 1986 年研制成功。该公司已推出 LOM-1050 和 LOM-2030 两种型号成形机。LOM 工艺采用薄片材料，如纸、塑料薄膜等。片材表面事先涂覆上一层热熔胶。

⑥ PCM：无模铸型制造技术。无模铸型制造技术（PCM，Patternless Casting Manufacturing）是由清华大学激光快速成形中心开发研制。该将快速成形技术应用到传统的树脂砂铸造工艺中来。首先从零件 CAD 模型得到铸型 CAD 模型。由铸型 CAD 模型的 STL 文件分层，得到截面轮廓信息，再以层面信息产生控制信息。

（3）3D 打印工艺过程

3D 打印工艺过程（以 PLA 工艺为例）：①三维模型构造。由于 3D 打印系统只接受计算机构造的产品三维模型（立体图），然后才能进行切片处理，因此首先应在 PC 机或工作站上用 CAD 软件（如 UG、Pro/E 等），根据产品要求设计三维模型；或将已有产品的二维三视图转换成三维模型；或在仿制产品时，用扫描机对已有的产品实体进行扫描，得到三维模型，即反求工程的三维重构。②三维模型的近似处理。由于产品上往往有一些不规则的自由曲面，加工前必须对其进行近似处理。最常用的方法是用一系列小三角形平面来逼近自由曲面。每个小三角形用 3 个顶点坐标和一个法向量来描述。三角形的大小是可以选择的，从而得到不同程度的曲面近似曲面。经过上述近似处理的三维模型文件称为 STL 格式文件，它由一系列相连的空间三角形组成。典型的 CAD 软件都有转换和输出 STL 格式文件的接口，但有时输出的三角形会有少量错误，需要进行局部的修改。③三维模型的切片处理。由于 3D 打印工艺是按一层层截面轮廓来进行加工，因此加工前必须从三维模型上沿成形高度方向每隔一定的间距进行切片处理，以便提取截面的轮廓。间隔的大小按精度和生产率要求选定。间隔越小，精度越高，但成形时间越长。间隔的范围为 0.05～0.5mm，常用

0.1mm，能得到相当光滑的成形曲面。切片间隔选定后，成形时每层叠加的材料厚度应与其相适应。各种成形系统都带有切片处理软件，能自动提取模型的截面轮廓。④截面加工。根据切片处理的截面轮廓，在计算机控制下，3D 打印系统中的成形头（如激光扫描头或喷头）在 $x—y$ 平面内自动按截面轮廓进行扫描，切割纸（或固化液态树脂、烧结粉末材料、喷射黏结剂和热熔材料），得到一层层截面。⑤截面叠加。每层截面成形之后，下一层材料被送至已成形的层面上，然后进行后一层截面的成形，并与前一层面相黏结，从而将一层层的截面逐步叠合在一起，最终形成三维产品。⑥后处理。从成形机中取出成形件，进行打磨、涂挂，或者放进高温炉中烧结，进一步提高其强度。

3D 打印工艺流程如图 3-94 所示。

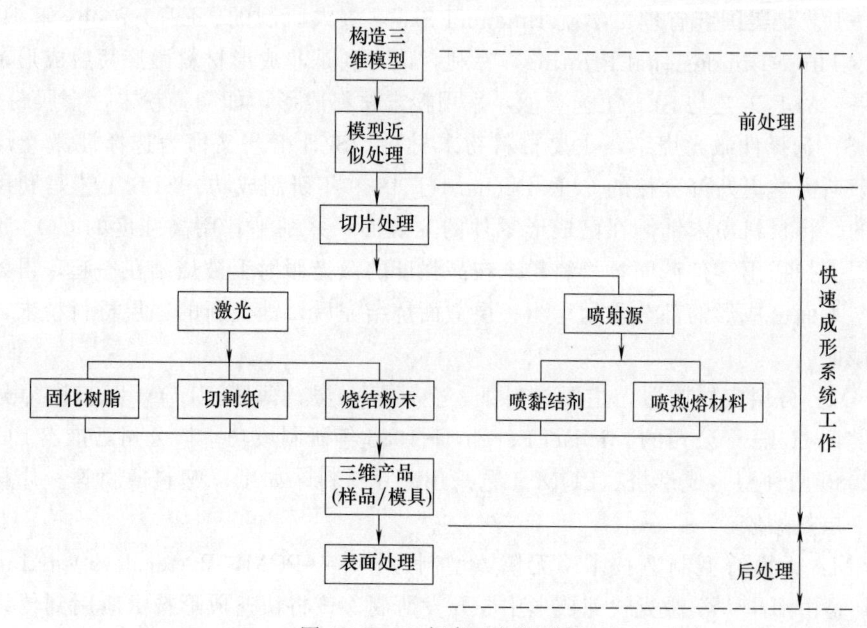

图 3-94　3D 打印工艺流程图

（4）SLA 成形原理

SLA 工艺方法也称液态光敏树脂选择性固化。这是一种最早出现的 RP 技术，它的原理如图 3-95 所示。

液槽中盛满液态光敏树脂，它在紫外激光束的照射下快速固化。成形开始时，可升降工作台使其处于液面下一个层厚的地方。聚焦后的紫外激光束在计算机的控制下按截面轮廓进行扫描，使扫描区域的液态光敏树脂固化，形成该层面的固化层。然后工作台下降一层的厚度，其上覆盖另一层液态树脂，再进行第二层的扫描固化，与此同时新固化的一层牢固地黏结在前一层上，如此重复直到整个产品完成。这种方法适合成形小件，能直接得到塑料产品，表面粗糙度质量较好，并且由于紫外激光波长短（例如 He-Cd 激光器，$\lambda=325$mm），可以得

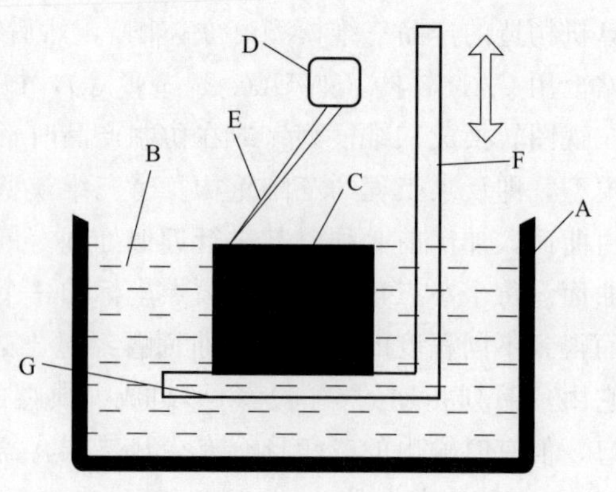

图 3-95　SLA 工作原理

A—树脂槽；B—光敏树脂；C—成形制件；D—扫描振镜；E—激光束；F—z 轴升降台；G—托板

到很小的聚焦光斑，从而得到较高的尺寸精度。

振镜扫描系统和液态光敏树脂是SLA成形技术的关键。

振镜扫描系统：在SLA RP系统中，由聚焦透镜将激光器发射出的激光束会聚成一细小的光斑，并采用振镜作为扫描器件，所以这个系统常被称为振镜扫描系统，其光学结构如图3-96所示。图中1为激光器（对于SLA系统，为He-Cd激光器，激光波长位于紫外波段，$\lambda=325$nm）；2为指向器（由激光二极管发出红色激光，$\lambda=670$nm，便于光学系统调试，也可以在加工时清晰指示扫描路径），其光束与激光器的光束同轴；3为扩束器；4为动态聚焦单元；5为x轴扫描振镜；6为y轴扫描振镜；7为工作面（对于SLA系统为光敏树脂的液面）。扩束器3将激光束直径扩大，使之与动态聚焦单元4的入射孔径相匹配，从动态聚焦单元射出的激光束经两扫描振镜实现x—y平面（即工作面7）内的扫描。

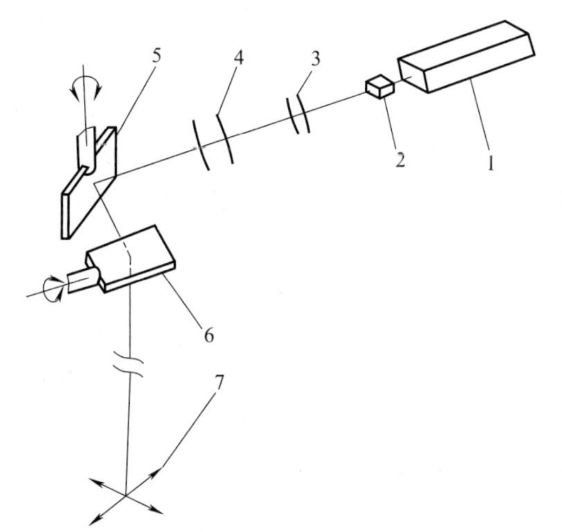

图3-96 振镜扫描系统的光学结构图

1—激光器；2—指向器；3—扩束器；4—动态聚焦单元；5—x轴扫描振镜；6—y轴扫描振镜；7—工作面

液态光敏树脂：SLA原型材料一般都是液态光敏树脂，如丙烯酸酯系、环氧树脂系等，它要求在一定频率的单色光的照射下迅速固化并具有较小的临界曝光和较大的固化穿透深度；固化时树脂的收缩率要小（如果树脂的收缩率较小，SLA制件的变形就小，精度也会较高）；SLA原型要具有足够的强度和良好的表面光洁度，且成形时毒性较小。

应用于SLA技术的光敏树脂，通常由两部分组成，即光引发剂和树脂，其中树脂由预聚物、稀释剂及少量助剂组成。用于SLA法的光固化树脂一般应具有以下性能：

① 黏度低，低黏度树脂有利于成形中树脂较快流动；

② 固化收缩小，固化收缩导致零件产生变形、翘曲、开裂等，从而影响到成形零件的精度，低收缩性树脂有利于成形出高精度零件；

③ 一次固化程度高，这样可以减少后固化收缩，从而减少后固化变形；

④ 湿态强度高，较高的湿态强度可以保证后固化过程不产生变形、膨胀及层间剥离；

⑤ 溶胀小，湿态成形件在液态树脂中的溶胀造成零件尺寸偏大；

⑥ 毒性小，这有利于操作者的健康且不会造成环境污染。

目前，SLA原型常用作样品零件、功能零件和直接翻制硅橡胶模，或代替熔模精密铸造中的消失模用来生产金属零件。前者要求原型具有较高的尺寸精度、表面粗糙度、强度性能等。而用作熔模精密铸造中的蜡模时，还应满足铸造工艺中对蜡模的性能要求，即具有较好的浆料涂挂性；加热“失蜡”时，膨胀较小，以及在壳型内残留物较少等。

（5）3D打印在模具行业中的应用

在新技术中，3D打印算是在模具行业中应用较早的技术了，3D打印技术主要应用在模具的设计、加工制作以及模具维护等方面。

① 模具设计阶段：模具的设计主要是为了新产品能够批量生产投入到市场当中，但是，

如果新产品在市场中反应平平，那么产品开发就失去了批量生产的意义，如果贸然开发模具并制造，就会浪费相当大的前期投入。所以，可以用3D打印技术生产小批量新产品来探索市场或者试用，就可以节省前期模具的模具开发费用，即使部分配件用3D打印件替代，也是会节省模具开发周期和费用的；对于一些结构复杂模具设计的合理性问题，可以先用3D打印技术将模具构件制作出来，通过实际的装配进一步对结构的合理性进行验证，然后再针对性的对模具设计进行修正。

② 模具加工制作阶段：利用3D打印技术，可以直接制造出如压铸模具的模腔以及抽芯机构等部件，再结合传统模具的装配，可以极大降低模具的生产周期，控制模具的生产成本；另外，针对难加工的压铸及注塑模具中冷却水道或者随形冷却系统，用常规的模具加工方法是非常困难，甚至是无法加工的，如果运用金属3D打印技术就可以实现上述部件的加工制作；还可以利用硅胶弹性好，3D打印无需或者较少考虑工件复杂程度等特点，利用3D打印件制作硅胶快速模具，这也广泛应用于模具行业，因为模具寿命有限，比较适合中小批量生产。本实验即采用该技术完成模具制作。

③ 模具维护阶段：在模具使用和维护阶段，有时候会遇到因为产品需要局部调整的修改或者模具损坏的维修，通过常规的补焊措施容易造成模腔棱角部位发生熔融坍塌或者因为热量大，导致模具变形等。此时，可以利用FDM3D打印方式将模具该部分的形状打印制作出来，然后再进行少量的人工补焊来对模具整体进行维护。

2. 逆向工程技术

逆向工程技术（Reverse Engineering）指基于一个可以获得的实物模型来构造出它的设计概念，进而通过调整相关参数来达到对实物模型的逼近和修改。它是改变了以前传统制造业和工艺过程。本实验就是根据这种工艺的思路进行的。首先要有符合空间要求的产品设计模型或者只有产品，然后对现有的产品模型进行实测，获得物体的三维形状数据信息，再进行数据重构，建立其CAD数据模型。设计人员可在CAD模型上再进行改进和创新设计，该数据可直接输入到快速成型系统或形成加工代码输入到数控加工系统，生成现成产品或其模具，最后通过实验验证，产品定型后再投入批量生产。这一过程被称为逆向工程，该系统使产品的设计开发周期大为缩短。

逆向工程系统可分为三部分：即数据的获取与处理系统、数据文件自动生成系统及自动加工成型系统。其中物体三维轮廓数据的准确获取是整个逆向工程的关键所在。目前国内外在物体三维数据测量方面采用的方法分为接触式和非接触式两种。虽然目前多数采用的接触式测量具有精度高、可靠性强等优点，但其速度慢、磨损测量方面、需对探头半径做补偿及无法对软质物体做出精确测量等缺点，使该技术应用受到诸多限制。

而非接触式线激光扫描，具有精度高，速度快，对工件无磨损，易装夹，易操作等优点，可广泛应用于汽车、摩托车、电子通信、玩具、工艺品等行业。

非接触式测量探头一般是以三角测量原理为主，可分为点测量、线测量及面测量3种，非接触式一般用于不规则曲面上的测量，因不规则曲面对于接触式探头的半径补正相当困难，而且测量速度相对来说比较慢。

本实验中采用的复合激光扫描仪为非接触式线激光扫描，是采用激光作基准的CCD采集方式，可快速、准确地获取工件的外形点云数据，已大量应用于各行业的产品设计。

本实验的实验过程主要包括四个步骤（流程图如图3-97所示）：

① 对象数字化（Object Digitization）指利用三维激光扫描仪，根据产品模型测量得到

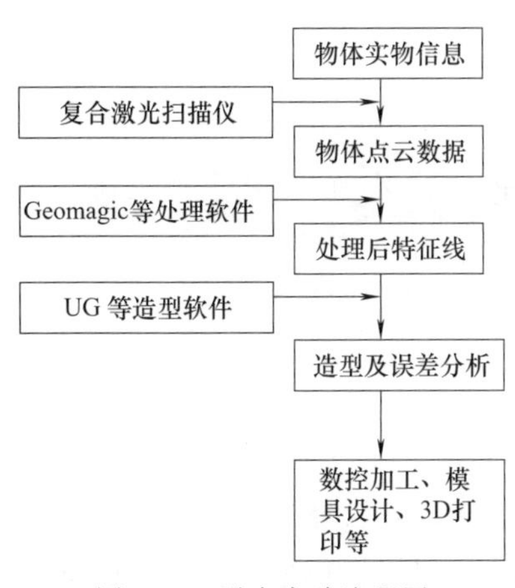

图 3-97 逆向实验流程图

空间点云数据，并将测量结果以文件或数据库的方式存储起来。

② 对象的模型重构（Object Modeling）指根据空间点云数据通过 UG、Surfacer、Geomagic 等软件反求出产品的三维 CAD 模型，并在产品对象分析和插值检测后，对模型进行逼近调整和优化。

③ 对象分析（Object Analysis）指将模型和设计表征用于产品的面分析、有限元分析和工艺分析，并将分析结果以文件或数据库的方式存储起来。

④ 对象加工（Object Manufacturing）指根据 CAD 模型生成 NC 加工代码进行加工，或者进行模具设计和 3D 打印快速原型制作等。

某实物扫描处理过程如图 3-98 所示。

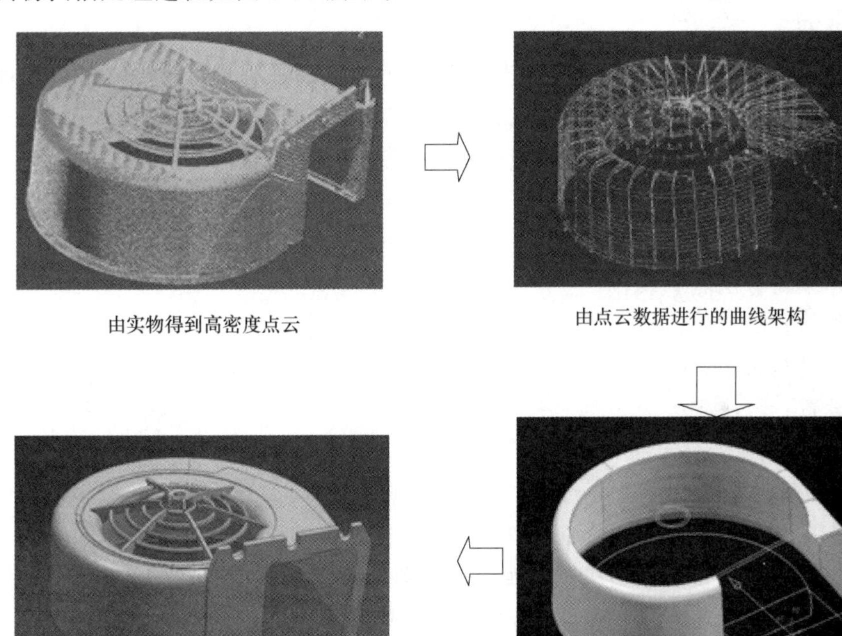

图 3-98 逆向扫描处理过程

三、实验器材及材料

① SPS350B 快速成型机及桌面级 3D 打印机、非接触式手持式激光扫描仪；

② 硅胶注型机、干燥机、三坐标测量机；

③ UG NX 或 CATIA 三维造型软件以及 Geomagic 软件；

④ 实体模型若干，反差剂；

⑤ 硅橡胶、分型剂以及硅胶制作工具等。

四、实验方法与步骤

1. 实验设计方案

根据选择的实体模型，对其功能重新设计，拟定实验设计方案。

2. 获取点云数据

① 对选择的实体模型进行前处理，喷上反差剂，并摆放好利于扫描的方位；

② 利用非接触式手持式激光扫描仪对模型进行扫描；

③ 根据点云数据，补充扫描，并保存和导出点云数据。

3. 模型重建

① 将点云数据先在 Geomagic 软件中进行预处理，删除点云杂点等；

② 对于难以处理的曲面数据则转入实体建模软件 UG NX 或 CATIA 中进行模型修复；

③ 根据自行设定的方案对数字模型进行相应的修改或增添，重新构建模型；

④ 将最终数字模型导出为 STL 格式。

4. 数据处理

对在三维设计软件中生成的 STL 格式零件进行数据处理，准确地叫数据预处理，我们应用的是西安交大制作的预处理软件。此软件用来对 STL 格式的零件做一些制作前的处理，如分层、加支撑等，使数据模型产生激光扫描轮廓。其数据处理分为：

① 零件大小和方向确定；

② STL 零件的分层处理；

③ 检查并编辑分层轮廓线；

④ 支撑制作；

⑤ 对支撑进行编辑；

⑥ 参数设置；

⑦ 生成加工文件 PMR。

5. 3D 打印及后处理

利用 SPS350B 快速成型机或桌面级 3D 打印机将零件制作出来的过程如下。

① 分别按顺序打开快速成型机总电源、激光器电源、加热电源和伺服电源；

② 将 PMR 文件加载到快速原型工艺控制软件中；

③ 调整工作台高度、调整刮板位置；

④ 制作零件；

⑤ 零件制作完毕后用铲刀铲出零件，并清洗零件、去除支撑等。

6. 硅胶快速制模

零件完成制作后就可以进行硅胶快速制造模具，硅胶模具有较好的弹性，可以不需要或者少考虑零件的复杂性问题，在模具行业中得到较为广泛的应用，当然，由于其寿命较短，比较适合于中小批量的零件翻制。

（1）制作型框并固定原型

依据零件的特征尺寸确定浇注型框的尺寸，设定零件边界与型框距离 1cm 以上，方便取模。分型面设定在恰当的位置，不影响零件整体外观，浇口位置设置在下底面中央位置，通过热塑材料与型框固定。

（2）硅橡胶称重并混合、真空脱泡

根据上述型框尺寸以及硅胶密度（1.3g/cm^3）计算出所需浇注硅胶重量。由于硅胶具有一定的黏附性，所以，我们在确定硅橡胶重量时应适当高出计算值的10%左右，以免材料不够。再对硅胶混合并搅拌，抽真空完成硅胶脱泡。

（3）硅胶固化

将混合脱泡后的硅胶注满先前制作的型框，并通过继续抽真空去除在浇注过程中又产生的气泡，然后将其置于注型机中一段时间防止变形。

（4）开模

用干燥机对注满硅胶型框进行加热，使其充分硬化，然后取出并撕裂型框、取出零件原型。在取出零件原型时要注意，为了保证后续制作零件的精度，我们用手术刀片以波浪形状沿分型面对硅胶模进行开模，再取出原型零件，接着对开模后的硅橡胶模的型腔喷涂相应的分型剂（以便后续顺利取出制件），这样就完成了快速制模过程。如果向模具型腔内注入混合的AB料即可得到新的制件。

五、实验报告要求

实验后完成实验报告，实验报告使用通用格式，并应包含如下内容：

① 实验目的、实验原理等；

② 写出整个实验的设计方案以及对实体模型重建的构想；

③ 在整个实验中要记录必要操作步骤、遇到的问题及解决方案；

④ 对比分析初始模型数据与最终制件的数据，分析误差主要原因；

⑤ 讨论实验过程中影响最终制件精度的主要影响因素，进一步提出优化方案。

参考文献

[1] 夏华. 材料加工实验教程［M］. 北京：化学工业出版社，2007.

[2] 张友寿. 成形加工实验教程［M］. 武汉：华中科技大学出版社，2006.

[3] 汪大年. 金属塑性成形原理［M］. 北京：机械工业出版社，1986.

[4] 李慧中. 金属材料塑性成形实验教程［M］. 北京：冶金工业出版社，2011.

[5] 中国机械工程学会塑性工程学会. 锻压手册［M］. 北京：机械工业出版社，2008.

[6] 邓明. 冲压工艺及模具设计［M］. 北京：化学工业出版社，2009.

[7] 邹贵生. 材料加工系列实验［M］. 北京：清华大学出版社，2005.

[8] 李君，徐飞鸿. 工程力学实验［M］. 成都：西南交通大学出版社，2018.

[9] 游泳，邓建杰，张静，等. 大学物理实验［M］. 北京：北京理工大学出版社，2019.

[10] 王孝培. 冲压手册［M］. 北京：机械工业出版社，2004.

[11] 杨明波. 金属材料实验基础［M］. 北京：化学工业出版社，2008.

[12] 赵刚，胡衍生. 材料成型及控制工程综合实验指导书［M］. 北京：冶金工业出版社，2008.

[13] 葛利玲. 材料科学与工程基础实验教程［M］. 北京：机械工业出版社，2008.

[14] 姜奎华. 冲压工艺与模具设计［M］. 北京：机械工业出版社，1997.

[15] 魏坤霞. 无损检测技术［M］. 北京：中国石化出版社，2016.

[16] 沈玉娣. 现代无损检测技术［M］. 西安：西安交通大学出版社，2012.

[17] 夏纪真. 工业无损检测技术［M］. 广州：中山大学出版社，2017.

[18] 胡灶福，李胜祇. 材料成形实验技术［M］. 北京：冶金工业出版社，2007.

[19] 余永宁. 金属学原理［M］. 北京：冶金工业出版社，2013.

[20] 吴晶，纪嘉明，丁红燕. 金属材料实验指导［M］. 镇江：江苏大学出版社，2009.

[21] 徐纪平. 材料成形及控制工程专业（模具方向）实验指导书［M］. 北京：机械工业出版社，2009.

[22] 张炜. 机械基础实验指导书［M］. 苏州：苏州大学出版社，2019.

[23] 孔凡新，吴梦陵，李振红，等. 金属塑性成型CAE技术［M］. 北京：电子工业出版社，2018.

[24] 张莉，李升军. DEFORM在金属塑性成形中的应用［M］. 北京：机械工业出版社，2009.

[25] 胡建军，李小平. DEFORM-3D塑性成形CAE应用教程［M］. 北京：北京大学出版社，2011.

[26] 戴斌煜. 金属精密液态成形技术［M］. 北京：北京大学出版社，2012.

[27] 李伟锋，乔明杰. 杯突试验测定板料成形极限图的试验研究［J］. 锻压技术，2010，35（6）：63-65.

[28] 马世博，汪殿龙，闫华军，等. 材料成型及控制工程专业虚拟仿真实验教学系统建设［J］. 中国现代教育装备，2019（11）：7-11.

[29] 蒙启泳. 基于PLC的自动化夹具教学实验台的设计与实现［J］. 机械工程师，2014（11）：118-120.

[30] 顾万强. 基于PLC的冲压自动化教学实验系统的开发［D］. 武汉：华中科技大学，2008.

[31] 高奇，李卫民，曾红. 逆向工程与3D打印在大学生开放实验中的应用［J］. 实验室研究与探索，2018，37（1）：208-210.

[32] 梁晋，胡浩，唐正宗，等. 数字图像相关法测量板料成形应变［J］. 机械工程学报，2013，49（10）：77-83.